ワンス・アポン・アン・アルゴリズム

物語で読み解く計算

Martin Erwig 著／高島 亮祐 訳

共立出版

ONCE UPON AN ALGORITHM

by Martin Erwig

Japanese translation published by arrangement with The MIT Press
through The English Agency (Japan) Ltd.

Japanese language edition published by KYORITSU SHUPPAN CO., LTD.

まえがき

私の仕事について人々と話していると，すぐに計算機科学とは何かという話になる．計算機科学が計算機の科学だという言い方は，誤解を招きやすい（厳密にいえば間違いではないが）．というのも多くの人々は，計算機という言葉をパソコンとかノートPCを意味するものだと捉えて，計算機科学者は機械を作っているのだと考えるからだ．一方で計算機科学を計算の科学と定義するのは，その場しのぎでしかない．すぐに，計算とは何かという疑問が生まれるからだ．

何年もかけてようやく気づいたが，様々な概念を順に紹介していくような教え方はうまくいかない．あまりに抽象的すぎるのだ．最近では，計算機科学とはシステマティックな問題解決であるという説明から入ることが多い．誰でも問題が何かということは知っているし，解決策を見たこともあるからだ．例を通してこのような見方を説明することにより，アルゴリズムの概念を紹介したり，ひいては計算機科学と数学の重要な違いを示したりすることができた．その間ほとんどは，プログラミング言語やコンピュータ，関連する技術要素について話す必要がないし，仮にそうなっても，具体的な問題があるおかげで簡単に説明できた．『ワンス・アポン・アン・アルゴリズム』は，このような取り組みの末に生まれた．

計算機科学は，科学クラブの中では比較的新しいメンバーだ．物理学，化学，生物学といった，重要な科学分野のような尊敬をまだ得ていないように見えるときもある．物理学者が出てくる映画のシーンを思い浮かべてみよう．誰かが黒板に書かれた複雑な公式について議論しているところや，白衣を着て実験の監督をしているところを思い浮かべるのではないだろうか．物理学者は，知識を大切にする立派な科学者だと見られている．今度は計算機科学者について同じようなシーンを想像してみよう．何だかオタクっぽい奴が，暗くて小汚い部屋に座って，コンピュータの画面を見つめているのを思い浮かべるのではないだろうか．半狂乱でキーボードを叩き，暗号だかパスワードだかを破ろうとしているのだ．どちらのシーンでも重要な問題を解決しようとしているが，物理学者がどう解決したかもっともらしく説明できそうなのに対して，計算機の問題に対する解決策は謎めいていて，魔法みたいで，何よりも専門家でない人に説明するには複雑すぎるようだ．だがもし計算機科学が一般人に説明できないようなものだとするなら，誰がもっと知ろうと，あるいはもっと理解しようとするだろうか．

計算機科学の対象は**計算**であり，計算は誰にでも関係する現象だ．私は携帯電話やノートPCやインターネットについて話しているのではない．紙飛行機を折ること，車で通勤すること，食事を作ること，あるいはこの文章を読んでいる間に細胞で何百万回も起きているDNA転写，これらはすべて計算——システマティックな問題解決——の例なのだが，たいていの人はそう捉えていない．

科学によって，私たちは自然界がどのように振る舞うかについて基本的な理解を得ることができる．そして科学的手法により，信頼できる方法で知識を確立できる．科学一般についていえることは，計算機科学にもあてはまる．特に私たちは実に様々な状況で，実に様々な形の計算に遭遇する．だから計算の基礎を理解することで，物理学や化学や生物学の基礎を理解するのと同様のご利益を得て，世界の意味を理解したり現実世界の問題に効率よく取り組んだりすることができる．計算についてのこうした見方は，**計算論的思考**と呼ばれることもある．

この本の主な目標は，計算の汎用性と，それによる計算機科学の広い適用可能性を強調することである．私としては，計算機科学に対する多くの人の興味と，もっと学ぼうという意欲に火をつけられることを願っている．まず日々の活動の中にある計算を見出し，それから対応する計算機科学の概念をよく知られた物語に沿って説明する．日々の場面は，起床，朝食，通勤，職場での出来事，医者の予約，昼間の趣味，夕食，昼間の出来事の回想といった典型的な平日から取り上げる．これら15の挿話は各章の導入である．各章ではそれから，7つのよく知られた物語を用いて計算の諸概念を説明する．それぞれの物語は2つか3つの章にまたがり，計算機科学の特定のテーマを扱う．

この本は，「アルゴリズム」と「言語」の2部に分かれている．これら2つの大きな柱の上に，計算の概念がある．次ページの表は物語と，物語が説明する計算機科学の概念を要約したものである．

誰でもよい物語は好きだ．物語は私たちを慰め，希望を与え，励ましてくれる．世界について語り，目の前にある問題に気づかせ，ときには解決策を示唆してくれる．物語はまた，人生の道案内をしてくれる．物語が私たちに教えようとしていることは，愛だったり，争いだったり，人間の条件だったりするだろう．

表

物語	章	テーマ
第 I 部		
ヘンゼルとグレーテル	1, 2	計算とアルゴリズム
シャーロック・ホームズ	3, 4	表現とデータ構造
インディ・ジョーンズ	5, 6, 7	問題解決とその限界
第 II 部		
虹の彼方に	8, 9	言語と意味
恋はデジャ・ブ	10, 11	制御構造とループ
バック・トゥ・ザ・フューチャー	12, 13	再帰
ハリー・ポッター	14, 15	型と抽象化

一方で私は計算についても考える．シェークスピアのジュリエットが「名前に何があるというの？」と訊ねるとき，彼女は表現に関する重要な問いに直面している．アルベール・カミュの『シーシュポスの神話』が提起している問題は，人生の不条理にどう立ち向かうかだけでなく，終わらない計算をどうやって特定するかでもある．

物語は多層的な意味を持つ．その中には計算的な層も含まれていることがよくある．『ワンス・アポン・アン・アルゴリズムが』は，この層を白日の下にさらし，物語と計算についての新しい視点を読者に提供しようという試みである．物語がその計算的な内容によって評価され，またこうした新奇な視点が計算機科学への興味をかきたててくれることを，私は願っている．

謝　辞

『ワンス・アポン・アン・アルゴリズム』のアイデアは，友人，生徒，同僚，そして仕事に向かうバスの中で話した人たちとの多くの会話から生まれた．彼らが計算機科学についての説明を辛抱強く聞いてくれたこと，説明が長すぎたり複雑だったりしたときには好意的ながらも苛立ってくれたことに感謝している．こうした経験によって，計算機科学について誰でも読めるような本を書くという目標は大きく焚きつけられた．

ここ 10 年ほどは多くの高校生や夏のインターン生と仕事をする機会があり，さらに勇気づけられた．これらのインターンシップは国立科学財団の助成金で支えられており，アメリカの科学研究や科学教育に対する財団の支援に感謝している．

この本の素材を調査しているとき，インターネット，特にウィキペディア (wikipedia.org) やテレビトロープのサイト (tvtropes.org) にお世話になった．すべての投稿者が，責任と熱意をもって自身の知識を世界中に共有してくれていることに感謝している．

この本を執筆している間，エリック・ウォーキングショー，ポール・カル，カール・スメルツァーはいくつかの章を読んで，内容や文体について専門家としての意見をくれた．彼らの有用な助言に感謝したい．ジェニファー・パラム・モセロは，大学 1 年生向けの授業で学生と一緒にいくつかの章を読み，いくつかの例を試してくれた．息子のアレクサンダーは原稿を校正し，ハリー・ポッターに関する疑問に専門家としての助言をくれた．この本の大半はオレゴン州立大学での長期休暇の間に書かれた．大学と学部がこのプロジェクトを支援してくれたことに感謝する．

この本のアイデアを実現するのは，私が予想していたよりずっと大変な取り組みだった．MIT 出版局のマリー・ラフキン・リー，キャサリン・アルメイダ，キャスリーン・ヘンズリー，クリスティーン・サベージは，ここまでこのプロジェクトを支え，私を助けてくれた．心から感謝したい．

最後に，私は幸運なことに最も忍耐強く率直な読者と結婚することができた．私の妻，アンジャは，この本の執筆という冒険を通して私を励まし続けてくれた．どちらかというとだいぶオタクでわかりにくい私の質問に対して，彼女は常に耳を傾けてくれた．多くの草稿を読み，私の書いたものが学術的すぎたり，技術的な専門用語に頼りすぎたりしているときには，忍耐強く引き戻そうとしてくれた．『ワンス・アポン・アン・アルゴリズム』が完成したのは，他の誰よりも彼女のおかげであり，この本を彼女に捧げる．

目　次

はじめに

今や計算は科学の中で卓越した役割を担っている．だが計算機科学者になりたいのでなければ，なぜもっと学ぼうとするだろうか？ 計算によって実現された技術を単純に利用し，その利益を享受すればよいのではないか．空の旅を利用するのに航空電子工学を学ぶ必要はないし，現代医療の恩恵を受けるのに医学の学士は必要ない．

しかし私たちが住む世界は，人が作った技術だけで成り立っているわけではない．物理法則に支配された非自律的な物事も，私たちは相手にしなくてはならない．だから物事の振る舞いを予測して自身の環境を安全に航海するために，力学の基礎を学ぶのは有益である．計算や計算に関する概念を学ぶ際にも同じことがあてはまる．計算というのはコンピュータや電子機器だけでなく，機械の外でも起こるものなのだ．これから計算機科学の主要な原理をいくつか簡単に議論し，それらがなぜ役立つか説明する．

計算とアルゴリズム

次のような単純な練習をしてみることを勧める．これには定規と，鉛筆と，四角い紙が１枚必要だ．まず１インチの長さの水平な線を引く．それから最初の線のどちらか一端から，直角に同じ長さの垂直な線を引く，最後に，残り２つの端点を斜めにつないで三角形を作る．さぁ，引いたばかりの斜めの線の長さを測ってみよう．おめでとう，２の平方根が計算できた（図 1）．

こんな幾何学の練習が計算とどう関係するのか？ 第１章と第２章で説明するように，計算機がアルゴリズムを実行することで計算が起こる．この例では，描いた線を測って $\sqrt{2}$ を計算する計算機として振る舞ってもらった．アルゴリズムを用意することはとても大切だ．というのも，そうすることで初めて，異なるコンピュータが異なるときに繰り返し計算をできるからだ．ここで１つ重要な観点

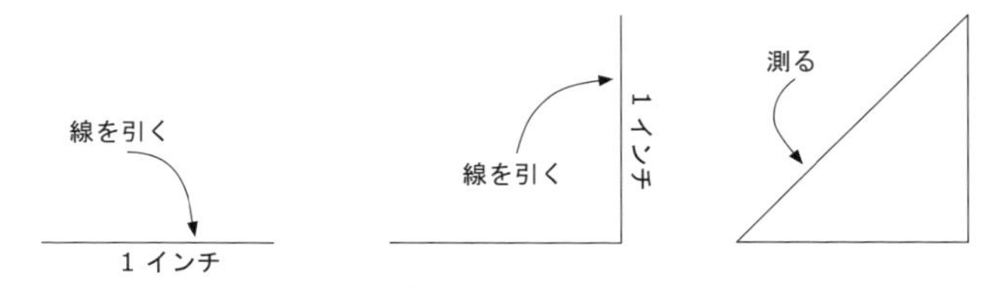

図1　鉛筆と定規を使って2の平方根を計算する．

は，計算には（鉛筆，紙，定規といった）リソースが必要で，実行するには時間がかかるということだ．もう1つ，アルゴリズムを用いて記述することが重要なのは，それによって計算に必要なリソースを分析できるからだ．

第1章と第2章では以下の事柄を説明する．

- アルゴリズムとは何か
- アルゴリズムはシステマティックな問題解決に使われること
- 計算をするためには，計算機（人間，機械など）がアルゴリズムを実行する必要があること
- アルゴリズムの実行はリソースを消費すること

なぜ重要か？

レシピはアルゴリズムの一例だ．レシピの指示に従ってサンドイッチを作ったり，チョコレートケーキを焼いたり，好きな料理を作ったりするときには，事実上，アルゴリズムを実行して，生の材料をできあがった料理へと変換しているのだ．必要なリソースとしては材料，道具，エネルギー，準備の時間などがある．

アルゴリズムの知識があると，方法は正しいのか，必要なリソースは何かといった疑問に敏感になる．また人生のあらゆる場面で，手順や素材を（再度）体系化して手法を改善する機会を見つけられるようになる．たとえば幾何的な平方根の計算では，斜めの線を引かずに2つの端点の間の距離を測ることもできる．

料理の場合は改善のしかたも単純かつ明白で，冷蔵庫に行く回数を減らすために予め計画したり材料を先に集めておいたりする．オーブンやストーブをもっと効率的に使ったり，段取りを並行させて時間を節約したりすることもできる．つまり，オーブンを予熱したりポテトを焼いている間にサラダの野菜を洗ったり，ということだ．こうした技術は，家具の組み立て手順のような簡単なものから工

場の管理や会社の経営といった組織の方法論まで，他の多くの分野でも使える．

技術の領域では，アルゴリズムはコンピュータにおけるすべての計算を根本的に制御している．わかりやすい例はデータ圧縮だ．データ圧縮なしでは，インターネットで音楽や動画を配信するのはほぼ不可能である．データ圧縮アルゴリズムは，頻出するパターンを特定して小さな符号に置き換える．音楽や動画を表現するのに必要な領域，ひいてはインターネットで読み込むのにかかる時間を削減することで，データ圧縮は計算リソースの問題に直接対処している．もう1つの例は，Googleのページランクアルゴリズムだ．ページランクアルゴリズムは検索結果を利用者に表示する際の順序を決めている．ウェブページに張られたリンクの数を数え，またそれらのリンクの重要度を重み付けすることで，そのページの重要度を評価しているのだ．

表現とデータ構造

私たちはインド・アラビア数字の仕組みを使っていて，機械は0と1とで動いているのだから，数値計算は数値を使って実行するものだと考える人もいるだろう．そうだとすると，線を引いて$\sqrt{2}$を計算する幾何的な方法に驚いたかもしれない．だが，この例が示しているのは，全く同一のもの（たとえば量）を異なる方法（数字と線）で表現できるということだ．

計算の本質は表現の変換である．第3章では，表現とは何か，そしてそれが計算においてどのように利用されているかということを説明する．多くの計算は大量の情報を扱うので，第4章ではデータの集まりを効率的に体系化できることを説明する．この問題をややこしくしているのは，どんなデータ構造もある形式のデータアクセスには有効だが，他の形式には役立たないという事実だ．

第3章と第4章では以下を議論する．

- 様々な表現の形式
- データの集まりにアクセスしたり，体系化したりする様々なやり方
- 異なるデータ構造の利点や欠点

なぜ重要か？

レシピの材料は，重さや体積で測る．これらは異なる表現形式で，レシピ/アルゴリズムを適切に実行するためには異なる調理道具（秤や計量カップ）が必要

になる．データを体系化するという意味では，冷蔵庫や貯蔵庫にどう材料を配置するかが，レシピに必要なすべての材料をどれだけ早く回収できるかに強く影響する．あるいは，レシピそのものをどう表現するか考えてみよう．レシピは，記述された文章や一連の写真，YouTubeの動画として与えられる．どの表現を選ぶかによって，アルゴリズムの有効性は大きく変わってくる．

特に，物や人の集まりをどう配置するかという問題は，多くの場面にあてはまる．たとえば，机やガレージをどう整理したら物を早く見つけられるかとか，図書館の本棚をどういう体系にするかといったことだ．あるいはいろいろな行列の作り方を考えてみよう．食料品店（キューに並ぶ）や病院（待合室に座って番号で呼ばれる）や飛行機の搭乗（複数の列）などがある．

技術の領域では，スプレッドシートが最も成功したプログラミングツールだ．表形式でデータを体系化することにより，行や列の合計を素早く簡単にまとめたり，データや計算結果を1カ所にまとめて表現したりでき，そのおかげでスプレッドシートは成功することができた．一方で，世界を変えた20世紀末の発明であるインターネットは，ウェブページやコンピュータ，それらを結ぶつながりをネットワークとして体系化した．インターネットという表現によって，情報に柔軟にアクセスし，データを効率的に運ぶことができる．

問題解決とその限界

数の平方根を求めることであれ，ケーキを焼くことであれ，アルゴリズムは問題解決の方法である．そして計算機科学は，システマティックな問題解決に関する分野である．

アルゴリズムで解くことができる多くの問題のうち，詳しく議論するに値するものが2つある．第5章では探索の問題について説明する．探索は，データに対して最もよく使われる計算の1つである．それから第6章では，ソートの問題を説明する．ソートが強力な問題解決の手段であることや，問題の本質的な複雑さを表す記法について説明する．第7章では，いわゆる手に負えない（イントラクタブル）問題を解説する．これらの問題を解くアルゴリズムは存在するが，実行に時間がかかりすぎるため，実質的に解けないような問題である．

第5，6，7章では以下を明らかにする．

- なぜ探索は難しく時間がかかるのか

- 探索を改良する方法
- 異なるソートアルゴリズム
- ある計算が他の計算に役立つこと，たとえばソートが探索に役立つこと
- 実行時間が指数になるアルゴリズムは，事実上，問題に対する解決とは見なせないこと

なぜ重要か？

車の鍵であれインターネットの情報であれ，私たちは人生の数えきれない時間を探索に費やしている．だから探索を理解して，それを効率化する技術を知ることは役に立つ．さらに探索の問題を通して，表現の選択がアルゴリズムの効率性にどう影響するか説明できる．ジョン・デューイの言葉にもあるように，「問題が何かわかれば半分解けたも同然」なのだ[1)]．

どんなときに問題を効率的に**解けない**か知ることは，解けるアルゴリズムを知ることと同じくらい重要だ．効率的な解法が存在しないのに探してしまうのを避けられるからだ．これは，近似解で満足しなくてはならないような場合があることを示している．

技術の領域で最もわかりやすい探索の例は，Google のようなインターネット検索エンジンだ．問い合わせに対する検索結果は，恣意的な順序ではなく，検索エンジンが予想した重要性や関連性に応じてソートされる．問題の難しさについての知識は，厳密解を得るのに時間がかかりすぎるときに近似解を計算するアルゴリズムを開発するのに使われる．有名な例は巡回セールスマン問題で，ある数の都市を訪れるときに移動距離の合計を最小化するような経路を見つける問題だ．

問題を解くのに効率的なアルゴリズムがないという知識を建設的に利用することもできる．1 つの例は公開鍵暗号で，銀行口座の管理やオンライン・ショッピングなど，インターネット上での秘密の通信を可能にしている．この暗号が機能するのは，素因数分解（つまり，数を素数の積として書くこと）の効率的なアルゴリズムが現時点で見つかっていないからだ．もし見つかってしまったら，公開鍵暗号はもはや安全でない．

---

1) John Dewey, “The Pattern of Inquiry,” in *Logic: Theory of Inquiry* (1938).

言語と意味

どんなアルゴリズムも何らかの言語で表現する必要がある．現在のコンピュータは，英語ではプログラムできない．自然言語には曖昧さが多すぎるからだ．簡単に扱えるのは人間だけで，機械にはできない．機械が実行するアルゴリズムは，きちんと定義された構造と意味をもつ言語で書く必要がある．

第8章では，言語とは何か，構文をどう定義するかを説明する．言語の構文を定義することで，文一つひとつがきちんと定義された構造を持つようになり，それが文や言語の意味を理解・定義する基礎となる．第9章では，言語の意味と曖昧さの問題を議論する．

第8，9章では以下を議論する．

- 文法によって言語を定義する方法
- 文法を用いてその言語のすべての文を作る方法
- 構文木とは何か
- 構文木が文の構造を表現し，文の意味の曖昧さを解決する方法

なぜ重要か？

私たちは意思疎通のために言語を使っている．意思疎通がうまくいくためには，何を正しい文と見なすか，それぞれの文が何を意味するか，相手と合意していなくてはならない．たとえば，レシピの指示にある分量やオーブンの温度，調理時間は正確でなくてはならず，それで初めて，求められている結果を出すことができる．

私たちは生活の多くの領域で，より効率的なコミュニケーションをとれるよう，特別な用語や言語を生み出してきた．コミュニケーションの根幹の部分を機械が仲介する計算機科学においても，これはまさにあてはまる．機械は言語を扱う能力が人間より劣っているので，プログラムされた機械を思いどおり動かすためには，簡潔な言語の定義が重要である．

技術の領域で広く使われているプログラミング言語は，スプレッドシートの式だ．スプレッドシートに式を書いたことがある人は誰でも，スプレッドシート・プログラムを書いたことになる．スプレッドシートはときに間違っていたり，正しくない式で何十億ドルもの損失を引き起こしたりすることで悪名高い．どこにでもある言語としては，他にHTML (hypertext markup language) がある．

ウェブページをノート PC やデスクトップ PC，携帯電話に読み込むとき，その内容は HTML でブラウザに与えられることがほとんどだ．HTML はウェブページの構造を明確にして，曖昧さが残らないように提示する．HTML が情報を表現するためのもので，それ自身は計算を記述することがないのに対し，最近のウェブブラウザが理解できる言語である JavaScript は，特にウェブページの動的な振る舞いを定義する．

制御構造とループ

アルゴリズムの命令には 2 つの別の機能がある．データを直接操作することと，次にどの命令を何回くらい実行するか決めることだ．後者の命令は制御構造と呼ばれる．映画や物語の脚本が，個別の行動や場面を筋の通った物語へと結びつけるように，制御構造は個別の命令からアルゴリズムを組み立てる．

第 10 章では様々な制御構造を説明し，中でも動作の繰り返しを表現するのに使われるループに焦点を当てる．第 11 章で議論する重要な疑問は，あるループが終了するかそれとも永遠に動き続けるかということ，そしてそれをアルゴリズムで判定できるかということだ．

第 10，11 章では以下を議論する．

- 制御構造とは何か
- アルゴリズムを表現するうえで，どの言語でも制御構造が根幹の役割を担っているのはなぜか
- 繰り返しをループでどう表現するか
- 停止性問題とは何か，そして計算の根本的な性質がどのように顕在化しているか

なぜ重要か？

ホットケーキを焼く前にはフライパンに油を引く必要がある．レシピにある手順の順序は大切だ．さらにレシピには，材料や調理道具の性質によって選択が生まれる．たとえばコンベクションオーブンを使っているときには，焼く時間を短くしたり温度を低くしたり（あるいは両方を）する必要がある．またレシピには同じ動作を繰り返すよう指示するループがある．たとえばバントケーキを作るために，卵を加えてバターを泡立てることを繰り返したりする．

制御構造と他の操作との違いは，何かをすることとそれをいつどのくらいするか決めることとの違いに等しい．どんな手順やアルゴリズムに対しても，私たちはそれが何をするはずなのか，もしくはもっと単純に，そもそもきちんと終わるのかということを知りたい．停止性問題が提示する，どちらかというと単純なこの疑問は，人が知りたいアルゴリズムの多くの性質の一例に過ぎない．アルゴリズムのどの性質が他のアルゴリズムによって自動的に決まるかを知ることで，アルゴリズムにできることの範囲と計算の限界がわかる．

技術の領域でいうと，アルゴリズムが使われるときにはいつも制御構造が使われるので，制御構造はどこにでもある．インターネット上で送られる情報はどれも，きちんと届くまでループで繰り返し送信される．信号機は無限に繰り返すループで制御されているし，多くの製造工程には，品質基準に合致するまで繰り返す作業がある．未知の入力があった際のアルゴリズムの振る舞いを予測することは，セキュリティの観点で多くの分野に適用できる．たとえば，システムがハッカーの攻撃に対して脆弱かどうかを人は知りたがる．また救助ロボットを，訓練時とは違う状況で使わなくてはならないときにも適用できる．未知の状況でのロボットの振る舞いを正確に予測することは，生死をも左右する．

再　帰

還元の原則——複雑なシステムをより単純な部分で説明・実装する方法——は，科学技術分野の多くで重要な役割を果たしている．再帰はその特殊な形で，自分自身を参照する．多くのアルゴリズムは再帰的だ．たとえば1ページに1項目ある辞書で，ある単語を見つけるような命令を考えてみよう．「辞書を開きなさい．その単語があれば止まりなさい．もしなければ今のページの前後の部分からその単語を見つけなさい」．最後の文の見つけなさいという命令が手順全体を指す再帰的な言及で，命令の最初に戻ることに注意しよう．「単語が見つかるまで繰り返す」といった記述を追加する必要はない．

第12章では再帰を説明する．再帰は制御構造だが，データ構造を定義するのにも使われる．第13章では，再帰を理解するための様々なアプローチを説明する．

第12，13章では以下を見ていく．

- 再帰という考え
- 異なる形の再帰の見分け方

- 再帰的な定義を解きほぐして理解する2つのやり方
- 再帰や異なる形の再帰間の関係を理解するのに，これらの方法がどう役立つか

なぜ重要か？

「味付け」の再帰的な定義は，「料理の味を見る．よければ，止める．そうでなければ調味料をひとつまみ加えて，味付けをする」だ．繰り返したい行動（ここでは「味付け」）をその記述に含めて，止める条件を書くことで，どんな行動の繰り返しも再帰的に記述できる．

本来無限のデータや計算を有限に記述するために，再帰は必要不可欠な原理だ．言語の文法に再帰があれば無限の数の文を簡単に作れるし，再帰的なアルゴリズムは任意の大きさの入力を処理できる．

再帰は制御構造やデータ構造化の仕組みとして一般的なので，多くのソフトウェアシステムに存在する．さらに，再帰の直接的な利用方法もいくつかある．たとえば，絵の中に自身の絵の縮小版が含まれるドロステ効果のようなものは，信号（映像）と受信機（カメラ）のフィードバックループの結果として得られる．フィードバックループは反復的な効果の再帰的な記述だ．フラクタルは自己相似な幾何パターンであり，再帰的な数式で記述できる．フラクタルは自然の中，たとえば雪の結晶や水晶に見出だすことができ，タンパク質やDNA構造を分析するのにも利用されている．さらにフラクタルは，自己組織化ナノ回路を設計するナノテクノロジーにも使われている．自己複製機械は再帰的な概念だ．一度動き出したら自分自身のコピーを再生産して，そのコピーがさらにコピーを再生産して，と続いていく．自己複製機械は宇宙探査のために研究されている．

型と抽象化

計算は表現を変換していくことで動作する．しかしすべての変換がすべての表現に適用できるわけではない．私たちは数をかけることはできるが線をかけることはできないし，同じように，線の長さや四角形の面積を計算することはできるが，数に対してそんなことをしても意味がない．

表現と変換は異なるグループに分類でき，そうすることで適用可能な変換と意味のない変換を区別しやすくなる．こうしたグループは型と呼ばれ，変換と表現

のどの組み合わせが可能か定めた規則は型付け規則と呼ばれる．型と型付け規則はアルゴリズムの設計を助ける．たとえば，何かの数を計算したければ数を出力する操作を使う必要があるし，数のリストを処理したければ数のリストを入力として受け取る操作を使わなければならない．

第14章では，型とは何か，そして計算の整合性を記述する規則を定めるのに型がどう使われているかを説明する．そうした規則はアルゴリズムの誤りを見つけるのに使うことができる．型の力は，個々の対象の細部を無視できるところにあり，それによってより汎化した規則を定めることができる．細部を無視する過程は抽象化と呼ばれる．第15章の主題は抽象化で，なぜ抽象化が計算機科学の中心にあるか，どのように型だけでなくアルゴリズム，さらには計算機や言語にまで適用されるかを説明する．

第14，15章では以下を議論する．

- 型と型付け規則とは何か
- 計算の法則を記述してアルゴリズムの誤りを同定したり信頼したりできるアルゴリズムを構築するのに，型や型付け規則がどう使われているか
- 型と型付け規則が，抽象化という，より汎用的な考えの特別な場合に過ぎないこと
- アルゴリズムは計算の抽象化であること
- 型は表現の抽象化であること
- 実行時間複雑性は実行時間の抽象化であること

なぜ重要か？

レシピに豆の缶詰を開けるよう書いてあるとき，誰かがスプーンを使おうとしていたら驚くだろう．スプーンはその作業に不適当だという型付け規則に反するからだ．

規則や手順を記述するのに型や他の抽象化を使うのはよくあることだ．何度も繰り返す手続きには，アルゴリズム的な抽象化を使う．つまり不要な細部を無視して，変化する部分をパラメータに置き換えるとよい．レシピにもアルゴリズム的な抽象化が使われている．たとえば，多くの料理本にはトマトの皮むきと種とりのように基本的な技術を記述する章があるので，レシピの中では皮むきと種とりの済んだトマトを必要なだけ要求すればよい．さらに，そうした抽象化に登場

する様々なものの役割を型によってまとめ，個々の要件を特徴づけることができる．

技術の領域には型と抽象化の事例が数多くある．違った形のプラグとコンセント，ネジとドライバーとドリル，錠と鍵などは，どれも物理的な型の例だ．それぞれの形は，不適切な組み合わせを防ぐことを目的としている．ソフトウェアにおける型の例は，電話番号やメールアドレスを特定の形式で入力させるウェブの入力フォームだ．型を無視したことによって間違いが起こり，高くついた例はたくさんある．たとえば1998年，NASAは6億5,500万ドルの火星探査機マーズ・クライメイト・オービターを，数値表現の非互換のために失った．これは型システムがあれば防げたはずの型エラーだった．計算機という概念そのものが，人間や機械などアルゴリズムを実行できるものの抽象化なのだ．

この本の読み方

図2は，この本で議論する概念とそれらの関係の全体像を示している．第7，11，13章（暗い影がついている箱）は専門的な内容を含んでいる．これらの章は飛ばしても，この本の残りの部分を理解するのに差し支えない．

この本の題材は特定の順序で並べているが，必ずしもその順序で読む必要はない．多くの章は他の章とは独立して読むことができるが，前の章に出てくる概念

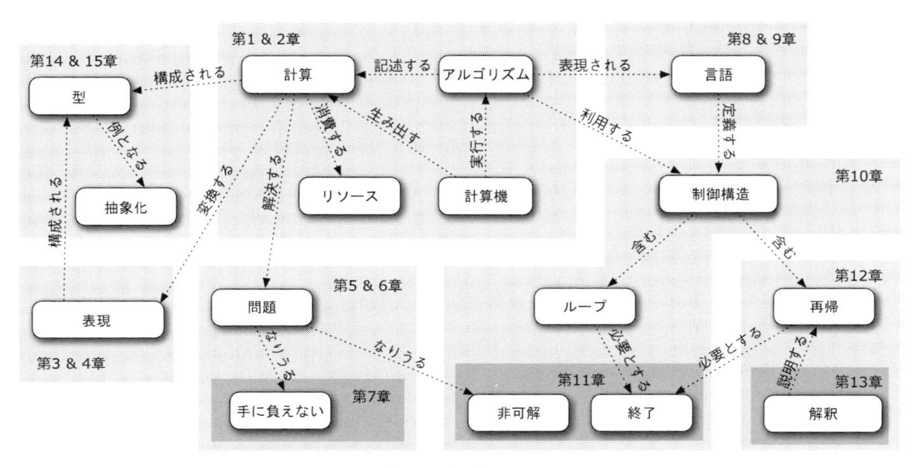

図2　計算の諸概念とその関係．

や事例に後の章で言及することがときどきある．

以下は，読む章や読む順番を選んだりするための手引きである．読者がそれぞれの章を読んでいるときに，途中を飛ばして進むための出口や近道も書いてある．物語に出てくる出来事や人やものを通じて計算の概念について議論するとき，重要な観点を詳しく解説するために新しい記法や練習問題を使うことがある．なので，本の一部は他の部分よりも内容を追うのが簡単だったりする．一般向け科学書の読者の多くはそうだと思うが，そうした細かい説明を好むかどうかは人によって違うことを私もよく知っている．だから読者が本の内容を追うのに，この手引きが助けとなることを願っている．

まず最初に第1章と第2章を読むことを推奨する．アルゴリズム，パラメータ，計算機，実行時間複雑性など，この本を通して出てくる基本的な概念を紹介しているからだ．この2つの章はわかりやすいだろう．

残り6個のテーマ（図2で明るい影がついている箱）は互いにほとんど独立しているが，それぞれのテーマの中では章の順に従って読んだほうがよい．第4章はいくつかのデータ構造を紹介しており，第5，6，8，12，13章の前に読む必要がある（右の構造図を参照）．

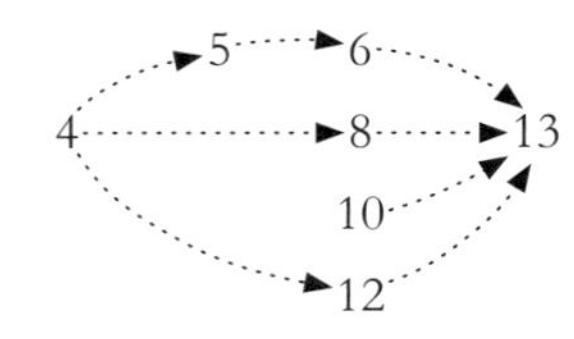

巻末の用語集には，定義をテーマごとにまとめて相互に関連づけることで，各章がどう関係しているかという追加情報を載せている．

第I部

アルゴリズム

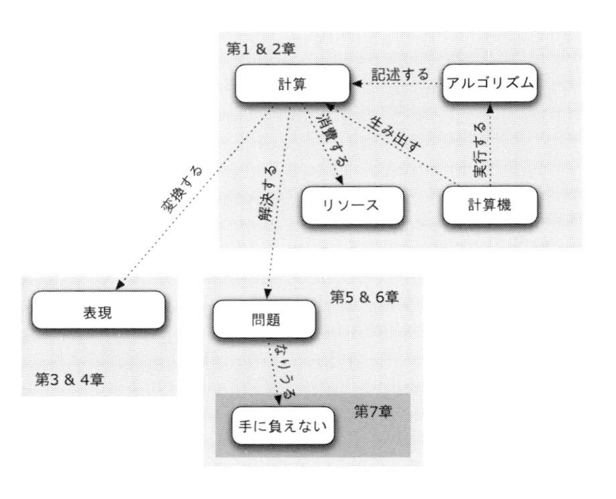

第1 & 2章
計算
記述する
アルゴリズム
消費する
生み出す
実行する
変換する
解決する
リソース
計算機
表現
第3 & 4章
問題
第5 & 6章
なりうる
手に負えない
第7章

計算とアルゴリズム

ヘンゼルとグレーテル

起　床

早朝．目覚まし時計が鳴る．何とかベッドから出る．服を着る．この単純な毎日の起床ルーチンは，きちんと定義された一連の手順を通して，定期的に起こる問題を解決する．計算機科学ではそういったルーチンは**アルゴリズム**と呼ばれる．シャワーを浴びる，歯を磨く，朝食をとる，といったことは，特定の問題を解決するアルゴリズムの例といえる．

だがちょっと待ってほしい．十分な睡眠をとれなかったことでもなければ，どこに問題があるだろう？ 私たちはふつう，日々のありふれた行動が問題を解決しているとは捉えていない．おそらくこうした問題に明らかな解決策があるか，簡単に解決できるからだろう．けれども**問題**という単語は，解決策がよく知られた状況や疑問に対してもふつうに使われている．試験のことを考えてみると，きちんと定義された解答のある問題が出てくる．**問題**とは，何らかの解決策（たとえそこに至る道が明白だとしても）を必要とする疑問や状況のことをいうのだ．この意味で，朝起きなくてはならないことは，解決策がよく知られている問題だ．

いったん問題を解く方法がわかれば，どうやって適切な方法に思い至ったか，私たちはめったに疑問に思ったりはしない．特に方法が明らかで単純に使えるときは，顧みるところなどないように見える．けれども**どのように**問題を解いているか考えることは，将来起こる未知の問題を解く手助けになる．問題の解決策は必ずしも明らかなものではない．後から見ればたいていの解決策は当たり前に見えるものだが，起床という問題をどう解決するか知らなかったらどうだろう．どのように取り組んだらよいだろうか？

観察からわかる１つの重要な知見は，些末でない問題は部分問題に分割できるということ，そして部分問題の解決策は，組み合わせれば元の問題の解決策になりうるということだ．起床という問題は２つの部分問題から成る．ベッドから出ることと服を着ることだ．ベッドの外に出ることと服を着ること，どちらの問題に対しても解決するアルゴリズムを私たちは持っており，それを組み合わせて起床のためのアルゴリズムとできるが，正しい順序でやらなくてはならないことに注意が必要だ．ベッドで服を着るのはどちらかというと難しいので，ベッドから外に出るほうの手順を先にしなくてはならない．この例にあまり納得できないなら，シャワーを浴びることと服を着ることの順序を考えてほしい．この単純な例では，適用できる解決策になる順序は1つだけだが，そうでない場合もある．

問題の分割は1ステップしかできないものではない．たとえば服を着るという問題は，ズボンを穿く，シャツを着る，靴を履く，といったいくつかの部分問題に分割できる．問題の分割のよいところは，解決策を見つける手順をモジュール化しやすくなること，つまり異なる部分問題に対する解決策をそれぞれ独立に考えられることだ．モジュール性が重要なのは，それによってチームで並列に問題の解決策を考えられるからだ．

問題を解決するアルゴリズムを見つけても物語は終わらない．実際に問題を解決するためには，アルゴリズムを実行しなくてはならない．何かのやり方を知っているのと実際にするのは違うことだ．毎朝目覚まし時計が鳴るのを聞きながら，つらい思いでこの2つの違いを意識する人もいるだろう．つまりアルゴリズムとそれを使うことは違うのだ．

計算機科学では，アルゴリズムを使うことを**計算**と呼ぶ．ということは，実際に起きるとき，私たちはベッドを出て服を着るという計算をしていることになるのか？ 狂気の沙汰に聞こえるが，同じことをするロボットだったらどうだろう？ ロボットに作業を完遂させるためにはプログラムしなくてはならない．言い換えると，ロボットが理解できる言語でアルゴリズムを伝える必要がある．ロボットが起床というプログラムを実行したら，計算をしたというのではないか？これは人間がロボットだということではなく，アルゴリズムを実行するとき人は計算をしているということなのだ．

アルゴリズムの力は何度でも実行できるという事実にある．車輪の再発明をするなということわざのように，よいアルゴリズムは一度開発したら永久に存在し役立つものだ．多くの状況で多くの人々に再利用され，繰り返し起こる問題の解決策を信頼に足る方法で計算する．これが計算機科学でアルゴリズムが中心的な役割を担う理由，そして計算機科学者にとってアルゴリズムの設計が最も重要でわくわくする仕事の1つである理由だ．

計算機科学は問題解決の科学とも呼べる．このような定義は多くの教科書には載っていないかもしれないが，この視点があると，なぜ計算機科学が私たちの生活のより多くの分野に影響を及ぼしつつあるか思い出すのに役立つ．さらにいうと，（計算機科学の教育を受けていない）人々が，問題を解決するために多くの有用な計算を機械の外で実行している．第1章ではヘンゼルとグレーテルの物語を通して計算の概念を紹介し，問題解決と人間の側面に光を当てる．

1 計算を理解するための道

計算とは何だろう？　この問いは計算機科学の核の部分にある．この章ではそれに対する答え――少なくとも仮の答え――を提示し，計算に密接に関連する概念と計算とを結びつける．特に，問題解決やアルゴリズムといった概念と計算との関係を説明する．最終的には計算の補完的な２つの側面，計算が何をするかということと計算が何かということを解説する．

計算は問題を解決するという最初の見方が強調するのは，いったん適切に問題を表現して部分問題に分ければ，問題は解けるということだ．それによって，計算機科学が社会の様々な分野に与えた途方もない衝撃だけでなく，なぜあらゆる種類の人間の活動において，コンピュータの使用如何にかかわらず，計算が必要不可欠な役割を担ってきたかを説明できる．

しかし問題解決という視点には，計算に関するいくつかの重要な側面が含まれていない．計算と問題解決との違いをよく見ていくと，**計算はアルゴリズムの実行である**という２つ目の視点につながる．アルゴリズムは計算の正確な記述であり，それによって計算を自動化したり分析したりできる．このような見方は，計算をいくつかのステップから成る手順として描き出し，なぜ問題解決において計算がこれほど有効なのか説明する助けとなる．

計算を利用する鍵は，似たような問題を１つの種類にまとめ，その種類に属するそれぞれの問題を解くようなアルゴリズムを設計することだ．その意味でアルゴリズムはスキルに似ている．ケーキを焼いたり車を修理したりするスキルはいつでも呼び出すことができ，特定の種類に属する様々な問題を解くのに繰り返し使うことができる．スキルはまた，教えたり他の人と共有したりすることができ，それによってずっと広く影響を与えることができる．同様に，様々な問題に対してアルゴリズムを繰り返し実行することができ，実行するたびに手元の問題を解く計算が生成されている．

1.1 問題をつまらないところまで持っていく

最初の視点から始めて，計算を特定の問題を解く手順と考えてみよう．例としてヘンゼルとグレーテルを使う．両親によって森に置き去りにされた2人のよく知られた物語だ．2人が森に取り残された後，家に帰る道を見つけるに至ったヘンゼルの賢い思いつきを考察しよう．物語は飢えという状況の中で進み，ヘンゼルとグレーテルの継母は，両親が生き残れるように，子供たちを森に残して捨てることを父親に促す．両親の会話をたまたま耳にしたヘンゼルは，その夜遅くに出かけ，小さな丸石をいくらか集めてポケットに詰めておく．次の日，森へ散歩に行くとき，家へ帰る目印となるようヘンゼルは道沿いに石を落としていく．両親が2人を残していなくなった後，子供たちは辺りが暗くなって石が月光に照らされて光るまで待つ．そして石をたどって家に帰り着く．

物語はここで終わらないが，この部分は計算を用いて問題をどう解決するかの変わった一例になっている．解決すべき問題は生き残ることで，間違いなく朝起きることよりは深刻な問題だ．生き残るという問題は，森の中のある場所からヘンゼルとグレーテルの家の場所まで移動するという作業のように見える．これは1ステップで解けないことから，些末な問題ではないといえる．複雑すぎて1ステップで解けないような問題は，簡単に解ける部分問題に分割して，それぞれの解決策をまとめて全体の解決策にしなくてはならない．

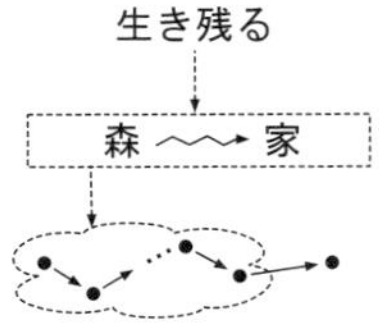

森から出る道を見つける問題は，中間地点，互いに十分近くてその間を簡単に移動できるような一連の場所を特定することで分割できる．これらの場所を合わせると，森を出てヘンゼルとグレーテルの家に帰るまでの道となり，1つの場所から次の場所まで移動するのは簡単だ．組み合わせると，森の中のスタート地点から家までの移動方法が生まれる．この移動方法は，ヘンゼルとグレーテルの問題を

生き残る
森 家

システマティックに解決する．システマティックな問題解決は，計算の鍵となる1つの特徴だ．

この例にあるように，計算はふつう1つではなく複数のステップから成る．それぞれのステップは部分問題を解決し，問題の状況を少しだけ変化させる．たとえばヘンゼルとグレーテルが次の石まで移動するのは，森の中の場所を変化させる計算の1ステップで，家に至る道の次の目標に到達するという部分問題を解いていることに相当する．多くの場合，個々のステップで計算は解決に近づくが，必ずしもすべてのステップでそうなる必要はない．すべてのステップを合わせたときに，解決策を返せばよい．物語でいえば，ヘンゼルとグレーテルの通るそれぞれの場所はだいたい家に近づくが，道がまっすぐではないこともある．たとえば障害物を迂回したり橋で川を渡ったりと，回り道になる石もあるかもしれないが，全体の移動の効果は変わらない．

ここで重要な教えは，解決策がシステマティックな問題の分割によって得られるということだ．分割は解決策を得るうえで鍵となる戦略だが，それだけでは十分でなく，補完するもの——ヘンゼルとグレーテルの場合は石——が必要だ．

1.2 表現なくして計算なし

計算がいくつかのステップから成るなら，それぞれのステップは実際に何をしていて，すべてのステップを合わせると与えられた問題に対する解決策がどのように得られるのか？ 効果を合わせるには，それぞれのステップの効果をもとに次のステップが進み，すべてのステップを通じて得られた累積的な効果が問題の解決策となるようにしなくてはならない．物語だと，それぞれのステップにはヘンゼルとグレーテルの場所を変える効果があり，最後，場所が2人の家になったときに問題は解決する．一般的に，計算の1ステップはほとんどどんなものに対しても効果を及ぼしうる．それは現実の物体かもしれないし，抽象的な数学的存在かもしれない．

問題を解決するために，計算は現実世界で意味を持つものの**表現**を扱う必要がある．ヘンゼルとグレーテルの場所は，とりうる2つの状態の1つを表現している．森の中のすべての場所は，危険と死の可能性すなわち問題のある状態を表現しており，2人の家は，安全と生存すなわち解決した状態を表現している．これが，ヘンゼルとグレーテルを家に帰す計算が問題を解決する理由だ——危険な状態から安全な状態へ2人を動かしているのだ．それに対して，森の中のある場所からある場所へと連れていく計算は解決にならない．

この例には他のレベルの表現もある．場所の間の移動として定義された計算を実行するのはヘンゼルとグレーテルなので，2人が認識できる場所ではなくてはならない．ヘンゼルが石を道沿いに落とした理由はそこにある．石は場所を表現しており，そのおかげで計算機，つまりヘンゼルとグレーテルは，計算の各ステップを実行できる．表現の階層をいくつも持つことはよくある．この場合，1つは問題を定義する表現（場所）で，1つは解決策を計算できるようにする表現（石）だ．さらに，すべての石を合わせると異なるレベルの表現を構成する．森を出て家に帰る道を表現するのだ．こうした表現を表1.1にまとめた．

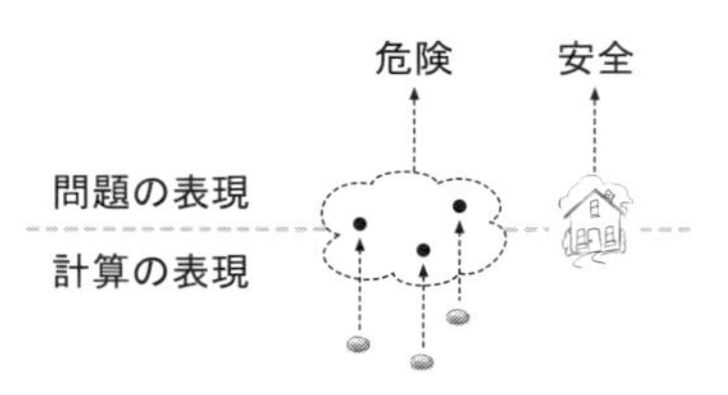

図1.1は，計算による問題解決を要約した図である．ヘンゼルとグレーテルが道を見つけるのを，計算が一連のステップを操作するという見方の1つとして描いている．起床の問題でも，たとえば場所（ベッドの中，ベッドの外）や時刻を

表 1.1

計算の表現		問題の表現	
対象	表現	概念	表現
1つの石	森の中の場所	森の中の場所	危険
	家	家	安全
すべての石	森を出る道	森を出る道	問題の解決策

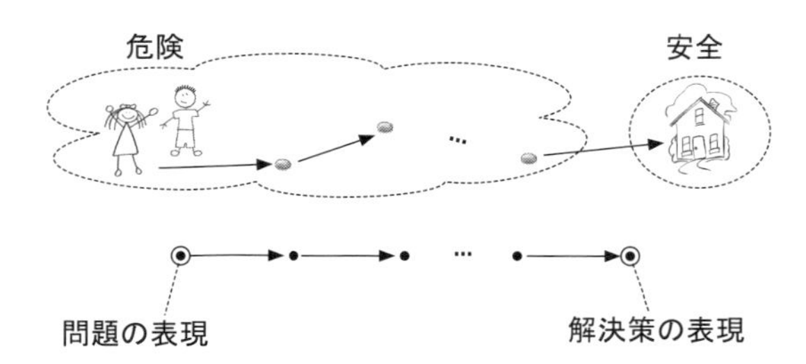

図 1.1　計算は特定の問題を解決する手続きである．ふつう計算はいくつかのステップから成る．問題の表現に始まり，それぞれのステップで表現を変換し，解決策が得られるまで続ける．ヘンゼルとグレーテルは，森の中から2人の家まで1ステップずつ，石1個ずつ場所を変えるという手続きを通じて，生き残るという問題を解決する．

示す目覚まし時計として，表現が登場した．表現は様々な形をとりうる．第3章でより詳細を議論する．

1.3　問題解決を超えて

計算を問題解決の手続きと見なすことで計算の目的を把握できるが，計算が本当は何であるかを説明はしてくれない．さらに問題解決という見方には限界がある．必ずしも問題解決に含まれる行為すべてが計算ではないからだ．

図1.2に示すように，計算があり，問題解決がある．重なることも多いが，問題を解決しない計算もあるし，計算を使わずに問題を解決することもある．この本で重要視しているのは計算と問題解決が重なるところだが，それをもっとはっきりさせるため，他の2つの場合についていくつかの例を考えてみる．

最初の場合については，森の中で石を次から次へとたどるような計算を想像してみよう．この手続きの各ステップは元の物語と基本的に同じだが，場所が変わってもヘンゼルとグレーテルの生き残るという問題を解決はしない．もっと極端な例として，石をループになるよう置いた状況を想像してみよう．最初の場所も最後の場所も同じなので，これは対応する計算が何も実現しないことを意味する．言葉を変えると，計算に累積的な効果がない．これら2つの場合と物語の場合との違いは，手続きに付与された意味の違いなのだ．

そういった明白な意味がなくても計算は成立するが，問題解決とは認識されない．この場合はそれほど重要ではない．ある特定の計算が扱う表現に対して，私たちは恣意的に意味をつけられるからだ．だから，どんな計算もほぼ間違いなく問題解決と見なすことができ，表現に何らかの意味をつけさえすればいい．たと

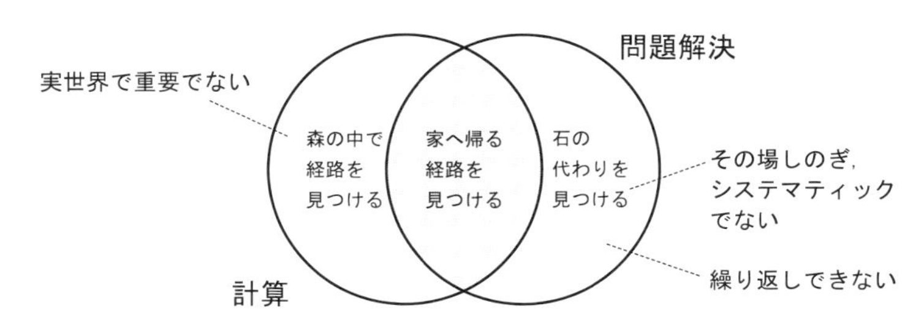

図1.2　問題解決と計算の区別．現実世界で意味のない効果をもたらす計算は，何の問題も解決しない．問題に対するその場しのぎの解決策は，繰り返し実行できず計算ではない．

えば，森の中のループをたどることはヘンゼルとグレーテルには役立たないが，走る練習をするという問題を解決するかもしれない．計算が問題を解決するかどうかは見る人の目の中，つまり計算の使い方次第なのだ．いずれにせよ問題解決という地位を計算に与えるかどうかは，計算の本質には関係がない．

計算によらない問題解決については，状況が大きく違う．計算にさらなる基準が必要となるからだ．図1.2でこうした2つの基準に言及しており，実はどちらも密接にかかわっている．最初に，特定の方法によらずその場しのぎのやり方で問題を解いた場合，それは計算ではない．言い換えると，計算はシステマティックでなくてはならない．こうした計算ではない問題解決を，物語の中にいくつも見つけることができる．1つの例はヘンゼルとグレーテルが，ヘンゼルを太らせて食べようとしていた魔女に捕まったときだ．魔女は目がよくないので，指に触れてヘンゼルの体重を見積もろうとする．ヘンゼルは指の代わりに小さな骨を使うことで，魔女が体重を間違えるようにする．この思いつきは，システマティックな計算の結果ではないが問題を解決する．魔女はヘンゼルを食べるのを延期するのだ．

計算でない問題解決のもう1つの例は，ヘンゼルとグレーテルが家に帰った直後のことだ．両親は2人を次の日にもう一度森に連れていこうと計画する．だが今度は継母が前夜ドアに鍵をかけて，ヘンゼルが石を集められないようにしてしまう．前回とても役に立って，家に帰る道を見つけるのに頼った石を使えないことが問題だ．ヘンゼルは代わりにパンくずを使うことで問題を解決する．ここで大事な点は，ヘンゼルが思いつき，創造的な思考によってこの解決策に至ったということだ．ひらめきがあって得られる解決策を，計算を通してシステマティックに導き出すのは概してとても難しい，あるいは不可能かもしれない．対象とその性質について一定のレベルの推論が必要になるからだ．

ヘンゼルとグレーテルにとって残念なことに，パンくずを用いた解決策は期待どおりにいかない．

> *月が出て，2人は出発しました．けれどもパンくずは見つかりませんでした．森や野原を飛び回る何千もの鳥が，パンくずをぜんぶ食べてしまったからです*[1]．

[1] 引用元はフリーオンライン版の *Grimms' Fairy Tales by Jacob Grimm and Wilhelm Grimm* で，www.gutenberg.org/ebooks/2591 から利用できる．

パンくずがなくなってしまったのでヘンゼルとグレーテルは帰り道を見つけられず，物語の続きが展開する．

けれどもヘンゼルとグレーテルが何とかして帰り道をまた見つけ，両親が三度，2人を森の中に置き去りにしようとしたらどうなるか，少しだけ考えてみよう．ヘンゼルとグレーテルは，帰り道に印をつける別の手段を考えなくてはならないだろう．道に落とす何か別のものを見つけるか，木や茂みに印をつけてみるかしなくてはならない．解決策が何であれ，問題について考えて別の創造的な思いつきがないと出てこない．システマティックな方法を適用するのでは駄目だ．これは，計算の別の基準に光を当てる．繰り返し実行できて，似たような問題をたくさん解けるかどうかだ．石をたどって道を見つける問題を解く方法はこの点が違う．様々な石の置き方に対して繰り返し実行できるからだ．

まとめると，問題解決という視点から見ると計算はシステマティックな分割工程だが，計算を広く正確に描き出すには不十分だ．計算を問題解決と見なすことで，計算をあらゆる状況で利用でき，また，計算の重要性を説明できる．だが計算がどのように機能するかや，なぜそんなに多くのやり方でうまく適用できるのかを説明する重要な性質は見えてこない．

1.4　ふたたび問題が起こるとき

ヘンゼルとグレーテルは，家に帰る道を見つけるという問題に**2回**直面した．石がないという現実的な問題を除けば，2回目の問題は，一連の目印をたどることで1回目と同じように解けるはずだった．このことは何も驚くにあたらない．ヘンゼルとグレーテルは単純に，道を見つける汎用的な方法を適用しただけだからだ．そういう方法を**アルゴリズム**と呼ぶ．

ヘンゼルとグレーテルが帰り道を見つけるのに使ったアルゴリズムを少し見てみよう．元のおとぎ話では，実際の方法は詳しく説明されていない．私たちが伝え聞くのは次のような内容だ．

> *満月がのぼると，ヘンゼルは妹の手をとり，石をたどって歩き始めました．石は新しい銀貨のように輝いて，道を教えてくれました．*

この描写に合う単純なアルゴリズムは，たとえば次のように記述できる．

まだたどっていない光る石を見つけて，そちらに向かう．
両親の家に着くまで，これを続ける．

アルゴリズムの重要な性質は，同じ人や違う人が，同じ問題や似た問題を解くのに繰り返し使えるということだ．アルゴリズムの生み出す計算が物理的な効果をもたらすなら，たとえ特定の問題1つだけしか解けないとしても役に立つ．たとえばケーキのレシピは同じケーキを何度も何度も作り出せる．アルゴリズムの出力は一時的——ケーキは食べられてしまうので，同じ結果を何度も生み出せるのはとても有用なのだ．ベッドを出て服を着る問題にも同じことがいえる．アルゴリズムの効果は毎日生み出さなくてはならない．違った服だったり，週末は違う時間だったりするだろうが．これはヘンゼルとグレーテルにもあてはまる．2人が最初の日と森の中の同じ場所に連れてこられたとしても，家に帰るには再計算をして，まったく同じ問題を解くアルゴリズムを繰り返さなくてはならない．

物理的でない抽象的な結果，たとえば数を生み出すアルゴリズムの場合は話が変わってくる．そういう場合は結果を書き留めておき，次に必要になったときに見返せばよくて，アルゴリズムをもう一度実行することはない．そういう状況で役立つためには，アルゴリズムはその種類の問題をすべて解ける必要がある．つまり，いくつかの異なる，だが似通った問題にその方法を適用できなくてはならない[2)]．

ヘンゼルとグレーテルの物語に出てくる方法は汎用的で，石の正確な場所を気にしなくてよいので，多くの道を見つける問題を解くことができる．両親が森の中のどこに子供たちを連れていこうとも，アルゴリズムはどの場合もうまく働き[3)]，ヘンゼルとグレーテルが生き残るという問題を解決する計算をもたらしてくれる．アルゴリズムの力と勢いの大半は，**1つの**アルゴリズムが**多くの**計算をもたらすという事実からきている．

アルゴリズムは計算機科学で最も重要な概念の1つだ．計算のシステマティックな研究の基礎を与えてくれるからだ．そのため，この本を通じてアルゴリズムの様々な側面を議論する．

---

2) ここの用語の使い方が少しわかりにくいのは，**問題**という用語が問題という種類全体だけでなく，特定の1つの問題インスタンスにも使われているからだ．たとえば私たちは，一般的な「道を見つける問題」について話すこともあれば，具体的な「特定の2つの場所の間の道を見つける問題」について話すこともある．だが，たいていの場合，文脈によって曖昧さは解消される．

3) 後述するある前提の下でのみ，これは成り立つ．

1.5 「アルゴリズム語」を喋れますか？

アルゴリズムは計算をどう実行するか記述するものなので，何らかの言語で書き下す必要がある．物語におけるアルゴリズムへの言及はほんのわずかだ．ヘンゼルの頭の中には間違いなくアルゴリズムがあっただろうし，グレーテルに話したかもしれないが，物語の一部としては書かれていない．しかし，アルゴリズムを書き下せるというのは重要な性質だ．アルゴリズムを信頼できる形で共有でき，多くの人が問題解決に使えるようになるからだ．何らかの言語でアルゴリズムを表現できることで，計算は広がりやすくなる．1人が多くの計算を生み出す代わりに，多くの人がもっと多くの計算を生み出せるようになるからだ．アルゴリズムを表現する言語をコンピュータが理解できるなら，計算は無限に拡大することができて，コンピュータを作って操作するのに必要なリソースだけが制約となるように見える．

起床のアルゴリズムを言語で説明する必要はあるだろうか？ おそらくないだろう．私たちは何度も実行することで手順を身につけており，無意識に実行してしまうし説明もいらない．しかし，このアルゴリズムにも一部は説明があり，それは一連の映像として与えられることが多い．ネクタイを締めたり髪型を洗練された編み込みにしたりすることを考えてみよう．もしこれが初めての経験で，やり方を見せてくれる人もいない場合は，そういう説明を見てスキルを学ぶことができる．

言語でアルゴリズムを表現できると別の重要な効果が生まれる．アルゴリズムをシステマティックに分析したり形式的に操作したりすることができ，それが計算機科学理論やプログラミング言語研究の主題だ．

アルゴリズムは，コンピュータが理解し実行できるような言語で表現する必要がある．また，その記述は**有限**でなくてはならない，つまり限界があって永遠に続かないことが必要だ．さらに，アルゴリズムの個々のステップに**実効性**がなくてはならない．つまりアルゴリズムを実行する人が理解でき，すべてのステップを実行できることが必要だ．ヘンゼルとグレーテルのアルゴリズムは，命令が少しあるだけで，明らかに有限だ．また個々のステップに実効性もある．少なくとも石を他の石から見える場所に置く限りは．まだたどっていない石を常に見つけられるか，疑問を持つ人がいるかもしれない．たしかにすでに見つけた石をすべて覚えておく必要があるので，難しい可能性がある．これはたどった石を即座に拾うだけで簡単に実現できるが，それはまた異なるアルゴリズムだ．ついでにいうなら，その異なるアルゴリズムを使えば，ヘンゼルは石をぜんぶ持っていただろうから，ヘンゼルとグレーテルが2日目に帰り道を見つけるのは簡単だっただろう．アルゴリズムのちょっとした変化でグリム兄弟の語る物語は実現不可能になってしまう（ああ，由緒あるおとぎ話がなくなってしまった）．

1.6 ほしいものリスト

明確な特徴の他にも，アルゴリズムが備えるべき特性がいくつかある．たとえば，**正しい結果**をもたらして**終了する**ような計算を，アルゴリズムは生み出さなくてはならない． 家への道にヘンゼルが目印として置いた石は有限で，それぞれの石を一度しかたどれないので，上で述べたアルゴリズムは終了するだろう．だが驚くことに，すべての場合に正しい結果を返してくれるわけではない．処理が途中で止まってしまうことがあるのだ．

これまで見てきたように，アルゴリズムはどの石に向かうべきか正確に教えてはくれない．もし両親がヘンゼルとグレーテルを，まっすぐではなく，たとえばジグザグに森へ連れていったら，ある石から他の石がいくつも見えてしまうかもしれない．その場合，ヘンゼルとグレーテルはどの石に向かえばよいだろう？アルゴリズムは教えてくれない．すべての石がお互いに見える距離にあると仮定すると，図1.3に示したような状況に陥ってしまう．

石 A，B，C，D を，森に向かう道沿いにヘンゼルが置いたと想像してみよう．A は B から見えて，B は C から見えるが，A は遠すぎて C からは見えない（図では石 B と C の周りの円で見える範囲を示している）．さらに D は，B と C の両方から見える距離にあるとしてみよう．これは，ヘンゼルとグレーテルが D に着くと B と C 2つの石が見えて，どちらかを選ばなくてはならないということだ．もし2人が C に行くことを選んだら，次に B，最後に A を見つけて，ぜんぶうまくいく（図1.3左）．だが，C の代わりに B を選んだら（B は見える石でまだたどっていないので，アルゴリズムに従うと起こりうる），厄介なことになる．というのも次に C を選んだら（これも見える石でまだたどっていない），そこで行き詰まってしまうからだ．C から見える石は B と D だけで，どちらもすでにたどっていて，アルゴリズムに従うと選べない（図1.3右）．

もちろん，このような場合はいったん戻って違う選択肢を選ぶようにアルゴリ

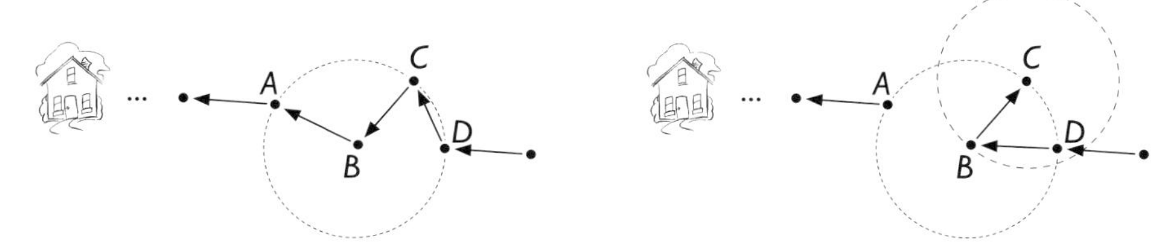

図 1.3　アルゴリズムで行き止まりになってしまう可能性のある道．左：ヘンゼルとグレーテルの家に着けるよう石を逆順にたどった場合．右：石 B，C，D はすべてお互いに見える距離にあるので，ヘンゼルとグレーテルは D から B に行って，それから C に行く道を選んでしまうかもしれない．だがその時点で，C から見える石でたどっていないものはないので行き詰まってしまう．もっというと，帰り道にある次の石 A にたどり着けない．

ズムを修正することはできる．だがこの例で説明したいのは，アルゴリズムは正しい結果を返さない場合があるということだ．また，アルゴリズムの振る舞いを予測するのは必ずしも簡単ではなく，だからアルゴリズムの設計は挑戦しがいのある面白い試みとなっているのだ．

アルゴリズムの終了もまた，判定が簡単ではない性質だ．まだたどっていない石を見つけるという条件をアルゴリズムから取り除くと，計算はすぐに，2 つの石を行ったり来たりするという終わらない動作に陥ってしまう．ヘンゼルとグレーテルはそんな馬鹿なことは絶対にしないし，そういう繰り返しパターンを見つけるはずだというかもしれない．そうかもしれないが，そうだとすると 2 人は厳密にはアルゴリズムに従っておらず，以前にたどった石を意図的に避けていることになるだろう．

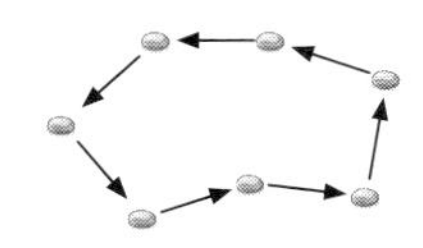

2 つの石の間をずっと行ったり来たりする場合は見つけやすいが，概して問題はずっと難しい．森へと両親の連れていく道が，何回か交差する場合を想像してみよう．結果として石の配置にはいくつかのループができ，ヘンゼルとグレーテルはループに捕えられてしまうかもしれない．たどった石を覚えておくことだけが，そういうループを確実に避ける方法なのだ．第 11 章では終了の問題について詳細に検討する．

正確性と終了は，起床のアルゴリズムではそれほど重要でないように見える．だが人は左右違った靴下を履かないし，正しくボタンのはまったシャツを着る．スヌーズボタンをずっと押し続けていたら，起床のアルゴリズムは決して終わらない．

1日の始まり

たいていの人の1日は朝食をとるまで始まらない．シリアル，果物，卵とベーコン，ジュース，コーヒー――メニューが何であっても，朝食には何らかの準備が必要だろう．そんな準備のいくつかはアルゴリズムで記述できる．

シリアルにトッピングを加えたり，コーヒーを淹れる量を変えたり，いろいろな朝食をとりたければ，準備を記述するアルゴリズムも，それだけの柔軟性を備えていなくてはならない．変化を制御する鍵は，**パラメータ**と呼ばれるものをいくつか用意して，アルゴリズムを実行するときに具体的な値で置き換えることだ．1つのパラメータに異なる値を使うことで，アルゴリズムは異なる計算を生み出せる．たとえば，「果物」というパラメータは日によって違う果物に取り換えることができ，アルゴリズムを実行してブルーベリー・シリアルでもバナナ・シリアルでも作ることができる．起床のアルゴリズムにもパラメータがあり，毎日同じ時間に起きなくても，毎日同じシャツを着なくてもいいようになっている．

もし仕事に行く途中にコーヒーショップでコーヒーを買っていくとしても，あるいはレストランで朝食を注文するとしても，アルゴリズムは朝食を作り続ける．人が誰かのために働くときと同じだ．アルゴリズムを実行する人あるいは機械は**計算機**と呼ばれ，計算の結果として大きな効果をもたらす．アルゴリズムを与える言語を理解できなかったり，アルゴリズムのどこかのステップを進められなかったりすると，計算機がアルゴリズムを実行できないこともありうる．農場に招かれていて，朝のミルクを手に入れるアルゴリズムに牛の乳搾りがあったと想像してみよう．このステップは無理だとわかる．

計算機がアルゴリズムのすべてのステップを実行できたとしても，どのくらい時間がかかるかは重要だ．特に，実行時間は計算機によって大きく異なる．たとえば，熟練の搾乳者は初心者よりも速く1杯のミルクを取り出すことができる．だが，計算機科学はたいてい，このような違いを無視する．この違いは一時的なもので，あまり意味もないからだ．コンピュータの速度は年々速くなっているし，初心者だって経験を積めば速く乳搾りができるようになる．それよりもずっと重要なのは，同じ問題を異なるアルゴリズムが解くときの実行時間の違いだ．たとえば家族全員が1杯のミルクをほしいとき，みなのコップを別々に受け取ることもできるし，一度ミルクの缶を取ってきて，テーブルにあるコップに注いでいくこともできる．後者の場合は家畜小屋までの距離を2回歩けば済むが，前者の場合は5人家族だったら10回歩かなくてはならない．2つのアルゴリズムの間のこの違いは，どれだけ速くミルクを注げるかやどれだけ速く歩けるかによらず存在する．なのでこの違いは2つのアルゴリズムの複雑性の指標になるし，どちらを選ぶかの根拠になりうる．

実行時間だけでなく，実行に必要なリソースによってもアルゴリズムは変わってくる．朝に飲みたいのがミルクではなくコーヒーで，コーヒーメーカーで淹れるかフレンチプレスを使うか選べるとしよう．どちらにも水と挽いたコーヒー豆が必要だが，1つ目の方法では他にコーヒーフィルターが必要だ．ミルクを手に入れるアルゴリズムのリソース要求は，もっとはっきりしている．新鮮なミルクを手に入れるには牛が必要だし，食料品店で買う場合は保存しておく冷蔵庫が必要だ．この例はまた，後で使うために計算結果を保存しておけること，保存場所の容量で計算を取り換えることがあることを示している．予め搾ったミルクを冷蔵庫に保存しておくことで，牛の乳を搾る手間を省くことができるのだ．

アルゴリズムの実行にあたってリソースを使う際は，対価を支払う必要がある．したがって，同じ問題を解くアルゴリズムを比較するためには，それぞれが消費するリソースを計測できることが大切だ．効率性のために正確性を犠牲にしたいときもあるかもしれない．仕事に行く途中に食料品店でいくつか買っていかなくてはならない場合を考えてみよう．急いでいるので，おつりを受け取る代わりに置いていく．正確なアルゴリズムなら，買った品物の値段ちょうどを支払うだろうが，概算のアルゴリズムは金額を切り上げて，買い物を早く終わらせる．

アルゴリズムと計算の性質を，必要なリソースも含め研究することは，計算機科学の重要な務めだ．それによって，特定のアルゴリズムが特定の問題に対して適用できる解決策であるか判断できるようになる．引き続きヘンゼルとグレーテルの物語を見ながら，1つのアルゴリズムからどのように異なる計算が生まれるか，必要なリソースをどうやって計測するかを第2章では説明する．

2 きちんとやる
——計算が実際に起こるとき

前の章では，ヘンゼルとグレーテルが帰り道を計算することで，生き残るという問題を解くのを見てきた．この計算は，それぞれのステップで２人の場所をシステマティックに変えて，危険を意味する森の中の場所から安全を意味する家の場所まで移動することで，問題を解決した．帰宅の計算は，石をたどるアルゴリズムを実行した結果だった．計算はアルゴリズムが動き出すときに起こる．

計算が何で**ある**かもうよくわかっている一方，計算が実際に何を**する**かは１つしか見ていない．つまり表現の変換ということだ．だが他にも注意に値する細かい話がある．だから，アルゴリズムを通して**静的な**表現を掘り下げて理解するよりも，計算の**動的な**振る舞いを議論したい．

アルゴリズムのすごいところは，いろいろな問題を解くのに繰り返し使えることだ．どんなふうに動作しているのか？ どうしたら１つの決まったアルゴリズムの記述から様々な計算ができるようになるのか？ 計算結果はアルゴリズムを実行して得られるといったが，誰が，もしくは何がアルゴリズムを実行しているのか？ アルゴリズムを実行するのに必要なスキルは何か？ 誰でもできるのか？ さらに，問題を解決するアルゴリズムがあるのは素晴らしいことだが，どれだけのコストがかかるか確認しなくてはならない．手持ちのリソースで十分に速く問題を解決できるときに初めて，そのアルゴリズムは適用可能な選択肢となるのだ．

2.1 多様性を作る

ヘンゼルとグレーテルに戻ると，石をたどるアルゴリズムは様々な状況で繰り返し使うことができる．これが実際にどう動くのか詳しく見てみよう．アルゴリズムの記述は定まっているので，この記述のどこかの部分が計算の多様性を説明できるはずだ．その部分を**パラメータ**と呼ぶ．アルゴリズムの中のパラメータは何らかの具体的な値を表し，アルゴリズムを実行するときにはそのパラメータを具体的な値で置換する必要がある．そういう具体的な値をアルゴリズムの**入力値**，あるいは単に**入力**と呼ぶ．

たとえば，コーヒーを作るアルゴリズムには注ぐカップの数を表すパラメータ 数 があり，アルゴリズムの命令が参照できるようになっている．以下はそういうアルゴリズムの抜粋である[1]．

　カップ 数 杯分の水を注ぐ．
　挽いたコーヒー豆をスプーン 1.5 × 数 杯入れる．

このアルゴリズムを 3 杯のコーヒー用に実行するためには，入力値の 3 でアルゴリズムの命令にあるパラメータ 数 を置換する必要がある．そうすると以下のような特別版のアルゴリズムが得られる．

　水を 3 杯注ぐ．
　挽いたコーヒー豆をスプーン 1.5 × 3 杯入れる．

パラメータを使うことで，様々な異なる状況でアルゴリズムを適用できる．それぞれの状況は異なる入力値（たとえばコーヒーを注ぐカップの数）で表現され，その入力値でパラメータを置換することで，入力値が表す状況にアルゴリズムを適合させる．

ヘンゼルとグレーテルのアルゴリズムは，森の中に置いた石をパラメータとしている．これまではどれがパラメータか厳密に特定することはしなかったが，それは「まだたどっていない石を見つける」という命令が明らかにヘンゼルが置いた石を指していたからだ．代わりに次のような命令を使うことで，パラメータはより明確になる．「ヘンゼルが置いた石 のうち，まだたどっていない石を見つ

[1] 挽いたコーヒー豆の量は，ナショナル・コーヒー・アソシエーションの勧告に従っている．www.ncausa.org/i4a/pages/index.cfm?pageID=71 を参照．

ける」アルゴリズムを実行するたびに，パラメータ ヘンゼルが置いた石 はヘンゼルが落とした石で置き換えられる――少なくともそういう風に考えられる．アルゴリズムの記述の中に石を物理的に置くことはさすがにできないので，パラメータは入力値に対する参照あるいはポインタとして扱う．**ポインタ**は入力値にアクセスする仕組みで，アルゴリズムで必要になったときに入力値のどこを見るべきか教えてくれる．道を見つけるアルゴリズムでは，入力値は森の地面にある．コーヒーを作るアルゴリズムでは，入力値は頭の中にあって，パラメータが参照するときに取り出して使う．いずれにしても置換という考えは，アルゴリズムと具体的な計算との関係を理解するのに役立つ有用な喩えとなっている．

パラメータを導入して具体的な値を置き換えることで，多くの状況で動くようにアルゴリズムを汎用化できる．たとえば，あるアルゴリズムに「午前6:30に起きる」という命令があったとき，具体的な時間をパラメータ 起床時間 で置き換えることができ，「起床時間 に起きる」という汎用的な命令が得られる．同様に，朝食を準備するアルゴリズムで 果物 というパラメータを作ることで，様々なシリアルを食べられるようになる．

逆にいうと起床のアルゴリズムを実行するためには，パラメータの時間を置き換えて命令を具体的にできるよう，入力値を与える必要がある．これは一般的には問題とならないが，何らかの決定が必要だし，間違いのもとになる可能性がある．またこれは，どれだけ柔軟性が必要かによる．起こす時間を一度決めたら二度と変えられないような目覚まし時計は受け入れがたいだろうが，秒単位で時間を選べるようなパラメータは，多くの人には必要ない．

さらにいうと，パラメータを持たず異なる入力値をとれないアルゴリズムは，常に同じ計算を生み出す．前に述べたように，物理的な効果が一時的なアルゴリズムでは，これは問題にならない．ケーキのレシピでできたケーキは食べてしまうし，ミルクを取ってきたら飲んでしまうからだ．同じ効果を得るために再計算するのも，この場合は意味がある．だが計算した値をとっておいて後で再利用するようなアルゴリズムでは，再利用のために１つ以上のパラメータが必要になる．

パラメータはアルゴリズムに不可欠の構成要素だが，アルゴリズムをどれだけ汎化もしくは特化すべきかという疑問に単純な答えはない．それについては第15章で議論する．

2.2 誰が実行している？

これまで見てきたように，計算はアルゴリズムを実行した結果だ．では誰が，もしくは何が，どのようにアルゴリズムを実行できるのだろうか．これまでの例から，人は間違いなくアルゴリズムを実行できるが，コンピュータにもできる．他にも可能性があるだろうか？ アルゴリズムを実行するために必要なものは何だろうか？

計算をできる人もしくはものにつけられた名前は，もちろん，**計算機** (computer) だ．実はこの単語のもともとの意味は，計算を実行する人々のことだった[2)]．これから私は，一般的な意味での計算機という単語を，計算のできる自然あるいは人工の主体すべてに対して用いる．

アルゴリズムの実行には，計算機の能力によって大きく 2 つの場合があることがわかる．1 つは汎用計算機，人やノート PC やスマートフォンだ．汎用計算機は，理解できる言語で表現されてさえいれば，基本的にはどんなアルゴリズムでも実行できる．汎用計算機は，アルゴリズムと計算の間を実行という関係でつなぎ合わせる．何らかの問題を解くアルゴリズムを実行するときはいつでも，計算機は各ステップで表現を変更している（図 2.1）．

もう 1 つは，アルゴリズムを 1 つだけ（あるいは事前に定義したアルゴリズム一式だけを）実行する計算機だ．たとえば電卓は，数値計算のアルゴリズムを実行する物理的な電子回路を備えているし，目覚まし時計は特定の時間に音を立てるような回路を備えている．細胞生物学には他にも興味深い例がある．

この文章を読んでいる間に細胞の中で何百万回も起こっていることについて考えてみよう．リボソームは細胞の機能を助けるタンパク質を生成している．主にリボソームは，RNA が記述するタンパク質を組み立てる小さな機械だ．RNA

2) **計算機**という単語が使われた最初の記録は，1613 年まで遡る．機械式計算機の最初のアイデアは，1822 年にチャールズ・バベッジが設計した階差機関だ．最初のプログラム可能な計算機，電動機械式の Z1 は，1938 年ごろにコンラート・ツーゼが作った．

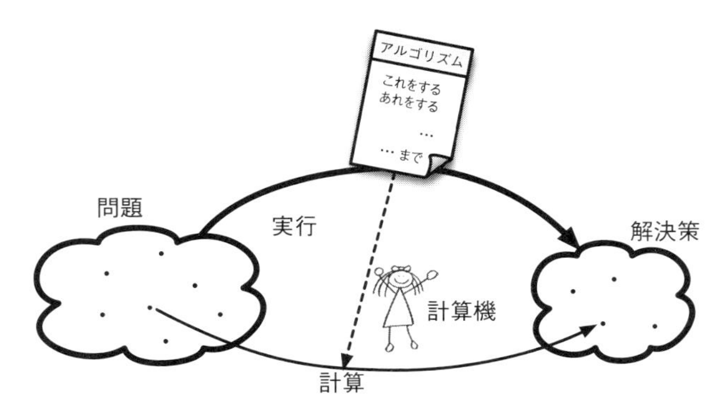

図2.1 アルゴリズムを実行することで計算が生まれる．アルゴリズムにはすべての種類の問題を解けるような方法が記述されていて，実行すると特定の例題の表現に作用する．実行する計算機，たとえば人や機械は，アルゴリズムを記述する言語を理解できなくてはならない．

は特定のタンパク質を生成するようリボソームに命じるアミノ酸の鎖である．細胞の中のリボソーム計算機が，RNAをタンパク質に翻訳するアルゴリズムを確実に実行してくれるおかげで，人は生きていられるのだ．リボソームが使うアルゴリズムは膨大な種類のタンパク質を生成できるが，リボソームが実行できるアルゴリズムはこれだけだ．リボソームはとても役に立つが，できることには限界がある．人に服を着せたり，森を抜ける道を見つけたりすることはできない．

物理的なアルゴリズムでできている計算機に対して，汎用計算機の重要な要件は，アルゴリズムを記述する言語を理解できなくてはならないということだ．計算機が機械の場合，アルゴリズムは**プログラム**とも呼ばれ，アルゴリズムを記述する言語は**プログラミング言語**と呼ばれる．

もしヘンゼルとグレーテルが自分たちの思い出を本にして，命を救ったアルゴリズムについて書いたら，本を読んだ他の子供たちは，本の書かれた言語を理解できる場合に限りそのアルゴリズムを実行できるだろう．これは，汎用的でない決まったアルゴリズムを実行する計算機にはあてはまらない．

どんな計算機にもあてはまる要件は，アルゴリズムが使う表現にアクセスする能力だ．特に，計算機は必要に応じて表現を変更できなくてはならない．ヘンゼルとグレーテルが木につながれていたら，アルゴリズムは役に立たなかっただろう．2人は自分たちの場所を変えられないし，場所を変えられないと道を見つけるアルゴリズムを実行できないからだ．

まとめると，計算機はアルゴリズムが扱う表現を読んで操作できなくてはならない．さらに汎用計算機は，アルゴリズムが書かれた言語を理解できなくてはならない．なおここからは，計算機という言葉は汎用計算機を意味するものとする．

2.3　生存のコスト

計算機には現実世界でやることがある．ゲームの高解像度の映像を描画しようとしてノートPCが熱くなったり，アプリをバックグラウンドで立ち上げすぎてスマートフォンのバッテリーがすぐになくなったりするとき，人はこの事実を思い出す．また，起床のアルゴリズムを実行するには一定の時間がかかるので，初回のアポイントメントの前には目覚まし時計を十分に早く設定しなくてはならない．

問題を解決するためにアルゴリズムを見つけ出すことも大切だが，アルゴリズムの作り出した実際の計算が十分に速く解決策を生み出せるかどうかは，また別の問題だ．これに関する最初の疑問は，割り当てた計算機にその計算を実行する十分なリソースがあるかということだ．

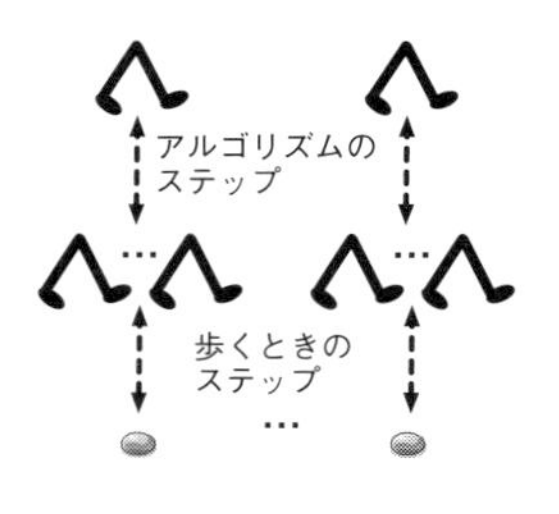

たとえば，ヘンゼルとグレーテルが家へ帰るのに石をたどるとき，全体の計算にはヘンゼルが落とした石の数と同じだけのステップ数がかかる[3]．なおステップというのは「アルゴリズムのステップ」であり，「歩くときのステップ（歩数）」ではないので注意してほしい．特にアルゴリズムの1ステップは，ヘンゼルとグレーテルが森を抜けて歩くときの何ステップかにおよそ対応する．だから，石の数はアルゴリズムの実行時間の目安になる．1つの石につきアルゴリズムの1ステップが必要となるからだ．アルゴリズムが作業を実施するのに必要なステップ数を考えることで，**実行時間複雑性**が決まる．

[3] ヘンゼルとグレーテルはまったく近道をせず，行き止まりを解消するために引き返す必要もなかったようだ（第1章を参照）．

さらにいうとアルゴリズムが機能するためには，ヘンゼルとグレーテルが十分な数の石，両親に置き去りにされた場所から家までの道のりをカバーできるだけの石を持っていなくてはならない．これはリソース制約の一例だ．石が不足するのは，石の能力の限界，つまり外部リソースの限界によるものかもしれないし，ヘンゼルのポケットの大きさの限界，つまり計算機の限界によるものかもしれない．アルゴリズムの**空間複雑性**を判断するというのは，計算機がアルゴリズムを実行するのにどれだけの空間が必要か訊ねることを意味する．この例では，ある長さの道筋を見つけるのにどれだけ多くの石が必要で，それをすべて運べるくらいヘンゼルのポケットは大きいか訊ねることに相当する．

したがって，アルゴリズムは森の中のどこでも理論どおりに機能するかもしれないものの，計算が実際に成功するかどうかは事前にわからない．時間がかかりすぎるかもしれないし，必要なリソースの量が使用可能な量を超えてしまうかもしれないからだ．計算リソースについて詳しく見ていく前に，計算のコストを測るうえでの２つの重要な前提について説明したい．これらの前提によって，この類の分析が実際に役立つものになる．ここからは実行時間に焦点を当てて見ていくが，同じ議論が空間リソースの問題にもあてはまる．

2.4　コストの概要

アルゴリズムは多くの計算の汎化と見ることができる．前に説明したように，個々の計算の違いはアルゴリズムの記述の中ではパラメータとして表される．そしてどんな計算も，アルゴリズムのパラメータを特定の入力値で置き換えて実行することで得られる．同じように，アルゴリズムのリソース要求を汎化した記述――特定の計算に適用できるだけでなくすべての計算を網羅する記述――がほしい．言い換えると，コストの記述を汎化したい．これはパラメータを使うことで実現でき，アルゴリズムを実行するのに必要なステップ数を入力の大きさに応じて決められるようになる．したがって実行時間複雑性は，与えられた大きさの入力に対して計算のステップ数を返す関数である．

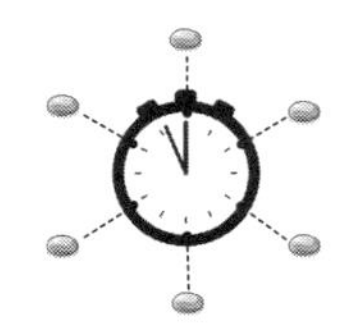

たとえば，石をたどるアルゴリズムを実行するのに必要な計算のステップ数すなわち時間は，だいたい落とした石の数に等しい．森の中の違った場所へ行く道には，一般的にそれぞれ違った数の石が必要なので，これらの道に対応した計算は違ったステップ数がかかる．実行時間複雑性を入力の大きさの関数として表すことで，この事実を反映できる．石をたどるアルゴリズムでは，個々の計算を正確に測定する方法を簡単に導ける．計算のステップ数が石の数と1対1に対応しているように見えるからだ．たとえば87個の石がある道では，87ステップの計算が必要だ．

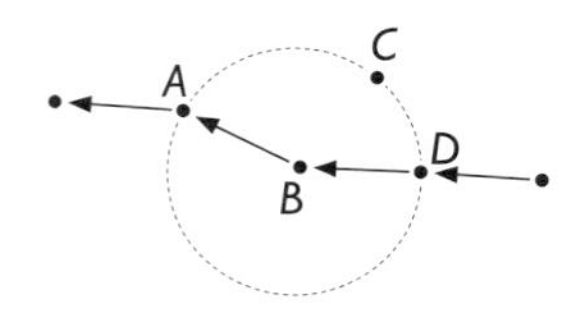

だが，これは常に成り立つわけ**ではない**．図1.3に示した道を見てみよう．この例はアルゴリズムが行き詰まることがあるのを説明するためのものだが，石の数よりも少ないステップ数の計算をアルゴリズムが生み出せるのを示すためにも使える．BとCがDから見えるのでBを選び，AとCがBから見えるので次にAを選ぶとすると，D，B，Aという経路は正しく，かつCを迂回しているので，道にある石の数より少なくとも1つ少ないステップ数の計算になっている．

この場合，アルゴリズムの入力の大きさから予想したステップ数よりも実際の計算のステップ数が**少ない**ことに注意してほしい．これは計算のコストを過大に見積もっていたということだ．実行時間複雑性というのは，**最悪の場合**に計算が要する複雑性を算出している．これは，特定の入力に対してアルゴリズムを実行するべきか否かを決める手助けになる．もし見積もった実行時間を許容できるなら，アルゴリズムを実行してよい．もしその計算をもっと速くもっと少ないステップで実行できるなら，それは何よりだし，最悪の場合でもそのアルゴリズムにそれ以上の時間がかからないことは保証されているからだ．起床の場合，朝のシャワーにかかる時間の見積もりは，最悪の場合で5分になるかもしれない．これには水が温まるまでの時間が含まれているので，誰かが先にシャワーを浴びていたら，実際のシャワーの時間はもっと短いかもしれない．

実行時間の分析はアルゴリズムのレベルで行うので，（個々の計算ではなく）アルゴリズムだけが分析の対象となる．ということは，実際に計算が行われる**前に**実行時間を評価することもできる．アルゴリズムの記述に基づいて分析することになるからだ．

実行時間複雑性についてのもう1つの前提は，アルゴリズムの1つのステップは，アルゴリズムが実際に実行される場合の複数のステップに対応するということだ．例で見ればこれは明らかだ．石は1歩の幅で置かれているわけではないだろうから，ヘンゼルとグレーテルがある石から次の石へ行くには何歩かかかることになる．けれども，アルゴリズムの1つのステップが引き起こす計算機のステップを，好きなだけ大きな数にすることはできない．この数は一定で，アルゴリズムが要するステップ数と比べて小さくする必要がある．そうでなければ，アルゴリズムの実行時間に関する情報が意味のないものになってしまうからだ．アルゴリズムのステップ数が，実際の実行時間の目安にならなくなってしまう．また，計算機が変われば性能特性も変わるという側面もある．ヘンゼルはグレーテルよりも足が長く，少ない歩数で石から石へ移動できるかもしれない．だがグレーテルはヘンゼルより早く歩けるので，同じ歩数にかかる時間は短いかもしれない．アルゴリズムの実行時間に焦点を当てることで，こうした要因を無視できる．

2.5　コストの増大

アルゴリズムの実行時間複雑性についての情報は関数という形で与えられるので，様々な計算の実行時間の差異を吸収できる．このアプローチは，より大きな入力を扱うアルゴリズムにはより長い時間がかかるという事実による．

ヘンゼルとグレーテルのアルゴリズムの複雑性の特徴は「実行時間は石の数に比例する」という規則で，これは石の数に対する歩数の比率が一定だということを意味している．言い換えると，道の長さが2倍になって2倍の数の石があったら，実行時間も2倍になるということだ．ただしこれは必ずしも，歩数が石の数に**等しい**ということを意味しない．入力と同じように増えたり減ったりするというだけだ．

こうした関係は**線形**と呼ばれ，石の数に応じて必要な歩数をグラフに描くと直線になる．このような場合，アルゴリズムは線形の実行時間複雑性を持つという．より簡潔に，アルゴリズムは線形であるということもある．

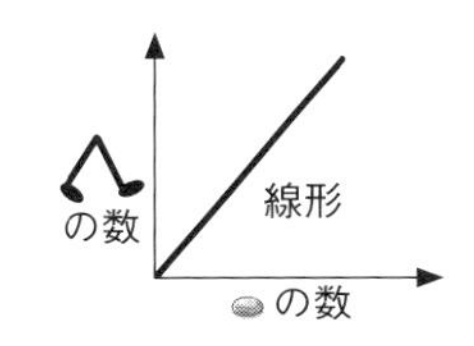

線形のアルゴリズムはとてもよいし，多くの場合は望みうる最高のアルゴリズムだ．異なる実行時間複雑性の例を見るために，ヘンゼルが石を落とすときに実

行するアルゴリズムを考えてみよう．もともとの物語では，ヘンゼルは石をぜんぶポケットに入れて持っていて，だから森の中へ進んでいくときに落とすことができた．ヘンゼルが次の石を落とす場所に着くまでには決まった歩数かかるので，これは明らかに線形の（石の数に比例する）アルゴリズムだ．

けれども，ヘンゼルが石を隠し持っておくことができない場合を考えてみよう．その場合，石を落とそうとするたびに家に戻って新しい石を持ってこなくてはならず，これは石を手に入れるのに必要なステップ数のおよそ2倍かかる．全体のステップ数は，それぞれの石にかかるステップ数の合計になる．家からの距離は石を落とすたびに増えていくので，全体のステップ数は $1+2+3+4+5+\cdots$ の合計に比例し，石の数の2乗に比例する．

この関係を説明するうえで考えるのは，ヘンゼルが移動しなくてはいけない距離で，これは石の数で測ることができる．2つの石を落とすために，ヘンゼルは1つ目の石を落とせる場所まで行って，別の石を取りに戻って，1つ目の石を通って2つ目の石を落とせる場所まで行く．これで石4つ分の距離を移動することになる．3つの石を落とすためには，ヘンゼルはまず2つの石を落とすための距離を動かなくてはならず，これは4だとわかっている．それから3つ目の石を取りに戻って，それが石2つ分の距離に相当する．3つ目の石を置くのにさらに石3つ分の距離を進んで，合わせて $4+2+3=9$ 個分の距離を移動しなくてはならない．

さらにもう1つ考えてみよう．4つ目の石では，ヘンゼルは3つの石を落とすための距離を移動し，（石3つ分）戻って，それからさらに石4つ分の距離を移動して，4つ目の石を落とす場所に着くことができる．ぜんぶで $9+3+4=16$ 個分の距離になる．同じように，石を5つ $(16+4+5=25)$，石を6つ $(25+5+6=36)$，あるいはそれ以上置くための距離を計算できる．

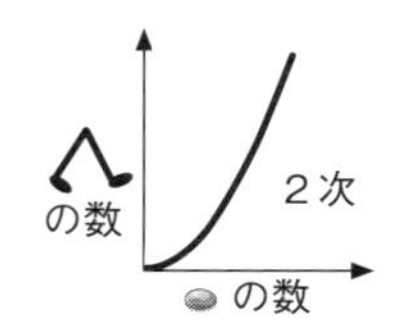

明らかにあるパターンが表れていることがわかる，つまり，ヘンゼルに必要なステップ数は置かれた石の数の2乗に比例するということだ．このような複雑性のパターンのアルゴリズムは**2次**の実行時間を持つ，あるいは単に，**2次であると**いう．2次のアルゴリズムの実行時間は，線形のアルゴリズムよりずっと速く増える．たとえば，10個の石に対して線形のアルゴリズムは10ステップかかるが，

2次のアルゴリズムは100ステップかかる．100個の石に対して線形のアルゴリズムは100ステップかかり，2次のアルゴリズムは10,000ステップかかる．

実際のステップ数はもっと多いかもしれない．先ほどいったとおり，線形のアルゴリズムは1つの石について2，3，場合によっては14といった一定のステップ数がかかる．たとえば10個の石から成る経路に対しては，それぞれ20，30，140ステップかかる．同じことは2次のアルゴリズムにもいえて，ステップ数には係数をかける必要がある．これは線形のアルゴリズムが，必ずしもすべての場合で2次のアルゴリズムより速いわけではないということを示している．係数が大きければ，係数の小さい2次のアルゴリズムより多くのステップがかかることもある．少なくとも石の数が十分に小さいときはそうだ．たとえば，石1つあたり14ステップの線形のアルゴリズムは10個の石では140ステップかかり，これは石1つあたり1ステップの2次のアルゴリズムが100ステップかかるよりも大きい．しかし，石の数が多くなればなるほど係数の効果は薄れ，2次のアルゴリズムの伸びが勝るようになる．たとえば100個の石に対して，この線形のアルゴリズムは1,400ステップかかるが，2次のアルゴリズムはすでに10,000ステップかかる．

物語では，2次のアルゴリズムは実現できないし，実現してもうまくいかない．最後の石を置いたときのことを考えてみよう．ヘンゼルは家への道をすべて歩き，それから森の中に戻る．ということは，森へ3回行ける距離を歩くことになる．ヘンゼルが線形アルゴリズムで石を置いていたときも，両親はすでにイライラしていた．

> *父親は言いました．「ヘンゼル，そんな後ろに突っ立って何を見ているんだ？ 気をつけて，ちゃんと歩きなさい」．*

新しい石が必要となるたびにヘンゼルが家に戻るのは，とても待っていられなかっただろう．だからアルゴリズムの実行時間は実際に重要だ．アルゴリズムが遅すぎたら，実用的な観点からは無用なものとなってしまう（第7章を参照）．

この例から，空間と時間の効率性が多くの場合互いに依存していることも説明できる．この場合，ヘンゼルのポケットにはすべての石が入るという前提を置き，保存場所の容量という対価を払う，つまり線形の保存容量を使うことで，アルゴリズムの時間効率性を2次から線形に改善することができる，

2つのアルゴリズムで同じ問題を解けるが，一方の実行時間複雑性がもう一方

よりも低いとき，速いアルゴリズムは（実行時間の観点で）より**効率的**であるという．同様に，一方のアルゴリズムがもう一方よりも少ないメモリを使うときは，**空間効率がよい**という．この例では，線形の石置きアルゴリズムは2次のものより時間効率がよいが，ヘンゼルのポケットがいっぱいになるという意味で空間効率が悪い．

さらなる探究

ヘンゼルとグレーテルの物語に出てくる石は，道を探すアルゴリズムで使うための表現だった．道に印をつけるのは他のときにも使える．1つには，未知の地域を探検するときに帰り道を見つけるのを助けてくれる．それから，人の後を追いかけるのにも役立つ．これはたとえば，J・J・R・トールキンの『指輪物語/2つの塔』に出てくる．メリーとともにオークに捕まったピピンは，アラゴルン，レゴラス，ギムリへの目印としてブローチを落とす．同じように，映画『インディ・ジョーンズ/クリスタル・スカルの王国』では，マックが秘かに無線標識を落として後から追いかけられるようにする．

3つの例のどれでも，目印は多少なりとも開けた土地，どの方角にも進めるような場所に置かれる．それに対して，分かれ道の数が一定の値に制限されているような状況もある．マーク・トウェインの『トム・ソーヤーの冒険』がそうで，トムとベッキーは洞窟を探検し，壁に煙の印をつけて外へ出る道を見つけようとする．けれども洞窟の中で迷ったままだ．何日か経ってベッキーが弱ってこれ以上進めなくなったとき，トムは洞窟の探検を続けるが，もっと頼りになる方法として凧から取り出した糸を使い，いつでもベッキーのところに戻れるようにする．迷宮で迷わないために糸を使う例として最も有名な（そして最も古い）ものはギリシャ神話のミノタウロスで，テセウスはアリアドネから与えられた糸を使って迷宮を抜け出す道を見つけ出す．ウンベルト・エーコの『薔薇の名前』でも，ベネディクト会の見習い修道士アドソが，修道院の迷宮図書館から戻る道を探すのに同じ方法を使っている．

物語の中で異なる種類の目印が使われたり，それに応じた道を見つけるアルゴリズムが暗に使われていたりするのを比べるのは面白い．たとえば石やブローチや煙の印を使う場合，ある目印から次の目印に着くのに探索が必要となる．出てくる場所が少ないからだ．それに対して糸は途切れないので，何も探さずについていくことができる．さらに糸を使えば行き止まりの状況に陥る可能性もなくなる．第1章で述べたように，石などばらばらの目印を使うとそうしたことが起こりうる．

ヘンゼルとグレーテルの方法はファイルシステムや検索システムの最近のユーザーインターフェースで使われており，パンくずリストとして知られている．たとえば，ファイルシステムのブラウザは現在のフォルダの親や直近のフォルダをリストにして表示することがある．また，電子メールやデータベースの検索インターフェースは，現在の検索結果に使われた検索語のリストを表示することがある．親フォルダに戻ったり，より多くの結果を得るために最後の検索語を削除したりするのは，石のところまで移動して拾うことにあたる．

表現とデータ構造

シャーロック・ホームズ

通勤

通勤途中だ．車を運転していても，自転車に乗っていても，歩いていても，出会う交通標識や信号が，通勤する人たちが道路をどう使うべきか規定している．交通標識が表す規則のいくつかはアルゴリズムだ．たとえば一時停止の標識が4ウェイ・ストップにあったら，止まって，自分より前に着いた他の車がすべて交差点を通過するのを待って，それから交差点を通過しなくてはならない[1)]．交通標識の規則に従うのは，対応するアルゴリズムを実行することに相当する．つまり，結果として生まれる行動は計算の例だ．多くのドライバーや車がこの活動にかかわっており，道路を共通のリソースとして共有しているので，これは実のところ分散コンピューティングの例となっているが，それはここの主題ではない．

毎日，何百万人もの人々がまったく違った目的を持って，効率よく自分の行動を決め，お互いに自分の行きたいところに向かっているのは驚きだ．たしかに，交通渋滞や事故は定常的に起こっているが，全体で見れば交通はかなりうまく機能している．さらに驚きなのは，いくつかの標識だけでこれを実現していることだ．「止まれ」と書かれた赤い八角形の標識を置くだけで，数えきれない車が交差点を秩序立てて通るようになる．

どうしたら標識すなわち記号からこれだけの効果が生まれるのだろうか？ 鍵となるのは，記号が**意味**を持つということだ．たとえば，案内標識は行きたい場所がどちらの方向にあるか教えてくれる．そういった標識が表現するものによって，旅行者はどこで曲がるか，どこで出口を出るか決めることができる．警告（たとえば障害やカーブ）を表す標識や，何かを禁止する（たとえば最高速度を制限する）標識，共有の交通リソース（たとえば交差点）の利用方法を決める標識もある．第1章では表現という言葉を何か他のものを表す記号として使った（たとえば石が場所を表現する）．このように見ると，記号が表現であるということに記号の力の源があるといえる．

記号の効果は何か魔法のように現れるわけではなく，効果を引き出す存在が必要だ．この過程は**解釈**と呼ばれる．1つの記号に対して，異なる存在が異なる方

---

1) アメリカやカナダや南アフリカで運転したことがなければ，この交通規則を知らないかもしれない．最初にドイツで運転を学んだ人にとって，四方に一時停止の標識がある4ウェイ・ストップは実に驚く概念で，事故や誰が最初に来たかという諍いがほとんどないのは，特にそうだ．

法で解釈をする．たとえば典型的な通行者は交通標識を情報や指示と解釈するが，交通標識はコレクターの収集対象にもなる．交通標識を理解するために，また計算機科学で表現を使うためにも，解釈が必要だ．

記号は様々な形で計算とかかわっており，重要である．まず，記号は計算を直接表現する．一時停止の標識もそうで，通行者が実行できる特定のアルゴリズムを指示する．個々の記号が表現する計算は些細なものであっても，そういった記号を組み合わせることで全体として重要な計算を生み出すことができる．ヘンゼルとグレーテルの石はその一例だ．1つの石が引き起こす行動は単純だ．「まだ来たことがなければ，ここまでおいで」．その一方ですべての石を合わせると，森を抜け出て命を救う効果がある．

2つ目に，システマティックな記号の変換が計算であるということだ[2]．たとえば，ある標識に×をつけると，元の意味を保留したり否定したりする．よくあるのが行動を禁止するもので，曲がった矢印を赤い丸で囲んで赤い斜めの線を引けば，転回禁止となる．別の例は信号だ．赤から青に変わると，それに従って意味も「止まれ」から「進め」に変わる．

最後に，記号を解釈する過程が計算である．これは石や止まれの標識などの単純な記号だとわかりにくいが，複合的な記号を見ると明らかになる．1つの例は×印の標識で，もともとの標識の意味があって，それに×の意味が加わる．別の例は高速道路の出口にある食事の案内標識で，様々な種類の食べ物を示すレストランのロゴと方向とを組み合わせた意味となる．解釈については第9章と第13章で議論する．ここでのポイントは，記号は様々な形で計算にかかわっているということだ．したがって，記号が何で，どのように機能して，計算の中でどのような役割を担っているかを理解することは，よい考えだ．これが第3章の主題である．

---

[2] 記号は表現であり，表現のシステマティックな変換が計算なので，こうなる．

3 記号の謎

最初の２つの章で説明したように，計算は表現を操作することで機能する．表現というのは，何か意味のあるものを表すシンボルや記号だ．ヘンゼルとグレーテルは場所の表現として石を使い，道を見つけるアルゴリズムの手助けにした．そのために，考慮すべきいくつもの要件を石は満たす必要がある．こうした要件について詳しく見ていくことで，表現とは何か，表現がどのように計算の手助けとなるか理解を深めることができる．

表現は少なくとも２つの部分から成り立っている，つまり，表現するものと表現されるものだ．これは**記号**の概念からわかる．心に留めておくべき記号の３つの特徴は以下のとおりだ．記号は複数のレベルで操作できる．記号は曖昧でもよい（１つの記号が様々なことを表現してもよい）．様々な記号が１つのことを表現してもよい．この章では，記号を表現とする仕組みがどれくらい多様であるかも議論する．

3.1 表現の記号

１＋１が２であることに疑いを持ったことはあるだろうか？ 古代ローマからタイムトラベルをしてきたのでもない限り，おそらくないだろう．もし古代ローマから来たなら，数字がおかしなものに見えて，代わりにＩ＋ＩはIIであるというかもしれない．つまり誰かが＋記号の意味を説明したらということだ（＋記号が初めて使われたのは15世紀だ）．コンピュータに聞くことができたら，コンピュータの数のシステムは二進数が基本なので，1＋1は10であるというかもしれない[3]．どういうことだろうか？

この例が示しているのは，算数の非常に単純な事実についての会話であっても，数量を表現する記号について合意している必要があるということだ．これはもちろん，任意の数量に関する計算にも当てはまる．ヒンズー・アラビア数字を基本とする十進数では，11を二倍すると22が返る．古代ローマではIIを二倍するとIVが返り（IIIIではない）[4]，コンピュータは110を返すだろう．二進表現で11は数の三を表し，110は六を表すからだ[5]．

ここでわかるのは，計算の意味は，計算が変換する表現の意味によって決まるということだ．たとえば11を110に変換する計算は，数を二進数として解釈すれば二倍することを意味するし，十進数として解釈すれば十倍を意味する．そしてローマ数字の解釈ではこの変換は無意味なものになる．ローマ数字にはゼロに相当する表現がないからだ．

表現は計算の中でこうした決定的な役割を担っているので，表現が本当は何であるかを理解することは大切だ．また表現という言葉は様々な意味で用いられるので，計算機科学における意味を明確にしておくことが重要だ．そのために，私は著名な探偵であるシャーロック・ホームズに助けを請うことにする．彼の事件解決の手法があれば，表現が計算を支援してどう働くかを明らかにできる．つまらない細部を鋭く観察して驚くような方法で解釈するというのが，シャーロック・ホームズらしいやり方だ．このような推理は事件を解決するには役立つことが多いが，物語を先に進めるための情報を面白く明かしているだけのこともある．いずれにしても，シャーロック・ホームズの推理は表現の解釈に基づいていることが多い．

シャーロック・ホームズの最も人気があって有名な冒険の1つ『バスカヴィル

---

3) 二進数は1と0の連続だ．最初のいくつかの自然数は二進数で次のように表現される．$0 \mapsto 0$, $1 \mapsto 1$, $2 \mapsto 10$, $3 \mapsto 11$, $4 \mapsto 100$, $5 \mapsto 101$, $6 \mapsto 110$, $7 \mapsto 111$, $8 \mapsto 1000$, $9 \mapsto 1001$, …….

4) 複雑だと思うなら，こんなことを考えてみよう．私はこの章を2015年の初めに執筆しており，スーパーボウルXLIXが近い．これはローマ数字の49だ．Lは50で，Xを前に置くと10を引くという意味になる．あとは9を加えればよくて，そのためには1を10から引くという意味のIXを付け足せばよい．

5) 二進数で二倍にするのは，十進数で十をかけるのと同じくらい簡単だ．右端に0を足せばいい．

家の犬』でも，表現は重要な役割を演じている．典型的なシャーロック・ホームズのスタイルだが，ホームズを訪れたモーティマー博士が置き忘れた杖をいろいろと観察するところから物語は始まる．ホームズとワトソンは，杖に刻まれた次の文章を解釈する「ジェームス・モーティマーへ，MRCS，CCHでの友人より」．ホームズとワトソンはイングランドに住んでいるので「MRCS」がイングランド王立外科医師会員を表す，もしくは表現することを知っており，そのことと医学辞書から「CCH」がチャリング・クロス病院を表すはずだとホームズは推理する．モーティマー博士は一時期そこで働いていたからだ．ホームズはまた，杖はモーティマー博士が病院を辞めて田舎の開業医になるときに，感謝の意味で贈られたものに違いないともいう．もっとも後になって，これは間違いで，モーティマー博士の結婚記念日に贈られたものだとわかるのだが．

刻印にはすぐにわかる表現が3つある．2つの略語とモーティマー博士の結婚記念日のイベントを表現する文章全体だ．これらの表現はそれぞれが**記号**（シーニュ）という形態をとっており，これはスイスの言語学者フェルディナン・ド・ソシュールがもたらした概念だ．記号は**シニフィアン**と**シニフィエ**という2つの部分から成る．シニフィアンは知覚あるいは提示されるもので，シニフィエはシニフィアンが表す概念や考えのことだ．表現という考えに対してこの記号という概念を関連づけるなら，シニフィアンはシニフィエを**表現する**ということができる．私は「表現する」という言葉を常に「表す」という意味で使っているので，シニフィアンはシニフィエを**表す**ということもできる．

記号という考えが重要なのは，表現という考えを簡潔に捉えているからだ．特に，シニフィアンとそれが表現するものとの間の関係は意味を生み出す——杖の場合はモーティマー博士の職務経歴の一部だ．シニフィエはこの世界の何らかの物体だと誤解されることも多いが，それはソシュールの意図したことではない．たとえば「木」という言葉が指しているのは，現実の木ではなく私たちの頭の中にある木の概念である．

この見方だと記号について書くのはやりにくくなる．というのも，記号を書き下すのに使う文章や図それ自体が記号であるうえに，頭の中にある抽象的な概念や考えは直接見ることができず，これも記号によって表現せざるをえないからだ．記号論，記号とその意味についての理論の文献では，「木」という単語をシニフィアンの例として，「木」が指すものが木の絵であるとした図

によって，記号の考えを説明することが多い．けれども木の絵もまた，木という概念に対応する記号である．だから「木」は，木の絵のシニフィアンではなく絵が指すもの，つまり木という概念のシニフィアンであり，図は誤解のもとだ．

言語や表現について語るときも私たちは必ず言語を使うので，このジレンマから抜け出す方法はないし，何らかの言語的な手段でしか他の人に考えや概念を伝えることはできない．シニフィアンやシニフィエについて話したいかどうかにかかわらず，シニフィアンを使うしかないのだ．幸いなことに，シニフィアンとして使われている単語や言い回しを引用符でくくったり，斜体など特別なフォントを使うことで，たいていの場合はこの問題に対処できる．引用符には，単語を解釈せず，そのままで言及できるという効果がある．それに対して引用符なしに使われた言葉は，その言葉が表すもの，つまりその言葉が指す概念として解釈される．

したがって「木」が１文字の単語を表すのに対し，引用符なしでは木の概念を表す．引用符ありの単語がそれ自身を表して，引用符なしだとそれが意味するものを指すという違いは，分析哲学では**使用と言及の差異**と呼ばれる．引用符なしの単語は実際に**使用**されて，それが表現するものを指すのに対し，引用符ありの単語は**言及**されるだけで，それが表現するものを指さない．引用符は，囲んだ部分が解釈されるのを止めて，その単語と意味の違いを明確に区別して語れるようにしてくれる．たとえば「木」は１文字だといえるし，木は文字を持たず枝と葉を持つともいえる．

一見単純な記号という概念には多くの柔軟性がある．たとえば，記号は複数のレベルで操作できるし，記号は複数の意味を持てるし，シニフィアンとシニフィエは様々なやり方でつなげることができる．これら３つの側面については，次の節で説明する．

3.2　上から下まで記号

すでに示した杖にある３つの記号（「MRCS」はイングランド王立外科医師会員を指し，「CCH」はチャリング・クロス病院を指し，文章全体でモーティマー博士の結婚記念日を指す）の他にも，実はもう少し記号が存在する．まず「イングランド王立外科医師会員」はある職能団体の会員であることを指しているし，同じように「チャリング・クロス病院」はロンドンのある病院（ビルではなく概念）を指す．だがそれだけではない．「MRCS」は外科医の団体の会員であることも指すし，「CCH」はロンドンの病院を指す．

したがって略語は2つの意味を持ちうるし，2つのシニフィエを持ちうる．シニフィエのシニフィエがあるからだ．どういうことだろうか？「CCH」のシニフィエは「チャリング・クロス病院」であり，これはロンドンの病院のシニフィアンだ．1つ目のシニフィエが2つ目のシニフィアンになるような2つの表現を組み合わせることで，「CCH」はロンドンの病院を表現できる．同じように，「MRCS」は2つのレベルの表現を組み合わせて1つにすることで，「イングランド王立外科医師会員」というシニフィエを通して外科医の団体の会員であることを表現している．

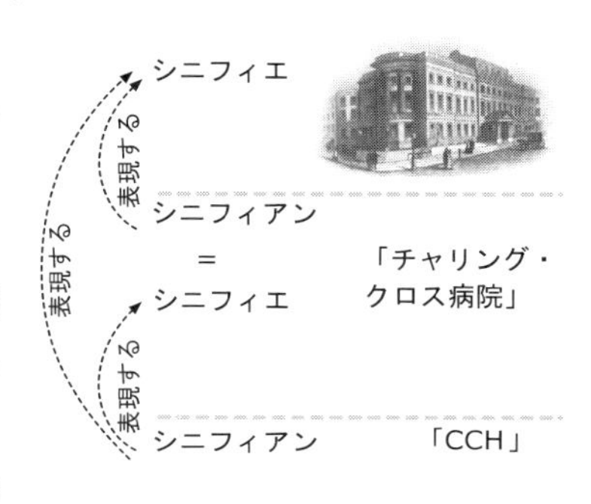

どうしてこれが重要なのだろうか？ また計算機科学に何の関係があるのだろうか？ 第1章で区別した2つの形式の表現を思い出してみよう．問題の表現と計算の表現だ．記号は2つのレベルの表現を1つにまとめられるので，単なる記号的な意味以上のものを計算に与えることができる．以前に議論した数値表現を用いた例で，この考えを説明しよう．

二進数として見ると，シニフィアン「1」は計算の表現のレベルで数の一を表現する．この数は異なる文脈では異なる事実を表現するので，異なる問題の表現を持つ．ルーレットをプレイしていたら，これはたとえば黒に賭けた額かもしれない．1に0を加えるという変換は，計算の表現のレベルでは一から二に数を二倍することを意味する．問題の表現のレベルだとこの変換は，黒がきて，賭けに勝ち，使える金額が二倍になったことも意味する．

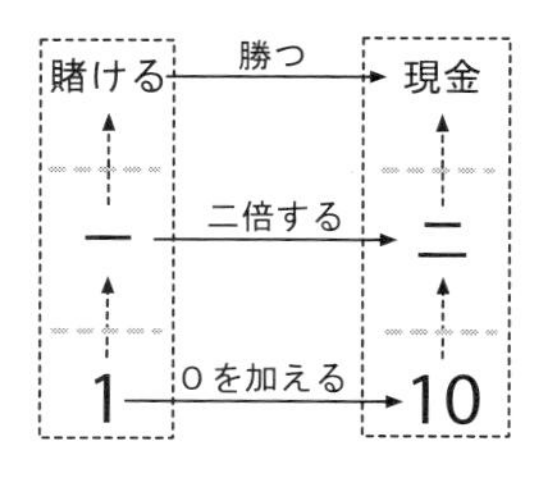

同じように森の中の石は，ヘンゼルとグレーテルにとって場所を表現するシニフィアンで，計算の表現に属する．さらにそれぞれの場所は，問題の表現では危険な場所を表現する．異なる場所を区別するために，ヘンゼルとグレーテルの家からの距離で危険の度合いを測れるかもしれない．石から石へと移動するのは，計算の表現では単に場所を変えることを意味するが，もし場所が家に近づいていれば，問題の表現のレベルでは危険が減っていることも意味する．このような記

号の推移性により，「彼はCCHで働いた」という文は彼がチャリング・クロス病院で働いたことを意味して，「チャリング・クロス病院」で働いたことにはならない．病院の名前で働ける人などいないので，それでは意味が通らない．

3.3 シニフィアンを理解する

異なる表現のレベルをまたいで機能する記号は，複数のシニフィエを持つシニフィアンの例にもなっている．ルーレットの例の「1」という記号は一という数とともに賭け金を意味している．ヘンゼルとグレーテルが使う石は，場所とともに危険を表現している．一連の石は通り道とともに危険から安全へ至る道筋も表現している．略語はどれもそれが表す名前とともに，その名前が表す概念も表現している．

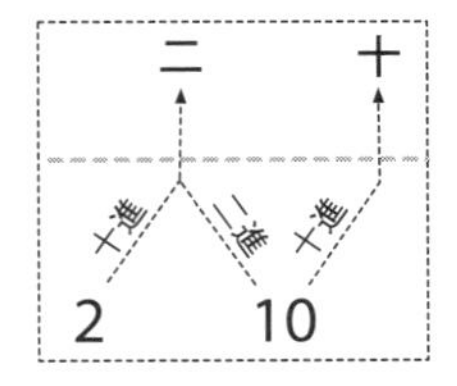

けれども，1つのシニフィアンが複数の無関係の概念を表現することもあるし，複数の無関係のシニフィアンが1つの概念を表現することもある．たとえば「10」は十進表現では数の十を指し示すが，二進表現では数の二を指し示す．さらに二という数は十進表現ではシニフィアン「2」で表現され，二進表現ではシニフィアン「10」で表現される．もちろん，問題の表現のレベルでも複数の表現が存在する．一という数字は明らかに，ルーレットテーブルで黒に賭ける金額以外の表現にも使うことができる．

この2つの現象は，言語学ではよく知られている．2つ以上の異なる概念を表す単語は**多義語**と呼ばれる．たとえば「trunk」という単語は，木の幹や象の鼻や車の荷室を表す．反対に同じ概念を表す2つの単語は**同義語**と呼ばれる．「bike」と「bicycle」はどちらも自転車のことだし，「hound」と「dog」はどちらも犬のことだ．計算の文脈では，多義語はいくつかの重要な疑問を投げかける．

たとえば，1つのシニフィアンが異なるシニフィエを表現できるなら，シニフィアンが使われたとき，どの表現が実際に有効なのだろう？ 驚くことではないが，シニフィアンが引き起こす表現は，使われた文脈に依存する．たとえば，「CCH」は何のことか？と聞くときに知りたいのは略語の意味，つまり「チャリング・クロス病院」という名前だ．反対に「CCH」に行ったことがあるか？という質問は，それが病院のことであるという事実を利用している．つまり2つ目の表現だ．さらにシニフィアン「10」が十と二のどちらを表現するかは二進表現と十進表現のどちらが使われているかに依存する．ヘンゼルとグレーテルの物語は，記号が使われる文脈によって，その記号がどの表現の役割を担うか決まることを示している．たとえば石がヘンゼルとグレーテルの家の前に置いてあったら，それは特に何も表現しない．それに対して森の中にわざと置かれていたら，道を見つけるための場所を表現する．

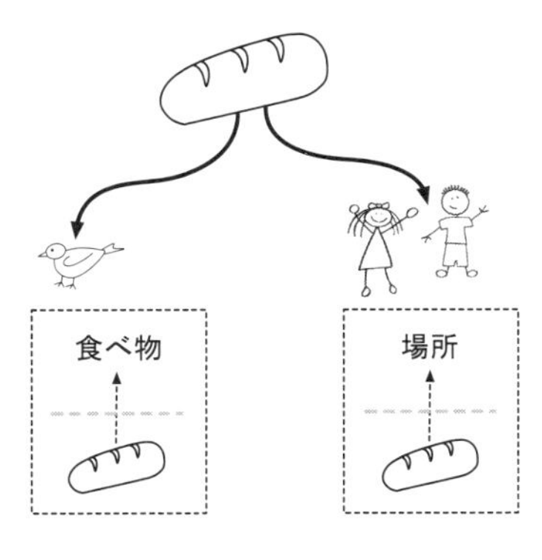

同じシニフィアンでも，記号を解釈する者が変われば意味も変わる．たとえばヘンゼルとグレーテルが2日目の夜に使ったパンくずは，2人にとっては場所を指し示すものだったが，森の鳥は食べ物だと解釈した．パンくずについての解釈は，ヘンゼルとグレーテルの視点と鳥の視点どちらでも，意味が通るし機能する．アルゴリズムで多義語が問題となりうるのは想像に難くない．多義語が本質的に持つ曖昧さを，何とかして解消しなくてはならないからだ．アルゴリズムの中で1つの名前が異なる値を表現するようなことを誰が望む，あるいは必要とするだろうか？ 第13章では，生じたように見える曖昧さをどうやって解決するかも解説する．

また表現を誤解して，シニフィアンを間違ったシニフィエに紐づけることもありうる．モーティマー博士の杖の刻印が博士の退任を表現しているというシャー

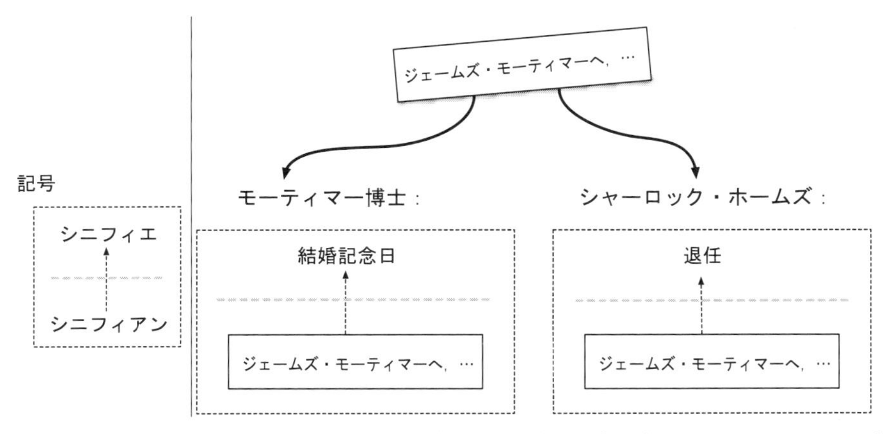

図3.1　記号は表現の基礎だ．シニフィエと呼ばれる特定の概念を表現するシニフィアンが記号を構成している．1つのシニフィアンが複数の概念を表すこともある．

ロック・ホームズの推理はその一例だ．実際はモーティマー博士の結婚記念日を表現していた（図3.1）．この表現の誤りは『バスカヴィル家の犬』の物語の中で議論，解決される．

表現の正確性は計算にとって重要だ．計算が入力として受け取る表現がもし間違っていたら，間違った結果を出してしまうからだ．この事実は「ゴミを入れると，ゴミが出てくる」といわれることがある．当たり前だが，間違った入力に基づいて間違った結果を返す計算は，ひどいことになる可能性がある．もし石が森の奥深くへの道を表現していたら，道を見つけるアルゴリズムがどんなに正しくても，ヘンゼルとグレーテルは帰り道を見つけられず森の中で死んでしまうだろう．

注意深く表現を選ぶことの大切さを，まざまざと思い出させてくれるのは，マーズ・クライメイト・オービターの喪失だ．マーズ・クライメイト・オービターは，火星の気候や大気を調査するため1998年にNASAが発射した無人宇宙船だ．軌道を修正するため操縦しているとき，宇宙船は地表に近づきすぎて破壊された．操縦が失敗した原因は，宇宙船と制御ソフトウェアとで異なる数値表現が使われていたことだ．ソフトウェアはヤード・ポンド法で推力を計算していたが，推力制御装置はメートル法を使っていたのだ．この表現の失敗には，6億5,500万ドルという高い値札がついた．このような過ちを防ぐ方法については第14章で議論する．

3.4 記号と対象をつなぐ3つの方法

正確な表現の重要性はわかったが，記号とそれが指すものとの関係はどのように確立されるのだろうか？ これには様々なやり方があり，それに応じて記号を分類できる．論理学者で科学者，また哲学者でもあるチャールズ・サンダース・パースは，記号を3種類に分けた．

1つ目は**アイコン**で，対象との同一性や類似性によってその対象を表現する．たとえば人の特徴を強調することでその人を表現する絵がそうだ．『バスカヴィル家の犬』に出てくるアイコン的な表現のわかりやすい例は，ヒューゴ・バスカヴィル卿の肖像画で，似せることで当人を表現している．肖像画は殺人者にも似ているので，シニフィアンが異なるシニフィエを表す例にもなっている．肖像画が実際に2つの記号であることで，シャーロッ

ク・ホームズは事件を解決することができる．もう1つの例は，CCHやMRCSといった略語が，元となった言葉を表すのに使われている場合だ．ここでは元の言葉と略語が，共通の文字を持っていることが類似性になる．さらに，シャーロック・ホームズは殺人が起きた場所を知るためにダートムーアの地図を使う．地図はアイコン的だ．地図にあるもの（道，川，森など）は，表現している対象と形や位置が似ているからだ．

2つ目はインデックスで，規則的な関係を通じて対象を表現する．インデックスを見る人は，この関係によって対象を推測できる．たとえば風向計の向きから風の方向を推測できる．それから，様々な物理現象（温度，圧力，速度など）の指標として作られた計器はすべてそうだ．「火のないところに煙は立たぬ」という諺は，煙が火のインデックスであるということに基づいている．規則的な関係を通じて指し示す対象によって，インデックスの記号は決まる．『バスカヴィル家の犬』（や他のシャーロック・ホームズの物語）に出てくる重要なインデックスの記号は足跡だ．たとえば，亡くなったチャールズ・バスカヴィルのそばで見つかった犬の足跡は，非常に大きな犬を指し示す．さらに，足跡がチャールズ卿からある程度離れたところで止まっている事実を，シャーロック・ホームズは犬が卿に接触していないことを示しているものと解釈する．チャールズ卿の特別な足跡は，卿が犬から逃げていたことを示す．別のインデックスは，事件現場で見つかったチャールズ卿の煙草の灰の量で，死んだ場所でどれくらい待っていたかを示す．ところでパース自身も，殺人者と犠牲者の例をインデックスの例として使っていた．物語に即していえば，死んだチャールズ卿は殺人者のインデックスであるということだ．

3つ目は約束事のみで対象を表現するシンボルだ．シンボルの表現には，類似性も規則的なつながりもない．シニフィアンとシニフィエとのつながりは完全に恣意的なものなので，記号が機能するためには，記号を作り出す人と使う人が定義や解釈について合意していなくてはならない．現代の言語のほとんどはシンボル的だ．「木」という単語が木を表すことは推測できるようなものではなく，知らなくてはならない．同じように，「11」が十一の記号であり三の記号でもあること，石が場所の記号であることは，いずれも約束事だ．『バスカヴィル家の犬』で取り上げた記号のうちMRCSやCCHといった略語は，外科医の団体の会員であることや，病院を表現するのに使われる場合，シンボルとなる．類似性はないし，規則的な関係から生まれたものでもな

いからだ．また2704というシンボルは，バスカヴィル家の相続人ヘンリー卿を脅迫している容疑者を特定するのに，ホームズとワトソンが追いかけるタクシーを表現している．

3.5 システマティックに表現を使う

アイコン，インデックス，シンボルを区別すると，これら様々な形の表現が計算においてどう使われているか見ることができる．計算は表現の変換を通して機能するので，アイコン，インデックス，シンボルという表現機構によって計算の形式は異なる．

たとえばアイコンは類似性を用いた表現なので，変換することで，表現される対象の特定の側面を明らかにしたり隠したりする．写真編集ツールは，たとえば色を変えたり画像の比率を歪めたりと，写真をシステマティックに変更する効果を多数提供する．計算は実際のところアイコンの類似性を変える．アイコン的な表現に関する別の計算方法でシャーロック・ホームズの職業に関係するのは，目撃者の証言に従って容疑者の似顔絵を描くことだ．目撃者は鼻の大きさ・形や髪の色・長さといった容貌を伝え，似顔絵捜査官がそれを描画の命令として解釈し，容疑者の絵を描く．容疑者の似顔絵の計算は，目撃者が与えて似顔絵捜査官が実行するアルゴリズムの結果なのだ．アルゴリズム的な性質を考えると，この方法が自動化されているのは意外ではない．

アルフォンス・ベルティヨンが考案した，人体の各部を測定する人体測定学は，犯罪者の特定方法として1883年にパリ警察に採用された．ベルティヨンは顔の容貌の分類システムを作ったが，それはもともと大量の犯罪者の顔写真から特定の容疑者を見つけるために使われていた．この方法は，重要なアルゴリズムの問題である探索（第5章を参照）のためにスケッチを使う計算の一例だ．シャーロック・ホームズはベルティヨンの業績を評価しているが，『バスカヴィル家の犬』ではそれを声高に主張したりはしていない．スケッチを使った計算としては他にも，似顔絵から容疑者を特定する推理の過程が挙げられる．この計算によって実際に成立しているのは，スケッチがシニフィアンで容疑者がシニフィエという記号だ．記号はスケッチや写真を使って容疑者を確認するときにも成立する．これはシャーロック・ホームズが，ヒューゴ・バスカヴィル卿の肖像画に殺人者を認めたときに起こっている．

インデックスを使った計算の例として，ダートムーアの地図を思い出してみよう．特定の道路が川を横切る場所を探すため，シャーロック・ホームズは川と道路を表現する2つの線が互いに交わるところを計算できた．実際，地図表現はその地点をすでに計算して持っているので，地図から簡単に読み取ることができた．地図が正確なら，得られる地点は探していた場所を表現するはずだ[6]．シャーロック・ホームズは地図にある道の長さを測り，地図の縮尺を使って，沼地の道の距離とそこを通るのにかかる時間とを特定することができた．繰り返しになるが，これは地図の縮尺が正しいならうまくいく．インデックスを使った計算では，記号と記号が指し示すものとの間の規則的な関係を使い，インデックスを変換することで指し示すものを変えていく．

シンボルを使った計算は，おそらく計算機科学では最も一般的だ．シンボルがあれば任意の問題を表現できるからだ．いちばんわかりやすいシンボルでの計算としては，数と算数がある．シャーロック・ホームズの最初の冒険『緋色の研究』にも一例があり[7]，ホームズは容疑者の歩幅から容疑者の身長を計算している．これはただ1つの操作から成るとても単純な計算で，対応するアルゴリズムも単に1ステップでできている．

計算の観点から見てもっと興味深いのは，シャーロック・ホームズが暗号化されたメッセージを解こうとするところだ．『恐怖の谷』でホームズは，送られてきたメッセージを解読しようとする．以下のように始まるメッセージだ．534 c2 13 127 36 .... このコードはあるメッセージを指し示す．シャーロック・ホームズの最初の仕事は，このコードを生成するアルゴリズムを見つけることだ．そうすればメッセージを解読できる．ホームズの結論は，534は何かの本のページ番号，c2は「2つ目の列」，残りの数字はその列の単語を表現しているということだ．

けれどもこのコードは本当にシンボル的な記号だろうか？ コードはアルゴリズムによって与えられたメッセージから生成したものなので，暗号化のアルゴリズムは，メッセージとコードの間に規則的な関係を築いているように見える．だからこのコードはシンボルではなくてインデックスだ．これは計算と記号の別の

---

6) 一般的に，道路が川を何度も渡る（あるいは一度も渡らない）場合，交わりを求める操作は複数の点を生み出す（あるいは1つも点を生み出さない）．

7)『バスカヴィル家の犬』に個別のシンボルを使った計算は出てこない．だがシンボルの集まりを使った計算は出てくる（第4章を参照）．

かかわり方を示している．解釈は与えられたシニフィアンに対してシニフィエを生み出すが，インデックスの値を生成するアルゴリズムは逆向きに働き，与えられたシニフィエからシニフィアンを生成する．

要点はこうだ．表現は計算の基礎である．表現の性質や基本的な特性は記号のレンズを通して理解できる．そして芸術作品が様々な素材（粘土，石，絵具など）でできるように，計算も様々な表現でできる．表現の重要性は，第1章で強調したとおりだ——表現なくして計算なし．

職場にて

職場に着いて，集まった文書を通して仕事に向き合う．実際に仕事を始める前に，文書を処理する順序と，どのように文書を管理してその順序を維持するかを決める必要がある．この疑問は他の文脈でも意味がある．たとえば車の整備士が違う車をいくつか修理しなくてはならない場合や，医者が待合室にいるたくさんの患者を診察しなくてはならない場合を考えてみよう．

要素の集まり（文書や車や人）を処理する順序は，たとえば先着順，つまり到着した順に要素を処理するといった方針で決められることが多い．そういった方針があると，要素の集まりを扱う際に，特定のパターンに従って追加したり，アクセスしたり，削除したりする必要がある．計算機科学では特定のアクセスパターンを持つ集まりを**データ型**と呼び，先着順という原則を備えたデータ型を**キュー**と呼ぶ．

キューは要素の集まりを処理する順序を決めるために広く使われているが，他の戦略もある．たとえば到着した順ではなく何らかの優先度に従って要素を処理する場合，その集まりを**優先度付きキュー**と呼ぶ．職場の文書にはそういった，たとえばすぐに答えなくてはならない緊急の質問や，お昼までに返信しなくてはならないメモ，今日中になくなるオファーがあるかもしれない．その他の例としては，救急処置室の患者を症状のひどい順に治療したり，頻繁に飛行機を利用する旅行者ほど早く搭乗できたりすることが挙げられる．

さらに別のパターンとしては，到着の逆順に要求を処理することもある．最初は奇妙に思えるかもしれないが，このような状況は結構よくある．たとえば税金の還付を受けようとしているとする．本命となる税の欄から始めるかもしれないが，控除について尋ねる欄があったら，別の項目を先に埋める必要が出てくる．そのためには，対応する領収書を回収して金額を足し合わせなくてはならない．3 種類の文書の処理は，出てきたのとは逆順に終えることになる．すなわち，初めに領収書の総額を入力して片づけ，次に控除の欄を埋めて，最後に本命の税の欄に戻ってくる．このような順序で要素を処理するデータ型を**スタック**という．ホットケーキを積み上げた（スタック）ように振る舞うからだ．最後に積んだホットケーキが最初に食べられ，一番下にある，最初に積んだホットケーキは最後に食べられる．スタックで説明したパターンは，パンを焼くときから家具を組み立てるときまで，様々な作業に出てくる．たとえば卵の白身はバターに加える前に泡立てないといけないし，引き出しは食器棚に入れる前にねじ止めしないといけない．

要素の集まりを処理するアクセスパターンを知ることで生まれてくる2つ目の疑問は，そのパターンに最適な要素の配置はどのようなものかということだ．そのような要素の配置を**データ構造**と呼ぶ．キューというデータ型を例として取り上げて，その様々な実装を見ていこう．もし机に十分な場所があれば（楽観的すぎる前提かもしれないが），文書を並べ，一方の端に追加しながらもう一方の端で削除できる．毎回，すべての文書をキューの前の空いた場所に移動させる．これは人がコーヒーショップに並ぶのと似ている．それぞれの人が列の最後に加わり，自分の前にいる人がみな列を離れたら，先頭まで行くことができる．多くの役所で使われている別の方法は，みなが番号札を引いて自分が呼ばれるまで待つというものだ．職場の文書でも，連続する番号が振られた付箋を貼ることで，このシステムを使える．

机の上の文書やコーヒーショップの列のようなデータ構造は，**リスト**と呼ばれる．人が物理的に一列に並ぶことで，キューが要求する順序が保証される．それに対して連続する番号を振る方法では，人や文書が物理的な順序を守る必要がない．どこにいても番号が正しい順序を守ってくれる．要素を番号のついた場所に紐づけて配置するデータ構造は**配列**と呼ばれる．番号のついた場所（その番号を引いて持っている人）に加えて，カウンターとなる数を2つ使う必要がある．次に空いている番号と次に処理する番号を示す数だ．

要素の集まりをデータ構造として表現すると，計算でアクセスできるようになる．データ構造の選択はアルゴリズムを効率よく実行するうえで重要であり，利用可能な空間など他のものにも左右されることがある．シャーロック・ホームズが事件の情報，たとえば容疑者の一覧を更新するとき，データ型やデータ構造は不可欠だ．だから引き続き『バスカヴィル家の犬』の物語を使って，これらの概念を説明していこう．

4 探偵のノート
——七つ道具

計算が特に役に立つのは，数ステップでは処理できないような大量のデータを扱うときだ．そのような場合に適切なアルゴリズムは，すべてのデータがシステマティックに処理され，多くの場合は効率的でもあることを保証してくれる．

第3章で議論した記号が説明しているのは，表現が個々の情報にどう働き，その表現がどのように計算の一部となるかということだ．たとえば，ヘンゼルとグレーテルが最後の石から家へと移動するまでは，石から石へと移動するのは危険の中にいるということを意味している．記号を集めたものもまた記号であるが，それをどう計算したらよいかは明らかでない．ヘンゼルとグレーテルの場合はそれぞれの石が場所を指し，すべての石を集めたものが危険から安全に至る道を指しているが，システマティックに組み立てて使うにはどうしたらよいだろう？ データの集まりを更新するうえで2つの疑問がある．

まず，どの順序でデータを挿入，参照，削除すればよいだろうか？ 答えはもちろん，それを使う計算が何かによるが，要素にアクセスする特定のパターンが何度も出てくることもわかる．そのようなデータアクセスパターンは**データ型**と呼ばれる．たとえばヘンゼルとグレーテルが使った石は，置いたのとは逆順にたどる．このようなアクセスパターンは**スタック**と呼ばれる．

それから，要素の集まりをどのように保持したら，アクセスパターンやデータ型は最も効率がよくなるだろうか？ 答えは幅広い要因によって決まる．たとえば，どれだけの数の要素を保持しておくべきだろうか？ その数は前もってわかるものだろうか？ それぞれの要素を保持するためにどれだけの空間が必要だろうか？ すべての要素が同じ大きさだろうか？ 要素の集まりを保持する方法は，どんなものであっても**データ構造**と呼ばれる．データ構造によって，要素の集まりは計算の対象となる．1つのデータ型は，異なるデータ構造で実装できる．つまり，特定のアクセスパターンを実装するためには，様々なデータ保持のやり方があるということだ．データ構造どうしの違いは，特定の操作をどれだけ効率よくできるかということだ．さらに，1つのデータ構造は複数のデータ型を実装できる．

この章ではいくつかのデータ型と，それを実装するデータ構造と，それが計算の中でどう使われるかを議論する．

4.1 いつもの容疑者（ユージュアル・サスペクツ）

事件の犯人がわかっているとき（おそらく目撃者がいたか自白したかだろう），シャーロック・ホームズのスキルは必要ない．けれども容疑者が何人かいるときは，動機やアリバイや関連する情報を押さえて，事件を詳細に調査する必要がある．

『バスカヴィル家の犬』の容疑者には，モーティマー博士，ジャック・ステープルトン，その妹らしきベリル（実際には妻），脱獄囚のセルデン，フランクランド氏，故チャールズ・バスカヴィル卿の使用人バリモア夫妻がいる．ワトソンがバスカヴィルの館に向けて出発する前に，シャーロック・ホームズはワトソンに関連する事実をすべて報告するよう，ただしジェームズ・デズモンド氏は容疑者から除くよう指示する．ワトソンがホームズにバリモア夫妻も除いてはと提案すると，シャーロック・ホームズは答える．

> *いや，いや，2人は我々の容疑者リストに残しておこう*[1]．

この短いやりとりは2つのことを示している．

まず，シャーロック・ホームズはデータ構造について何も知らないが，データ

[1] 引用元はフリーオンライン版の *The Hound of the Baskervilles by Arthur Conan Doyle* で，www.gutenberg.org/files/2852/2852-h/2852-h.htm から利用できる．

構造を使っているということだ．というのも，ホームズは容疑者のリストを持っているように見える．リストはデータ要素を互いにつなげて保持する単純なデータ構造だ．リストには，データ要素にアクセスしたり操作したりする典型的な方法が用意されている．それから，容疑者のリストは静的なものではないということだ．新しい容疑者が加えられたり容疑者が消されたりするたびに，伸びたり縮んだりする．追加や削除など，データ構造にある要素を変更する場合，概して何ステップかかかるようなアルゴリズムが必要となる．そしてそのアルゴリズムの実行時間によって，あるデータ構造が特定の作業に適しているかどうかが決まる．

リストは単純で多才なので，計算機科学の世界でもその外でも，おそらく最も広く使われているデータ構造だ．誰もが様々な形（やることリスト，買い物リスト，読書リスト，ほしいものリスト，それからあらゆるランキング）で日常的にリストを使っている．リストにある要素の順序は重要で，一方の端からもう一方の端まで進みながら，一つひとつアクセスすることが多い．リストは，1行に要素を1つずつ，最初の要素をてっぺんにして，垂直に書き下されることが多い．けれども計算機科学者は，リストを水平に書くことが多い．要素を左から右へ並べ，要素の順序を表すために矢印でつなぐ[2)]．この記法を使うと，シャーロック・ホームズは容疑者のリストを次のように書き下せる．

モーティマー → ジャック → ベリル → セルデン → ……

矢印は**ポインタ**と呼ばれ，リストの要素の間のつながりを明確にする．これはリストをどう更新するか考える際に重要となる．シャーロック・ホームズが モーティマー → ベリル という容疑者リストの2人の間にジャックを追加したかったとしよう．

もしも要素が垂直なリストで書き下されていて，要素どうしの間に空きがなかったら，新しい要素の場所を空けるために特別な記法に頼らなくてはならない．代替策としては，単純に完全に新しいリストを新しくコピーして書き下すという方法がある．けれども，それは時間と空間を大きく無駄にする．最悪の場合，できあがるリストの大きさの2乗の時

2) より洗練されたリストの表現，たとえば要素を双方向につなげたものもある．だがこの章では，単純な単方向連結リストのみ議論する．

間と空間を必要とする．

ポインタが提供する柔軟性のおかげで，新しい要素をどこでも空いているところに書き下し，リスト中の隣の要素とつないでリスト中の正しい位置を保持することができる．

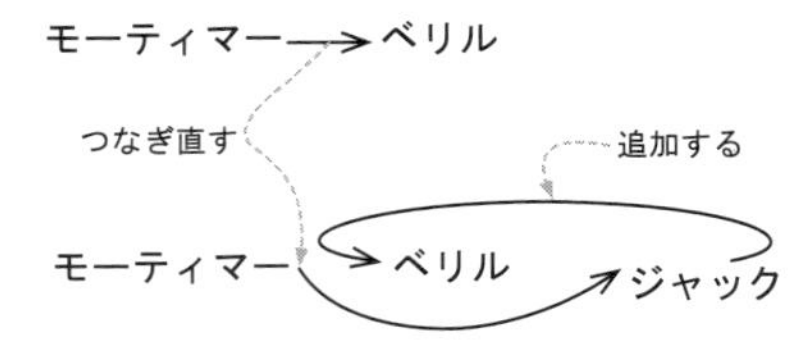

たとえばジャックをリストの最後に置いて，モーティマーから出ていくポインタをジャックにつなぎ直し，ジャックからベリルへポインタを追加するようなこともできる．

物語の文脈では，このリストの中の容疑者の順序は任意で，特に意味はない．だがリストを作るときには何かしらの順序で要素を取り上げなくてはならない．要素が特定の順序で保持されるというのは，リストの目立った特徴だ．

リストの要素を参照する場合は，そのリストに固有の順序に従う．だからセルデンが容疑者であるかどうかを知るためには，リストの最初から始めて，ポインタをたどりながら，要素を一つひとつ確認する必要がある．リストの中からセルデンを見つけるのはすぐにできそうだが，そんなふうにできるのは比較的小さなリストのときだけだ．私たちの視野は限られているので，長いリストの中から特定の要素をすぐに見つけ出すことはできないし，だからリストの要素を一度に1つずつ走査していかなくてはならない．

リストと物理的に似ているのは，一枚一枚の紙を要素として持っているリングバインダーだ．リングバインダーの特定の要素を見つけるためには，それぞれのページを一つひとつ見ていかないといけない．そして，新しいページをどのページの間にも挿入することができる．

リストの目立った性質は，要素を見つけ出すのにかかる時間は，リストのどこにその要素があるかによって決まるということだ．この例では，セルデンは4ステップ目で見つかるだろう．一般的に考えると，要素を見つけるにはリスト全体を走査しなくてはいけないかもしれない．要素が最後にあることもあるからだ．第2章の実行時間複雑性の議論で，そういったアルゴリズムは**線形**と呼ばれた．時間複雑性がリストの要素の数にそのまま比例するからだ．

すでに述べたように，シャーロック・ホームズのリストの容疑者が実際にこれまで見てきたような順序で並んでいるかは定かではないし，セルデンがベリルの後に出てくるということに意味はない．リストの目的は誰が容疑者かを覚えておくことだけだからだ．問題なのはリストに載っているかどうかだけだ[3]．ということは，リストは容疑者を覚えておくのに適した表現ではないのだろうか？ そんなことはない．これは単に，リストが特定の作業には不要な情報（要素の順序など）を含んでいることがあるというだけだ．この結果からわかるのは，リストは容疑者を表現するデータを持つデータ構造の1つに過ぎないということ，同じ目的のために使える他の表現があるかもしれないということだ（追加，削除，参照といった操作をリストと同様に備えている必要はあるが）．これらの操作には，データに対して何をしなくてはならないかという要求が表れている．

データに対する要求は，操作の集まりで表され，計算機科学では**データ型**と呼ばれる．容疑者のデータに対する要求は，要素を追加，削除，参照できることだ．このデータ型は**セット**（集合）と呼ばれる．

セットは広く適用できる．問題やアルゴリズムに関係する述語に対応しているからだ．たとえば，容疑者のセットは「容疑者だ」という述語に対応している．この述語を使うと，述語を適用した人がそのセットに含まれるかどうかによって「セルデンは容疑者だ」という文を肯定もしくは否定できる．ヘンゼルとグレーテルが使った石をたどるアルゴリズムは，「まだたどっていない光る石を見つけなさい」と命令するときに述語を使っている．ここでの述語は「まだたどっていない」という部分だ．これを石にあてはめると，最初は空のセットに2人がたどった石を追加していくことで表現できる．

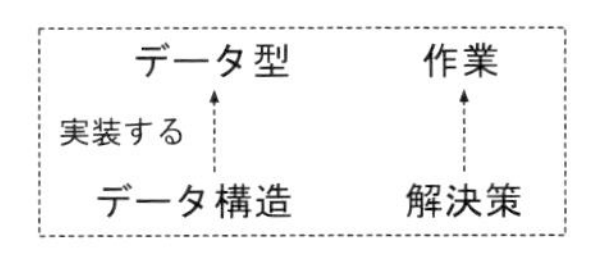

データ型がデータに対して何をすべきかという要求を説明するのに対して，データ構造はその要求を満たす具体的な表現を提供する．データ型はデータ管理作業の説明書，データ構造はその作業の解決策と考えることができる（次の記憶術は2つの単語の意味を覚えるのに役立つかもしれない．データ型 (type) は作業 (task) を記述し，データ構造 (structure) は解決策 (solution) を記述する）．データ型は，データ構造よりも抽象的なデータ管理についての説明だ．一部の詳細を特定しないままにしておけるので，簡潔で汎用的な説明となる．『バスカヴィル家の犬』では，セットは容疑者の一覧を更新する

[3] 基本的に要素の順序は重要で，たとえばリストの中での位置が各人の疑わしさを表すように使われることもありうる．だが物語では，シャーロック・ホームズがそういう順序を維持していたと示すものはない．

作業に対応しているが，どのように実装するか詳細を述べる必要はない．ヘンゼルとグレーテルの物語では，すでにたどった石を覚えておくのにセットを使えば，アルゴリズムを記述するのに十分だ．けれどもデータ型が規定する操作を実際に実行するためには，計算機は具体的なデータ構造を使って，表現に対してどのような操作をするか定義しなくてはならない．また，アルゴリズムに対する具体的なデータ構造を選択して初めて，そのアルゴリズムの実行時間複雑性を決めることができる．

1つのデータ型は異なるデータ構造で実装できるので，どのデータ構造を選ぶべきかという疑問が生まれる．実行時間が最短となるような操作を実装し，そのデータ構造を使ったアルゴリズムが可能な限り速く動作するデータ構造がほしいかもしれない．けれども，それを決めるのは必ずしも簡単なことではない．あるデータ構造が一部の操作に優れていても，他の操作はそうでないかもしれないからだ．しかも，データ構造によって必要な空間は異なる．これは移動の手段を選ぶことと似ている．自転車は環境にやさしく，燃費で自転車に勝てるものはいない．けれども自転車は比較的遅く，1人か2人しか乗せられず，移動距離が限られる．多くの人が長い距離を移動するにはバンや，ときにはバスが必要となる．大きなものを運ぶにはトラックを，快適に旅するにはセダンを，50代の男性ならスポーツカーを選ぶかもしれない．

セットをどう実装するかという疑問に戻ると，リストの他によく使われるのは，**配列**と**二分探索木**という2つのデータ構造だ．二分探索木については第5章で詳しく議論することとして，ここでは配列に注目する．

リストがリングバインダーだとすれば，配列はノートだ．決まった数のページがあって，それぞれを区別できる．配列の個々の区画はセルと呼ばれ，**セル**を区別するものはインデックスと呼ばれる．セルを区別（もしくはインデクシング）するためには数が使われることが多いが，特定のページを直接開くことができれば，インデックスは文字や名前であってもよい[4]．配列の重要性は，個々のセルに迅速にアクセスできるところだ．配列にどれだけ多くのセルがあろうと，1ス

---

4) この前提は一般的には成り立た**ない**ことに注意してほしい．配列のセルを特定するのに名前を使って，かつ効率的に配列のセルにアクセスすることは，ふつうでき**ない**．ハッシュテーブルやいわゆるトライ木のような，より進んだデータ構造を利用することで，この制限はある程度克服できる．これについては第5章で議論する．リストや配列を比較するうえでこの制限は影響しないので，いったん無視できる．

テップでセルにアクセスできる．データ構造のサイズによらず1ステップあるいは数ステップしかかからない操作は，**定数時間**で動作するといわれる．

ノートでセットを表現するために，それぞれのページにタブがついていて，セットの要素どれかのラベルが貼ってあるようなものを考える．だから『バスカヴィル家の犬』の容疑者を表現するためには，**すべての**容疑者の名前（モーティマー，ジャック，などなど）をどこかのページに張りつける．ノートには，デズモンドなど原則として容疑者になりうる人も含まれている．そこがリングバインダーと違うところで，バインダーの場合は実際の容疑者だけが含まれている．そして，たとえばセルデンを容疑者として追加する場合，「セルデン」のラベルがついたページを開いて何か印をつける（たとえば＋とか「はい」とか書く）．容疑者を削除する場合は，その人のページを開いて印を消す（あるいは－とか「いいえ」とか書く）．誰かが容疑者であるか知るためには，そのページを見て印があるか確認する．配列は同じような動作をする．インデックスを使ってそのセルに直接アクセスし，そこに入っている情報を読んだり直したりする．

配列とリストの大きな違いは，配列では個々のセルを即座に直接指定できるのに対し，リストの要素を見つけるためには最初から順に探していかなくてはならないことだ（その要素がリストになければリストの最後まで探すことになる）．

ノートの特定のページを直接開くことができるので（あるいは配列のセルに直接アクセスできるので），3つの操作――追加，削除，参照をすべて定数時間で実行することができる．これは最適な実行時間で，これ以上速くはできない．リストは容疑者を確認したり削除したりするのに線形の時間がかかるので，明らかに配列のほうが優れているように見える．だとしたら，なぜリストについて話していたのだろうか？

問題は，配列のサイズが固定されていることだ．つまり，ノートには決まった数のページがあって，それ以上は増やせない．ここから重要なことが2つ導かれる．まず容疑者になる可能性がある人全員を載せられるくらい大きなノートを，たとえそのほとんどが実際には容疑者にならないとしても，最初から選ばなくてはならないということだ．なので大きな空間が無駄になるし，潜在的な容疑者のために何百もしくは何千というページを持つ巨大なノートを持ち歩くことになるかもしれない．それに対して実際の容疑者の数はとても少なくて，いつ見てもせいぜい 10 人にも満たないということになりそうだ．これは，ノートにラベルをつける準備に時間がかかるかもしれないということを意味する．潜在的な容疑者一人一人の名前を別のページに書いていくことになるからだ．それから——これはもっと深刻な問題だが——，ミステリーが始まった時点では，誰が潜在的な容疑者か明らかではないということだ．特に，物語が展開するにつれて新しい潜在的な容疑者が現れるかもしれない．『バスカヴィル家の犬』ではまさにそうだ．このように，情報が足りないとノートを使えない．初期化ができないからだ．

かさばるという配列の弱みは，そのまま軽量さというリストの強みになる．リストは必要に応じて何度でも伸ばしたり縮めたりできて，必要以上の要素を持つこともない．セットというデータ型を実装するデータ構造を選ぶにあたっては，以下の交換条件を意識しなくてはならない．配列が提供するセットの操作の実装は，非常に速いが空間を浪費する可能性があり，すべての状況でうまくいくとは限らない．リストは配列よりも空間効率がよく，どんな環境でも動作するが，実装している操作には効率の悪いものもある．図 4.1 に事情をまとめている．

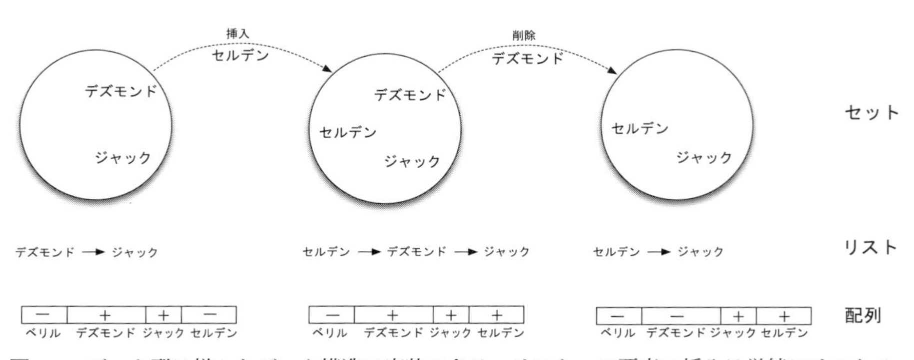

図 4.1　データ型は様々なデータ構造で実装できる．リストへの要素の挿入は単純にリストの先頭に追加するだけだが，削除のためにはリストを走査して対象の要素を見つける必要がある．配列の場合，要素が紐づけられた配列のセルに直接アクセスして，印を + または − に変えれば挿入や削除ができる．配列の実装のほうが速いが，リストのほうが空間効率がよい．

4.2 情報の統合

容疑者を特定するのは，殺人の謎を解くうえでの1ステップに過ぎない．容疑者のセットを小さく抑えるために，シャーロック・ホームズとワトソン博士は彼らの情報，動機やアリバイを集める必要がある．たとえばセルデンの場合，彼が脱獄囚だという事実もこの情報に含まれる．このような追加の情報を，それぞれの容疑者について集めなくてはならない．ノートを使うときシャーロック・ホームズは，予めその人のために用意したページに情報を追加していくことになるだろう．

セットの操作でそういうことはできないが，要素の追加と参照の操作をちょっと変更するだけで可能になる．まず，要素を挿入する操作は2つの情報をとるようにする．その情報を特定するためのキーと，そのキーに関連づけた追加の情報だ．容疑者の情報のキーは，容疑者の名前だ．それから，容疑者を参照したり削除したりする操作は，入力としてキーだけをとるようにする．削除の場合，人の名前とそれに関連する追加の情報はすべて削除される．参照の場合，名前に紐づいた情報が結果として返ってくる．

セットに対する目立たないが重要なこの拡張は，**ディクショナリ**（辞書）と呼ばれる．本物の辞書のように，キーワードに基づいて情報を探せるからだ．『バスカヴィル家の犬』でも，冒頭でモーティマー博士の職歴を探すのにシャーロック・ホームズは医学辞書を使っている．ディクショナリは記号の集まりと見ることができる．それぞれのキーは，一緒に格納されている情報のシニフィアンだ．ディクショナリというデータ型は，伝統的な紙の辞書とは2つの点で大きく異なる．1つ目は，紙の辞書の内容が固定なのに対して，ディクショナリは変更できる．新しい定義を追加したり，古い定義を削除したり，既存の定義を更新したりすることができる．2つ目に，紙の辞書の項目はキーのアルファベット順に並んでいるが，データ型のディクショナリの場合それは不要だ．紙の辞書の項目に順序が必要なのは，項目がたくさんあると特定のページに直接アクセスできなくなってしまうからだ．個々のページにアクセスするタブは，数が多すぎてあまりに狭くなってしまい，実際には使えない．そのためキーをソートして，辞書を利用する人が検索アルゴリズムを使って項目を見つけられるようにしている（第5章を参照）．

キーをソートする必要があることと，サイズや内容が固定であること，物理的な辞書の制約は，どれも電子的な辞書にはあてはまらない．広く使われている動的な辞書は，ウィキペディア[5)]だ．ウィキペディアは使うだけでなく，中の情報を拡張したり更新したりできる．実際，ウィキペディアの内容は利用者が組み立てている．これはクラウドソーシングの目覚ましい成功であり，協力することがどれだけ力を持つかという証明である．シャーロック・ホームズとワトソンが『バスカヴィル家の犬』の事件で最近働いていたら，手紙をやり取りする代わりに，容疑者と事件の情報を更新するのにおそらくWiki[6)] を使っただろう．

ディクショナリの動的な性質は，容疑者の情報を挿入したり削除したりするだけに留まらない．更新することもできる．たとえば脱獄囚のセルデンがエリザ・バリモアの兄であるという事実は，セルデンが容疑者になった時点では知られておらず，辞書の中にすでに存在している彼の項目に後から付け加える必要がある．けれども，どうしたらそんなことができるだろう？ ディクショナリの項目に対する操作は追加，削除，参照という3つしかないのに，キーとともにディクショナリに格納された情報をどうやって更新できるだろう．これは操作を組み合わせることで実現できる．キーを使って項目を見つけ，返ってくる情報を受け取り，必要に応じて修正し，ディクショナリから当該項目を削除し，最後に更新済みの情報を追加する．

セットに対して，同じように新しい操作を追加することができる．たとえばシャーロック・ホームズがチャールズ卿の死によって利益を受ける人のセットを更新するなら，容疑者の何人かに動機を追加したくなるだろう．そのためには受益者のセットと容疑者のセットの交差を計算すればよい．もしくは容疑者のセットにいない受益者を見つけて，新しい容疑者を特定したいと思うかもしれない．そのためには2つのセットの差を計算すればよい．セットにすべての要素を伝える操作があれば，2つのセットの交差や差を計算するアルゴリズムは，一方のセットの要素を順に見て，それぞれの要素がもう一方のセットにあるかを確認すればよい．もしあればそれは交差集合の要素になるし，なければ差集合の要素になる．そういった計算は述語の組み合わせに相当するので，結構一般的だ．たとえば容疑者と受益者の交差集合は「容疑者であり受益者**である**」という述語に対応し，受益者と容疑者の差集合は「受益者だが容疑者**ではない**」という述語に対応する．

---

5) wikipedia.org を参照．

6) Wiki は，インターネット上で協調して情報を編集したり共有したりするためのプログラムである．

最後に，実際に計算するためにはディクショナリを実装するデータ構造が必要だ．ディクショナリがセットと異なる点は要素に追加情報を関連づけていることだけなので，セットのためのデータ構造は，配列やリストも含め，拡張してディクショナリを実装できる．セットの要素を表現するデータ構造が何であっても，これはあてはまる．この場合は単純に，キーに追加情報を加えることができるからだ．逆にディクショナリを実装するどんなデータ構造も，セットを実装するのに使うことができる．キーと一緒に空の，あるいは意味のない情報を格納するだけでよいからだ．

4.3　順序が問題になるとき

第3章で触れたように，計算の質は扱う表現に左右される．だからシャーロック・ホームズとワトソンは，容疑者のセットに捜査の状態を正確に反映したいと考える．特にセットをできるだけ小さくしたい（誤った方向に労力を費やすのを避けたい）[7]が，必要に応じて大きくしたい（殺人者を見つけられないのを避けたい）．けれども容疑者を追加したり削除したりする順序は，2人にとってどうでもよいことだ．

他の作業の場合，データ表現の中の要素の順序は問題になる．たとえば故チャールズ卿の相続人について考えてみよう．1番目と2番目の違いは，100万ポンドを相続する権利があるかどうかだ．この情報が重要なのは，誰が金持ちになって誰がそうでないかわかるからというだけではなく，容疑者の隠れた動機についての手がかりをホームズとワトソンに与えてくれるからだ．実際，殺人者ステープルトンは2番目にいて，1番目の相続人であるヘンリー卿を殺そうとした．相続は重要だが，相続人の順序は相続人となった時期で決まるわけではない．たとえば遺贈人に子供が生まれたとき，列の最後にくるわけではなく，たとえば甥などより前の順序になる．が加えられた時間ではなく他の基準によって決まるようなデータ型は**優先度付きキュー**と呼ばれる．その名が示すとおり，キューの中の要素の位置は，何らかの優先度，相続人の場合は遺贈人との関係，救急処置室の場合は傷の程度によって決まる．

それに対して，加わった時間が位置を決めるデータ型は，追加した順に削除

---

7) 究極の目的はもちろん，たった1つだけの要素になるまで減らすことだ．

されるなら**キュー**と呼ばれ，追加したのと逆順に削除されるなら**スタック**と呼ばれる．キューは，スーパーマーケットやコーヒーショップや空港のセキュリティチェックで体験できる．一方の端から入って，もう一方の端から出ていく．人は入ってきた順にサービスを受ける（そしてキューを出ていく）．したがってキューは，先着順の原則に立っている．キューに要素が出入りする順序は，FIFO (first in, first out) とも呼ばれる．

反対にスタックでは，要素は追加されたのと逆の順序で出ていく．机の上に積まれた本がよい例だ．最後にスタックに積まれた一番上の本は，他の本にアクセスする前に取り除かないといけない．また飛行機の窓側の席に座る場合，洗面所に行くときにはスタックの一番下にいることになる．自分の後に真ん中の席に座った人は先に立たないといけないし，通路側の席に最後に座った（スタックの一番上にいる）人が最初に立つのを２人とも待たないといけない．別の例は，ヘンゼルとグレーテルが石を置いてたどる順序だ．最後に置いた石が，最初にたどる石になる．２人がループを避ける改良版のアルゴリズムを使うなら，最後に置いた石が最初に拾う石になる．

スタックを使うのはおかしなデータ処理のやり方だと，最初は思うかもしれない．けれども整理された状態を維持するのに，スタックはとても役立つ．ヘンゼルとグレーテルは，石のスタックのおかげで前にいた場所にシステマティックに移動して，最終的には家に帰ることができた．同じようにテセウスは，アリアドネがくれた糸を使ってミノタウロスの迷宮を脱出した．糸を少しずつほどいて１インチずつスタックに追加して，次にスタックから糸を取り出して巻き取りながら迷宮を出てきている．日々の生活では，ある作業をしていたところに，たとえば電話が鳴って，それから誰かがドアをノックするといったことがある．心の中でスタックにそうした作業を積んで，最後に置いたものから先に置いたものへ戻りながら取り出していく．スタックに要素を出し入れする順序は，最後に入れたものが最初に出ていくという意味で，LIFO (last in, first out) とも呼ばれる．記憶術を完成させるなら，優先度付きキューに要素を出し入れする順序は，優先度の高いものが最初に出ていくという意味でHIFO(highest in, first out) と呼ぶことができる．

セットやディクショナリのように，（優先度付き）キューやスタックを実装するのにどのデータ構造が使えるかを知りたい．スタックがリストでうまく実装できることは簡単にわかる．単純にリストの先頭に追加したり先頭から削除したりすればLIFOの順序を実装できるし，これには一定の時間しかかからない．同様に，リストの末尾に要素を追加して先頭から削除すれば，キューのFIFOの振る舞いが得られる．キューやスタックを配列で実装することも可能だ．

キューやスタックは，データ構造の中に要素を保持している間は順序を保存するので，要素を取り出す時のパターンを予測できる．空港のセキュリティラインで待つのは，どちらかというとふつうは退屈なものだ．人が横から割り込んだり優先顧客のための特別レーンがあったりすると，話は面白くなる．こうした振る舞いは，優先度付きキューというデータ型に現れる．

4.4 それは血筋だ（グロムバーグ家の人々）

チャールズ・バスカヴィル卿の相続人は，優先度付きキューのよい例になる．それぞれの相続人の位置を決める優先度の基準は，故チャールズ卿との距離だ．だがこの距離はどう決めたらよいだろう？ 典型的で単純な相続規則によれば，遺贈者の子供が相続の列の最初にきて，年齢順に並ぶ．故人の財産自体が相続したものだとすると，この規則から，故人に子供がいなければ故人の一番年長の兄弟が受け継ぎ，次にその子供たちが続く．もし兄弟がいなければ，次に受け継ぐのは最年長の叔母や叔父とその子供，と続く．

この規則はアルゴリズム的に説明できる．どんな家族も，先祖／子孫の関係を反映した**ツリー**（木）というデータ構造で表現できる．ツリーを走査するアルゴリズムは家族の一員のリストを作り，その中の各人の位置が，相続の優先度を決める．この優先度は，相続人の優先度付きキューで使われる基準にもなる．けれども相続人の完全なリストがあって正しくソートされているなら，優先度付きキューは必要だろうか？ 必要ないというのが答えだ．完全な家系図が最初にわかっていないとき，もしくはたとえば子供が生まれてツリーが変化したときのみ，優先度付きキューは必要となる．その場合，家系図は変化し，古いツリーから計算されるリストは正しい相続の順序を反映しなくなってしまう．

『バスカヴィル家の犬』に出てくる情報によれば，老ヒューゴ・バスカヴィルには4人の子供がいた．チャールズが最も年上でヒューゴの遺産を受け継いだ．次の兄ジョンにはヘンリーという名の息子がいて，一番下の弟ロジャーにはステープルトンという息子がいた．ヒューゴ・バスカヴィルにはエリザベスという娘がいて，子供たちの中で一番年下だと思われる．ツリーの中の名前は**ノード**と呼ばれ，家系図のように，ノードＢ（たとえばジョン）が上のノード（たとえばヒューゴ）とつながっているとき，ＢはＡの**子**，ＡはＢの**親**と呼ばれる．一番上の親を持たないノードは**ルート**（根）と呼ばれ，子を持たないノードは**リーフ**（葉）と呼ばれる．

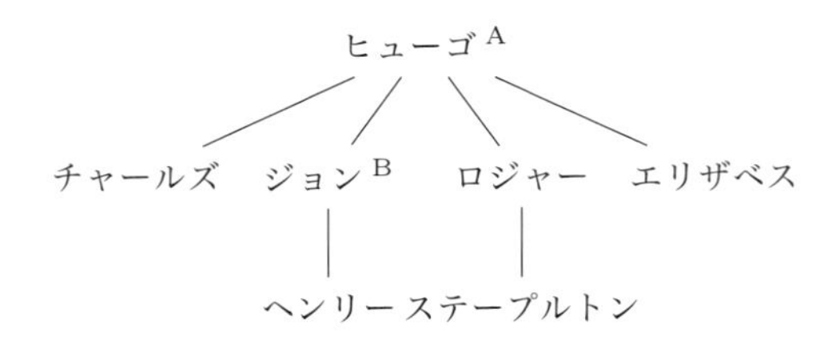

相続規則をバスカヴィル家にあてはめると，チャールズ，ジョン，ロジャー，エリザベスの順で，ヒューゴの財産を相続するべきだ．規則によれば子供は兄弟よりも先に相続するべきなので，ヘンリーはロジャーよりも前にきて，ステープルトンはエリザベスよりも前にくる．言い換えると，相続人のリストをソートすると次のようになる．

ヒューゴ → チャールズ → ジョン → ヘンリー → ロジャー → ステープルトン → エリザベス

この相続リストは，ツリーを特定の順序で，それぞれのノードを子より先に走査することで得られる．これだと年上の子の下にいる孫を，年下の子（とその下にいる孫）よりも先に走査することになる．ツリーのノードに対する相続人リストを計算するアルゴリズムは，次のように書ける．

> ノード N に対する相続人リストを計算するには，そのすべての子に対する相続人リストを（年長者から年少者の順で）計算，連結し，その結果の先頭にノード N を置く．

この記述から，子を持たないノードに対する相続人リストは単純にそのノードだけになり，ツリーの相続人リストはそのツリーのルートの相続人リストを計算すれば得られることがわかる．アルゴリズムの中でそのアルゴリズム自身を参照するのは奇妙に見えるかもしれない．こうした記述は再帰的と呼ばれる（第12，13章を参照）．

以下では，例に挙げたツリーでアルゴリズムを実行したときにどう動くか説明しており，少し人を増やしている．ヘンリーにはジャックとジルという2人の子供，それからメアリーという妹がいると想定している．

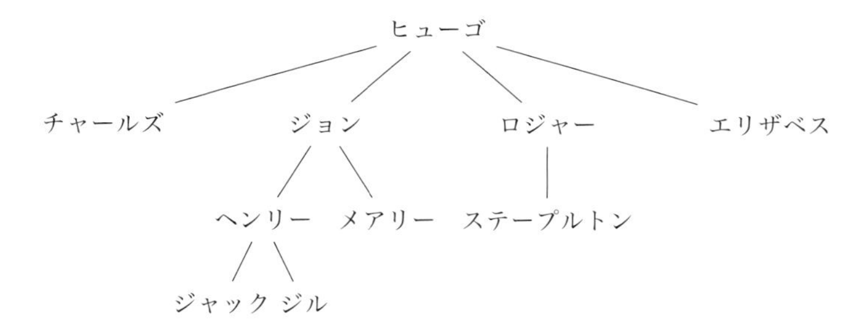

このツリーに対してアルゴリズムを実行するなら，ヒューゴから始めて，ヒューゴの子供それぞれについて相続人リストを計算する必要がある．最も年上の子供チャールズの相続人リストは，チャールズに子供がいないのでチャールズ1人だけのリストになる．ジョンの場合はもっと面白い．ジョンの相続人リストを計算するにはヘンリーとメアリーの相続人リストを計算して連結する必要がある．ヘンリーの相続人リストには2人の子供とヘンリー自身がいて，メアリーには子供がいないのでメアリーの相続人リストにいるのはメアリーだけだ．これまでで以下の相続人リストを計算した．

ノード	相続リスト
チャールズ	チャールズ
ジョン	ジョン → ヘンリー → ジャック → ジル → メアリー
ヘンリー	ヘンリー → ジャック → ジル
メアリー	メアリー
ジャック	ジャック
ジル	ジル

あるノードの相続人リストは必ずそのノード自身から始まり，子を持たないノードの相続人リストには，そのノードだけが含まれる．さらにヘンリーとジョンの相続人リストが示すように，子を持つノードの相続人リストは子の相続人リストを連結して得られる．ロジャーとエリザベスの相続人リストも同じように計算し，ヒューゴの4人の子供の相続人リストを連結すれば，次のようなソートされた相続人のリストが得られる．

ヒューゴ → チャールズ → ジョン → ヘンリー → ジャック → ジル

→ メアリー → ロジャー → ステープルトン → エリザベス

相続のアルゴリズムは**ツリーの走査**の一例で，ツリーのすべてのノードをシステマティックにたどるアルゴリズムとなっている．これはトップダウンにルートからリーフへと進み，子より前に自身をたどるので，**前順走査**と呼ばれる．木の実を求めて木を探し回るリスを考えてみよう．木の実を１つも見逃さないように，リスは木のすべての枝をたどらないといけない．これは様々な戦略で実現できる．１つは（高さの）段階を追って進んでいく戦略で，ある段階の枝を全部たどったら次の段階の枝をたどるというものだ．別のアプローチはそれぞれの枝を高さにかかわらず最後までたどり，それから他の枝に移るという戦略だ．どちらの戦略も，すべての枝をたどってすべての実を見つけられることを保証する．違いは枝をたどる順序だ．この違いはリスにとっては問題にならない．いずれにせよすべての木の実が集まるからだ．けれども相続に関する限り，家系図にあるノードをたどる順序は問題になる．最初にいる者がすべてを手に入れるからだ．相続のアルゴリズムに出てくる前順走査は２番目の種類のツリー走査で，枝を最後までたどってから次の枝に移る．

データ型とそれを実装するデータ構造のよくある使い方は，計算中にデータを１カ所に集めて後で使うというものだ．要素の集まりから個々の要素を探すのはとても重要で頻繁に使われる操作なので，計算機科学者はこの操作を効率的にするデータ構造を調査するのに少なからぬ労力を費やしてきた．このテーマについては第５章で深く探っていく．

さらなる探求

『バスカヴィル家の犬』の例では，記号が表現としてどのように働き，データ型とデータ構造がどのようにデータの集まりを体系化するかを説明した．

シャーロック・ホームズの物語の多くは，指紋や足跡や筆跡の分析といった，記号とその解釈にあふれている．『バスカヴィル家の犬』でも，まだ議論していない記号がある．たとえばモーティマー博士の杖には，歩くときに使われたことを示す傷や，モーティマー博士が犬を飼っていることを示す噛み跡がある．またシャーロック・ホームズは，ヘンリー卿に送られた匿名の手紙を調べて，使われている文字のフォントから『タイムズ』誌を切り抜いたものだという結論を出す．さらに切断面から，小さなはさみが使われたに違いないとも結論づける．記号の解釈が複数あったり記号を無視したりすると，探偵が導き出す結論が変わってくる．これは，ピエール・バイヤールの『シャーロック・ホームズは間違っていた』で説明されており，『バスカヴィル家の犬』でシャーロック・ホームズは間違った人物を殺人者にした，と論じている．もちろん『刑事コロンボ』や『CSI: 科学捜査班』といった，他の多くの探偵物語，映画，有名なテレビドラマにも記号や表現の例はあり，未解決事件の結論を計算するのにどう使われているかわかる．

ウンベルト・エーコの『薔薇の名前』は，14 世紀の修道院を舞台にした殺人ミステリーだ．探偵物語に記号論が埋め込まれている．主人公バスカヴィルのウィリアム（名字は実際にシャーロック・ホームズの物語のシニフィアンとなっている）は殺人事件の捜査を担当し，記号をどう解釈したか隠したりしないので，読者は物語で起こる出来事を積極的に分析することができる．最近ではダン・ブラウンが『ダ・ヴィンチ・コード』や『ロスト・シンボル』といった有名な小説で，多くの記号を使っている．

ジョナサン・スウィフトの『ガリヴァー旅行記』には，言葉や記号は物事を表すだけのものだから使わないようにしようとするラガードの研究所のプロジェクトが出てくる．言葉を発する代わりに，人が自分の作ったものについて話したいときには，必ずそれを持ち運ぶことが推奨される．スウィフトの風刺は言語の意味に対して記号がどれだけ貢献しているかを示している．同じように，ルイス・キャロルの『不思議の国のアリス』や『鏡の国のアリス』には，記号としての言葉の伝統的な役割を試すような，巧妙な言葉遊びの例が出てくる．

スタックは，リストの要素をスタックに積んでから逆順に取り出す (LIFO) ことで，順序を逆にすることができる．応用すると帰り道を見つけられる．もちろんヘンゼルとグレーテルも，ギリシャ神話の『テセウスとミノタウロス』でテセウスが迷宮を出る道を見つけるときも，『薔薇の名前』でアドソが図書館の迷宮から戻る道を見つけるときも，そうしている．別の応用例は，映画『メメント』を理解することだ．この映画は時系列が逆になっているといわれる．映画のシーンを心のスタックに積み，提示された順序と逆に取り出せば，物語の出来事が正しい順序で得られる．

『バスカヴィル家の犬』のように家族の関係をツリーで表現するのは，必ずしも必要ではないように見える．けれども家族がとても大きくなって，対応する表現がないと関係を追うのが困難な物語もある．たとえばテレビドラマ『ゲーム・オブ・スローンズ』としても知られている，ジョージ・R・R・マーティンの連作小説『氷と炎の歌』には，スターク家，ラニスター家，ターガリエン家という3つの大きな家系図が出てくる．ギリシャ神話や北欧神話の神々も大きな家系図の例だ．

問題解決とその限界

インディ・ジョーンズ

遺失物取扱所

何カ月か前に作ったあのノートはどこだろう？ またやってきたあのプロジェクトに関することを，紙に書いたのを覚えている．その紙がありそうな場所はすべて探した――少なくとも探したと思っている．だが見つからない．何度も同じ場所を探している――最初のときは注意が足りなかったのかもしれない．見つかったのは，しばらく前に必死になって探しても見つからなかったノートだ．まったく．

こんなシナリオは聞き慣れたものだろうか？ 私は間違いなく経験したことがある．それも一度ではない．何かを見つけるのは間違いなく難しいし，探索がうまくいかないととてもイライラする．全能であるかのようなGoogleの検索エンジンがある昨今でも，インターネットで適切な情報を見つけるのは，ときに難しい．適切なキーワードを知らなかったり，キーワードが一般的すぎてマッチするページが多すぎたりする．

幸運なことに，私たちは必ずしも氾濫するデータの無力な犠牲者になると決まったわけではない．何かを効率よく探すためには，探索する空間を体系化しなくてはならない．結局，母親が部屋を片づけろとうるさくいうのは正しかったのだ[1)]．探索空間を効率よく体系化するには次の2つの原則が必要だ．(1) 空間を独立した領域に分割して探索対象の要素をその領域に置き，(2) （その領域の中で）探索対象の要素をある順序で並べる．

たとえば分割の原則というのは，本をすべて棚にしまったり，書類をすべて引き出しにしまったり，ノートをすべてリングバインダーに収めたりすることだ．そして，ノートを見つけなくてはならないならリングバインダーを探せばよくて，引き出しや本棚を探す必要はない．分割することで，探索空間を管理できる大きさに効率よく制限することができる．この原則を多段階に適用して，より焦点を絞った探索をすることもできる．たとえば，本は題名でグループ分けできるし，書類は書いた年によってグループ分けできる．

もちろん，分割が機能するには2つの重要な条件が必要だ．まず，探索空間を

1) どうしたらいいか忘れてしまった場合，インターネットには数えきれない助言がある．自分にぴったりの助言を見つけること自体も難しい探索かもしれないが．

分割する区分は，探しているものを識別できるものでないといけない．たとえば，フランツ・カフカの『変身』を探しているとしよう．置いたのは「小説」の棚だったか，それとも「哲学」の棚だったか？ それとも他の昆虫学の本と一緒に置いたり，『超人ハルク』や『X-メン』の誰かのような変身ヒーローの漫画と一緒に置いたりしたかもしれない．それからこの戦略は，探索空間を常に正しく分割しなくてはならない．たとえばリングバインダーからノートを取り出して，使い終わったらすぐ戻す代わりに，机の上に置きっぱなしにしたり本棚に突っ込んだりしたら，次に探すときバインダーには見つからない．

順序を維持するという，探索を助ける2つ目の原則は，紙の辞書からトランプの手役を持つときまで，多くの異なる状況に適用できる．探索対象のものに順序があることで，探しているものを速く簡単に見つけることができる．ソートされたものの中から簡単に探す方法は，二分探索と呼ばれる．集まったものの真ん中のどこかの要素を取り出し，探している要素がそれより小さいか大きいかによって，左側か右側の探索を続ける．分割と整列の原則を組み合わせることも可能で，それによって役に立つ柔軟性が得られる．たとえば，作者の名前順に並べられた本棚に本をしまっておくこともできるし，書類を日付順に並べたりノートを主題ごとに並べたりできる．

2つの原則をよく見ると，互いに関係していることがわかる．特に順序を維持するという考えは，厳密に再帰的に適用することで，探索空間を分割するという考えにつながる．それぞれの要素は，集まったものを2つの領域，それより小さいものと大きいものに分ける．そしてそれぞれの領域は同じように体系化できる．整列された配置を維持するのはとても大変だ．計算の観点で興味深い疑問は，速く探索できるという結果は順序を維持することの正当な理由になるかということだ．答えは，集まったものがどれくらい多いか，そしてどれくらい頻繁に探索する必要があるかによる．

探索は職場だけで必要になるものではない．キッチンやガレージや趣味の部屋でも同じようなことは起こり，挑戦し，イライラし，解決する．ふだんそうとは思わないような状況でも，探索は必要となる．インディ・ジョーンズが聖杯を探す『最後の聖戦』には，探索の明らかな，もしくは明らかでない例がいくつか出てくることを，第5章では見ていく．

5 完璧なデータ構造を求めて

第4章で議論したデータ型は，データの集まりに対して特定のアクセスパターンをとる．データはとても大きく増えることがあるので，データをどう効率的に管理するかの検討は重要で実用的だ．異なるデータ構造が特定の操作の効率を高め，それぞれ必要な空間が異なることを，すでに見てきた．データを集めて変換するのは重要な作業だが，その中から要素を見つけるのは最も頻繁に必要となる操作だ．

私たちはいつでも何かを探している．気づかないことも多いが，気づいてつらい気持ちになることもある．たとえば車の鍵を手に入れるというありふれた行動が，苦しい探索に変わったりする．多くの場所を探すときほど，また多くのものの中から探すときほど，探しているものを見つけるのは難しくなる．私たちは何年もかけて多くのものを収集する——結局のところ，私たちは狩猟採集民の子孫なのだ．切手，コイン，スポーツカードといったコレクターズアイテムに加えて，多くの本や写真や衣服を，私たちは時とともに溜めこむ．これは趣味や情熱の副作用として起こることもある——私は道具を大量に集めたリフォーム中毒者に何人も会ったことがある．

本棚がアルファベット順あるいはテーマ別に体系化されていたり，写真のコレクションがデジタルになっていて位置情報と時間のタグがついていたりすれば，特定の本や写真を探すのは簡単だが，数が多くてまったく体系化されていなかったら，探すのは骨の折れる作業になる．

デジタルなデータでは状況はもっと悪くなる．基本的に保存する容量に制限がないので，保存したデータのサイズは急激に増える．たとえばYouTubeによれば，毎分300時間の動画がサイトにアップロードされている[2]．

探索は実生活でよくある問題だし，計算機科学でも重要なテーマだ．アルゴリズムとデータ構造は，探索の処理速度をかなり上げることができる．データで有効なことは，物理的なものを溜めたり取り出したりするときにも役立つことがある．実際，車の鍵を探すようなことから解放してくれるとても単純な方法がある．その方法に注意深く従えば，ということだが．

5.1　探索を速くする鍵

『最後の聖戦』の物語で，インディ・ジョーンズは2つの主要な探索に乗り出す．まず父親のヘンリー・ジョーンズを見つけること，それから2人で聖杯を見つけることだ．考古学の教授として，インディ・ジョーンズは探索についてひとつふたつ知っている．講義の中では学生に対して，実際にこう説明している．

> *考古学は事実の探索である．*

考古学的なもの——あるいは人——の探索とはどのようなものだろうか？ 探しているものの場所がわかっていれば，もちろん探索はいらない．そこに行って見つけるだけだ．そうでないとき，探索は2つのことに依存している．**探索空間**と，探索空間を狭められるかもしれない潜在的な**手がかり**や**キー**だ．

『最後の聖戦』でインディ・ジョーンズは，聖杯についての情報が書かれた父親のノートをヴェニスからの手紙で受け取り，探索を始めることになる．ノートの差出元はインディ・ジョーンズにとって，最初の探索空間を大きく——全世界から1つの都市まで——狭める手がかりとなる．この例では探索空間は文字どおり2次元の地理空間だが，探索空間という言葉は一般的にもっと抽象的なものを意味する．たとえば，ものの集まりを表現するデータ構造はどれも，特定のものを探す探索空間と見ることができる．シャーロック・ホームズの容疑者リスト

---

[2] www.youtube.com/yt/press/statistics.html を参照（2015年9月16日確認）．web.archive.org/web/20150916171036/http://www.youtube.com/yt/press/statistics.html を参照．

もそういった探索空間の1つで，その中から特定の名前を探すことができる．

リストはどれくらい探索に適しているだろう？ 第4章で議論したように，リストの中から求めている要素を見つける，あるいはその要素が含まれていないことを知るためには，最悪の場合すべての要素を調べる必要がある．リストを使った探索は，探索空間を狭めるの手がかりとしては役に立たないということを，これは意味している．

リストがなぜ探索に向かないデータ構造なのかを理解するためには，手がかりが実際にどう機能するのか詳しく見てみるのがわかりやすい．2次元空間では，手がかりによって探している要素を含まない「外側」と，含む可能性がある「内側」とを分ける境界が与えられる[3)]．同じようにデータ構造で手がかりを役立てるためには，その手がかりによってデータ構造を別の部分に分けて，探索範囲をどちらかに制限するような境界が得られないといけない．さらにいうと，手がかりやキーというのは探している対象につながる情報だ．キーによって，今の探索に関係する要素と関係しない要素とを区別できないといけない．

リストではそれぞれの要素が，その前にある要素と後に続く要素とを分ける境界となる．だがリストの真ん中の要素に直接アクセスすることができないので，常に一方の端からもう一方の端へリストを走査することになり，リストの要素は外側と内側を効率よく分けることができない．リストの最初の要素を考えてみよう．最初の要素自体を除くとどの要素も探索から除外するわけにはいかない．もしそれが探している要素でなければ，残りのすべての要素について探索を続けなくてはならないからだ．それから2つ目の要素を調べる段になると，また同じ状況に陥る．2つ目の要素が探しているものでなければ，残りのすべての要素について探索を続けなくてはならない．もちろん2つ目の要素は，1つ目の要素を外側，つまりチェックしなくてよいものに分類する．けれども1つ目の要素はすでに見ているので，探索にあたって何の節約にもならないのだ．そしてリストのそれぞれの要素について，同じことがあてはまる．各要素が外側に分類するものを，その要素にたどり着く前に調べなくてはならないということだ．

---

3) 内側が要素を含むことは保証されていない．探している要素が，そもそも探索空間に存在しないかもしれないからだ．

ヴェニスに着いてから，図書館でインディ・ジョーンズの探索は続く．図書館での本の探索は，境界とキーの概念のよい説明となっている．棚の本が作者の名字でグループ分けされているとき，それぞれの棚はその棚の最初と最後の作者の名前でラベルをつけられていることが多い．2つの名前はその棚で見つかる本の作者の範囲を定めている．この2つの名前は，範囲内の作者の本をその他すべての本から区別する境界を効率的に定めている．アーサー・コナン・ドイルの『バスカヴィル家の犬』を図書館で探しているとしよう．作者の名字は，最初にその名前を範囲に含む棚を特定するためのキーとして使うことができる．棚が見つかったら，そこにある本の探索を続ける．この探索は，棚を見つける段階と棚にある本を見つける段階の2つに分かれる．この戦略がうまく機能するのは，作者の名前という境界を用いて，探索空間をいくつもの小さな重複しない領域（棚）に分割しているからだ．

棚の探索には様々なやり方がある．1つの単純なアプローチは棚を一つひとつ，ドイルを含む棚が見つかるまで調べていくことだ．このアプローチは実際のところ，棚をリストのように扱っており，結果として同じ欠点をもつ．ドイル(Doyle)の場合は探索にそう時間はかからないかもしれないが，イェイツ(Yeats)の本を探しているならずっと長くかかる．実際には A の棚から探索を始める人はほとんどいなくて，代わりに Z の棚の近くから始めてもっと早く正しい棚を見つける．このアプローチの前提は，すべての棚は本の作者の名前順に整列されており，もし26の棚があったら（そして1文字あたり1つの棚だとしたら），イェイツを25番目の棚で，ドイルを4番目の棚で探し始めるだろうということだ．言い換えると，棚を頭文字のインデックスをつけた配列と見なして，セルが棚だと考えることもできる．もちろん図書館にぴったり26の棚があるということは考えづらいが，このアプローチは棚がいくつになっても調整できる．単純にイェイツを探すときは，棚の数の最後13分の1のところから始めればいい．このアプローチの問題は，ある文字で名前が始まる作者の数は文字によって大きく変わるということだ（S で名前が始まる作者は X で始まる作者よりも多い）．言い換えると本の分布はすべての棚で一様ではないので，この戦略は正確ではない．だからだいたいは，目的の棚を突き止めるのに行ったり来たりしなくてはならない．作者の名前の分布についての知識を得ることで，この方法の精度を十分に上げられるが，単純な戦略でも実用的かつ効率的に機能し，多くの棚を「外側」として除外し，検討対象外にできる．

1つの棚の中の本の探索にも様々なやり方がある．棚を突き止めるのと同じような戦略で，本を一つひとつ確認することもできる．その棚の作者の範囲の中の手がかりとなる場所をもとに，その本の場所を見積もるのだ．まとめると，2段階の方法はうまく機能し，すべての本を一つひとつ見ていく単純なアプローチよりずっと速い．私はコーバリス公共図書館で，『バスカヴィル家の犬』を探す実験をしてみた．私は5ステップで正しい棚を，さらに7ステップで棚の中の本を突き止めた．その時点で図書館には36の棚に44,679冊の大人向け小説があったので，これは単純な方法に対するかなりの改善だ．

父を探してヴェニスに旅立つというインディ・ジョーンズの決断は，同じような戦略に基づいている．この場合は世界が配列で，セルが地域に対応し，都市名のインデックスがついていると見なしている．ヘンリー・ジョーンズのノートが入った手紙の差出人住所は，「ヴェニス」とインデックスのついたセルを取り出して探索を続ける手がかりとなる．ヴェニスでインディ・ジョーンズの探索は図書館へと続き，そこでインディは本ではなく最初の聖戦の騎士の一人であるリチャード卿の墓を探す．インディはXの印がついた床のタイルを壊して墓を見つける．皮肉というべきか，学生に対してインディは以前にこう宣言している．

> *Xが場所の印に使われることは絶対にない．*

探索を速くする鍵は，探索空間を効果的に素早く狭める構造を使うことだ．キーが指す「内側」が小さければ小さいほど，探索の収束を速くできるのでいい．本の探索の場合，1つの主要な絞り込みステップで探索が2段階に分けられた．

5.2　ボグルで生き残る

探索は変装をして，まったく予期していない状況でやってくることがある．『最後の聖戦』の終盤，インディ・ジョーンズは太陽の神殿にたどり着き，聖杯のある部屋に入るためには3つの試練を乗り越えなくてはならない．2つ目の試練で，インディは深淵の上のタイル張りの床を通ることを要求される．問題はタイルのうちいくつかだけが安全で，残りのタイルに乗ると砕けておぞましい死につながるということだ．床には50かそこらのタイルがあり，不規則な格子になっており，それぞれにアルファベットの文字が記されている．考古学者の人生とは奇妙なものだ．ある日は床のタイルを壊さないと先に進めず，別の日には何としても壊さないようにしなくてはならない.

乗っても安全なタイルを見つけるのは簡単なことではない. 他に何も制約がなければ, 可能性は1,000兆 (1の後に0が15個続く) 以上の膨大な数になるからだ. 床の反対側まで無事にたどり着くようなタイルの順序を見つける手がかりは, エホヴァ (*Iehova*) という名前を綴らなくてはならないということだ. 基本的にはこの情報でパズルが解けるが, 正しいタイルの順序を特定するには, もう少しやることがある. 驚くことに, これには可能性の空間をシステマティックに狭める**探索**が出てくる.

この作業はボグル[4] で遊ぶのと似ている. ボグルのゴールは, マス目にある文字をつなげて単語を見つけることだ. インディ・ジョーンズは単語をすでに知っているので, 作業はずっと簡単に見える. けれどもボグルでは隣り合ったタイルにある文字しかつなげられないが, タイル張りの床の試練にそういう制約はない. だからインディ・ジョーンズが考えるべき可能性は多く, それが問題を難しくしている.

解くべき探索問題を説明するうえで話を単純にするために, 床には6つの行があり, それぞれに8個の異なる文字が書かれているとする. 48個のタイルの格子があることになる. もし正しい経路が各行1タイルずつでできているとすると, 6つの行のタイルすべての組み合わせで$8 \times 8 \times 8 \times 8 \times 8 \times 8 = 262{,}144$通りの経路が存在する. この中で生き残れる経路はたった1つだけだ.

さあインディ・ジョーンズはどうやってその経路を見つけるか? 手がかりの単語から, Iの文字が書かれたタイルを最初の行に見つけて飛び乗る. こうしてタイルを特定すること自体が, 複数のステップから成る探索処理だ. タイルの文字がアルファベット順に並んでいなければ, インディ・ジョーンズはIの文字が書かれたタイルを見つけるまで一つひとつ見ていかなくてはならない. タイルに乗って, 続けて2行目にあるeの文字が書かれたタイルを探して, と先へ進む.

一つひとつ探していくのを見てリストの要素の探索を思い出したなら, それは正しい. それこそ, まさにここで起こっていることだ. 違うのは, リストの探索を各行に対して, つまり手がかりの単語の各文字に対して繰り返し適用していることだ. そこにこの方法の強さがある. 探索空間, つまり262,144通りのタイル

---

4) en.wikipedia.org/wiki/Boggle を参照.

の格子を通る経路，に起こることを考えてみよう．最初の行の各タイルは異なるスタート地点を指しており，それぞれ残りの5行の文字をどう選ぶかという組み合わせによって，$8 \times 8 \times 8 \times 8 \times 8 = 32{,}768$ 通りの異なる経路が続く．インディ・ジョーンズは最初のタイルを見て，そこには K と書かれており，求めていた I ではないので，もちろんそこには乗らない，この1回の決断で探索空間から32,768個の経路（K のタイルから始めていた場合の経路）が一挙に削除される．最初の行のタイルをさらに却下していくたびに，同じように経路の数が減っていく．

ひとたびインディ・ジョーンズが正しいタイルにたどり着くと，探索空間の削減はもっと劇的なものになる．そのタイルに乗った途端，最初の行の決定処理が完了し，探索空間は残り5行から成る32,768経路までただちに縮小するからだ．まとめると，せいぜい7回の決断で（7回になるのは I のタイルが最後にきたときだ），インディ・ジョーンズは探索空間を8分の1まで縮小することができる．そこで2番目の行と e の文字について続けることになる．今度も最大7回の決断で，探索空間は8分の1の4,096まで縮小する．インディ・ジョーンズが最後の行にたどり着いたときは，たった8個の経路が残っており，7回以下の決断で経路を完成させることができる．探索に必要なのは最悪でも $6 \times 7 = 42$「ステップ」（たった6歩（ステップ））になる——262,144個の経路の中から1つを見つけ出す方法としては特筆すべき効率性だ．

わかりにくいかもしれないが，インディ・ジョーンズが達成した試練はヘンゼルとグレーテルの試練と似たところがある．どちらの主人公も，安全なところまでの経路を見つけないといけない．どちらの場合も経路は場所が連なってできており，その場所はヘンゼルとグレーテルの場合は石で，インディ・ジョーンズの場合は文字で印がつけられている．だが経路の中の次の場所の探し方は異なる．ヘンゼルとグレーテルは何か石を見つければよかった（同じ石を二度たどらないように気をつける必要はあった）が，インディ・ジョーンズは特定の文字を見つけないといけない．どちらの例も計算における表現の役割を再度強調している．インディ・ジョーンズの試練では，個々のタイルのシニフィアン（文字）が連なって，経路を表す別のシニフィアン（*Iehova* という単語）になっている．さらに *Iehova* という単語が経路を表すということは，単語を探索するだけの計算が実世界で意味のある重要なものになることを示している．

インディ・ジョーンズが格子に書かれた手がかりの単語を探すやり方は，辞書の中から効率よく単語を探すやり方とまったく同じだ．最初に手がかりの単語と同じ文字で始まる単語を含むページをだいたい絞り込んで，その中から最初の3文字が一致するページを絞り込んで，というふうに目的の単語が見つかるまで続ける．

タイルの格子の裏にはデータ構造が潜んでいて，インディ・ジョーンズの探索の効率を著しく改善している．そのことをよりよく理解するために，単語や辞書の別の表現を見ていく．この表現は，ツリーを使って探索空間を体系化する．

5.3 ディクショナリで数える

第4章で，ツリーというデータ構造の説明をした．相続の優先度の順に相続人を並べたリストをどう計算するか解説するために，家系図を使った．計算はツリー全体を走査し，ツリーのすべてのノードをたどる必要があった．ツリーはものの集まりを探索するのにも適した，素晴らしいデータ構造だ．今回は，求める要素に至る経路を下っていくよう指示するために，ツリーのノードを使う．

インディ・ジョーンズのタイル張りの床の試練をもう一度考えてみよう．映画では最初の一歩で間違ったタイルに乗り，危うく殺されそうになるという劇的なシーンだ．*Jehova* という綴りを使って J のタイルに乗り，タイルは足下で壊れる．インディ・ジョーンズは正しい手がかりの単語（の綴り）を知ることができないので，試練は実際のところ思っていたよりも巧妙だということだ．I と J の綴りに加えて，Y から始まる綴りもある．しかも，基本的にはうまくいくはずの名前は他にもある．たとえばヤハウェ (*Yahweh*) や神 (*God*) がそうだ．どれも可能性があり，インディ・ジョーンズと父親は，どれかがタイル張りの床を安全に進む道を示していると確信しているとする．さあ，どのタイルに乗るべきか決めるのによい戦略は何だろう？

どの単語も同じくらい可能性があるなら，複数の名前に出てくる文字を選ぶことで確率を高めることができる．説明のため，J を選んだとしよう（実際にそうした）．J は5つの名前のうち1つにしか出てこないので，タイルが壊れない見込みは5分の1（つまり20%）だ．一方，v のタイルに乗るのは60% 安全だ．v は3つの名前に出てくるからだ．3つの単語のどれかが正しければ，v のタイルは安全である．またどの単語も同じくらいの確率で正しいので，v のタイルで生き残る見込みは5分の3まで高まる[5)].

したがってよい戦略は，最初に5つの単語に出てくる文字の頻度を計算し，それから頻度の最も高いタイルに乗ってみることだ．そういった文字と頻度の対応づけは**ヒストグラム**と呼ばれる．文字のヒストグラムを計算するためには，それぞれの文字に対する頻度のカウンターを更新しなくてはならない．すべての単語を調べることで，出現するそれぞれの文字に応じてカウンターの値を増やしていくことができる．様々な文字に対するカウンターを更新するのは，ディクショナリというデータ型（第4章を参照）で解決できる作業だ．今回の場合，キーは個々の文字で，そのキーとともに保持される情報は，その文字の頻度だ．

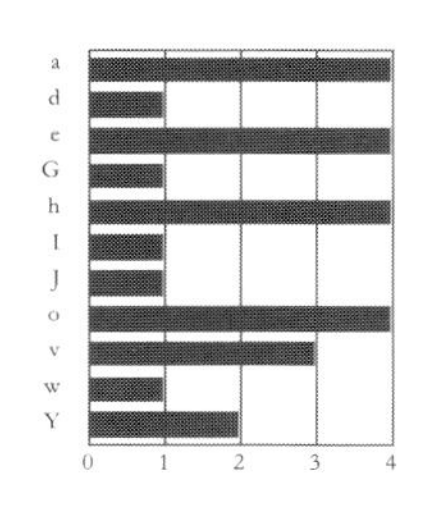

文字をインデックスとした配列は，このディクショナリを実装するデータ構造として使えるが，配列の空間の50%以上を無駄にすることになる．数える文字は全部で11文字しかないからだ．代わりにリストを使うこともできる．だがそれでは決して効率的にならない．そのことを理解するために，アルファベット順に単語を調べていくことを想定しよう．*God* という単語から始めて，その中にある文字をそれぞれ，最初の数1と一緒にリストに追加する．次のようなリストができる．

G:1 → o:1 → d:1

G の挿入は1ステップかかり，o の挿入は G の後に追加しなくてはならないので2ステップかかり，ds の挿入は G と o の後に追加しなくてはならないので3ステップかかることに注意しよう．代わりに新しい文字をリストの先頭に挿入できないだろうか？ 残念ながら，それはうまくいかない．文字を追加する前にその文字がリストにないことを確かめないといけないからだ．だから新しい文字を追加する前に，リストにあるすべての文字を見ないといけないのだ．もし文字がすでにリストにあったら，代わりにカウンターの値を増やす．だから最初の単語ですでに，$1+2+3=6$ ステップを費やしている．

次の単語 *Iehova* では，I，e，h を追加するのにそれぞれ4，5，6ステップ必

[5)] 特定の順序でタイルに乗る必要はなく，また安全なタイルすべてをたどる必要もないということを前提にしている．

要で，全部で21ステップになる．次の文字 o はすでに存在する．見つけて値を2に更新するのに2ステップあればいい．新しく出てきた v と a の文字をリストの末尾に挿入するのに，さらに $7+8=15$ ステップ必要だ．この時点でリストを作るのに38ステップかかっており，次のようになっている．

G:1 → o:2 → d:1 → I:1 → e:1 → h:1 → v:1 → a:1

単語 *Jehova* でディクショナリの値を更新するのは，J を追加するのに9ステップ，残りの文字はすでにリストにあるのでカウンターの値を更新するのに5，6，2，7，8ステップかかり，全部で75ステップになる．最後の2つの単語 *Yahweh* と *Yehova* の処理にそれぞれ40ステップと38ステップかかるので，最終的に次のリストが得られて，全部で153ステップかかる．

G:1 → o:4 → d:1 → I:1 → e:4 → h:4 → v:3 → a:4 → J:1 → Y:2 → w:1

Yahweh の2番目の h を追加してはいけないことに注意が必要である．1つの単語で2回数えてしまうと，その文字の確率を間違った形で増やしてしまうからだ（この場合80%から100%に増える）[6]．最後にリストを調べると，文字 o，e，h が始めるのに最も安全で，いずれも正しい単語に含まれる確率が80%であることがわかる．

5.4 リーンスタートアップがよいとは限らない

ディクショナリを実装するデータ構造にリストを使うことの主な欠点は，リストの終わりのほうにある要素に繰り返しアクセスするコストが高いことだ．

二分探索木というデータ構造は，探索を速くするため，探索空間をより均等に分割することでこの問題を回避する．**二分木**はツリーの1つで，それぞれのノードの子は多くても2つである．すでに述べたように，子を持たないノードは**リー**

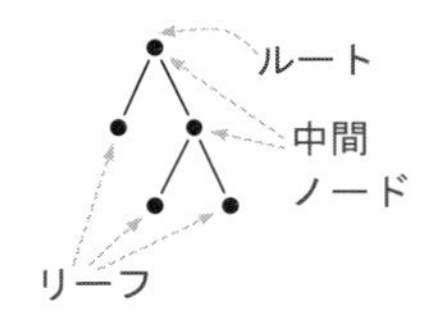

6) だから，単語の各文字を一度だけ数えるようにするためには，単語を処理するときにセットを使う必要がある．回数を更新する前にセットにその文字が含まれていないことをチェックし，それからその文字をセットに追加する．そうすることで，その文字が同じ単語に後で出てきたときに回数を更新しないようにする．

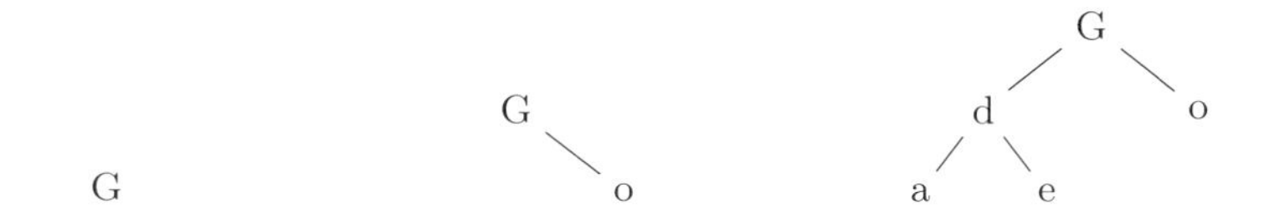

図5.1　二分木の3つの例．**左**：ノードが1つだけのツリー．**中央**：単一ノードの部分木を右に持つツリー．**右**：2つの部分木を持つツリー．3つのツリーどれも二分探索の性質を持っており，左の部分木のノードはルートよりも小さく，右の部分木のノードはルートより大きい．

フと呼ばれ，子を持つノードは**中間ノード**と呼ばれる．また，親を持たないノードはツリーの**ルート**と呼ばれる．

図5.1に示した二分木の例を見てみよう．左はノードが1つのツリー——想像できる最も単純なツリー——だ．ルートはリーフでもあり，Gという文字でできている．このツリーはツリーらしく見えない．要素が1つだけのリストがリストらしく見えないのと同じだ．真ん中のツリーは，ルートに加えてノードをもう1つ持ち，子のoがある．右のツリーでは子のd自身にも子のaとeがある．この例は，親へのつながりを切るとノードは別のツリーのルートになり，その親の部分木と呼ばれることを示している．この場合，ルートがdで子がaとeのツリーはノードGの部分木であり，同じようにルートがoの単一ノードのツリーもノードGの部分木である．これにより，ツリーはそもそも再帰的なデータ構造であり，次のように定義できることがわかる．ツリーは単一のノードか，もしくは1つか2つの部分木を持つノードである（部分木のルートはそのノードの子である）．ツリーの再帰的な構造は第4章でも，家系図を走査する再帰的なアルゴリズムで示した．

二分**探索木**の考え方は，中間ノードを境界と捉えて，子孫のすべてのノードを2つに分類することだ．境界ノードより値の小さいノードは左の部分木にあり，値の大きいノードは右の部分木にある．

この配置は探索のときに次のように利用できる．ツリーの特定の値を探すときには，ツリーのルートと比べる．もし一致したら，その値を見つけたので探索は終了だ．そうでないとき，値がルートよりも小さければ，探索の続きは左の部分木だけに限定することができる．右の部分木にあるノードは，すべてルートより大きく，つまり探している値よりも大きいことがわかっているので，一切見る必要がない．それぞれの場合において，中間ノードは「内側」（左の部分木）と「外側」（右の部分木）とを分割する境界となっている．インディ・ジョーンズが父を探すときに，次にどこへ行けばよいかという「内側」を，聖杯手帳の差出人住所が決めたのと同じだ．

図 5.1 の 3 つのツリーはどれも二分探索木だ．文字を値として保持しており，アルファベット中の位置によって比較できる．そうしたツリーで値を見つけるには，探している値をツリーにあるノードの値と繰り返し比較しながら，右か左の部分木に下っていけばよい．

e が右の木に含まれるか知りたいとしよう．ツリーのルートから始めて e を G と比べる．e はアルファベットで G よりも先にあり，したがって G より「小さい」ので，左の部分木の探索を続ける．左の部分木にはこの木の中で G より小さい値がすべてある．e を左の部分木のルート，d と比べ，e が大きいので右の部分木の探索を続ける．右の部分木にあるノードは 1 つだけだ．e をそのノードと比較して，探索は成功に終わる．もし代わりに，そう，f を探していたら，同じノード e にたどり着くが，e は右の部分木を持たないので探索はそこで終わり，f はツリーにないという結論になる．

どんな探索もツリー内の経路に沿って進むので，要素を見つけるかツリーに存在しないと結論づけるまでの時間が，そのツリーのルートからリーフまでの最も長い経路よりかかることはない．図 5.1 の右のツリーは，5 つの要素を持ち，リーフまでの経路の長さは 2 か 3 だけだとわかる．これはどんな要素もせいぜい 3 ステップで見つけられるということを意味する．5 つの要素を持つリストと比べると，リストの最後の要素の探索は必ず 5 ステップかかる．

これで，二分探索木を使ってディクショナリを表現し，文字のヒストグラムを計算する準備ができた．もう一度，単語 *God* から始めて各文字を初期値の 1 とともにツリーに加えていく．次のようなツリーが得られて，ツリーの中での位置が文字の順序を反映している．

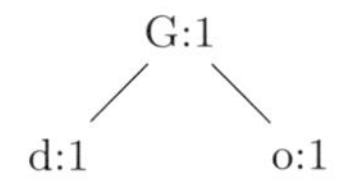

この場合，G の挿入はリストと同様に 1 ステップかかるが，o と d はどちらも 2 ステップしかかからない．どちらも G の子だからだ．これで最初の単語については 1 ステップ節約できた（ツリーでは $1+2+2=5$ ステップ，リストでは $1+2+3=6$ ステップ）．

次の単語 *Iehova* を挿入するには，それぞれの単語ごとに3ステップ，ただし，o と h はそれぞれ2ステップと4ステップ必要だ．リストと同様，o のときは新しい要素を作らず，既存の要素の数値を1増やす．したがってこの単語を処理するには18ステップかかり，全部で23ステップになる．リストのときは38ステップだった．単語 *Jehova* は，J のノードを追加してツリーの構造を少しだけ変える．これは4ステップかかる．さらに $3+4+2+3+3=15$ ステップで既存の文字の数値を更新して全部で42ステップになる．リストのときは75ステップだ．

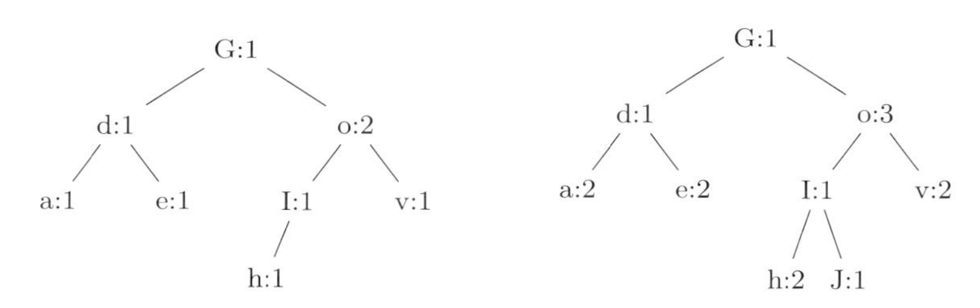

Iehova を追加した後　　*Jehova* を追加した後

最後に *Yahwe(h)* と *Yehova* を追加すると，それぞれ19ステップ，全部で80ステップで次のようなツリーが得られる．これはリストのときに必要だった153ステップの半分だ．

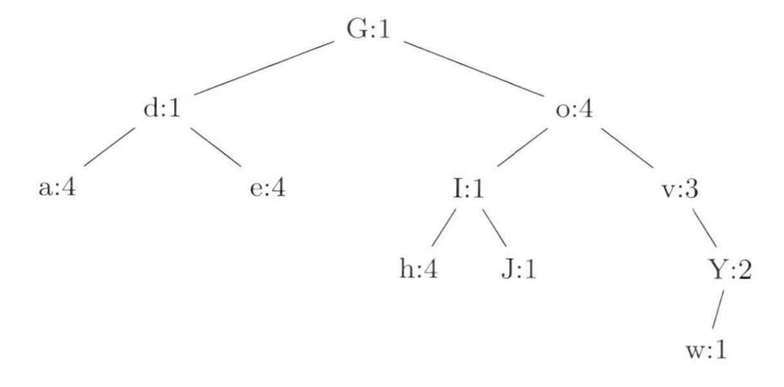

この二分探索木はリストと同じディクショナリを表現しているが，（少なくとも一般的には）検索や更新を高速化する形をしている．リストやツリーの形状は，ある程度，効率が違う説明になる．リストの細長い構造のせいで，長い距離を探索したり近くにない要素を見たりする必要がある．それに対してツリーの広く浅い形のおかげで，探索は効率的になり，見るべき要素や走査する距離が制限される．けれどもリストと二分探索木を公平に比較するには，もう少し違った視点が必要となる．

5.5 効率性は平衡にかかっている

計算機科学では，異なるデータ構造を比較するのに，特定のリストやツリーに対する正確なステップ数を数えたりはしない．特に小さいデータ構造の場合にそうだが，間違った印象を与えてしまうことがあるからだ．さらにこの簡単な分析の中で比較した操作も厳密に同じ複雑性ではなく，実行するのにかかる時間は異なる．たとえばリストで比較をするには2つの要素が等しいか試せばよいが，二分探索木でどちらの部分木を探索すべきか指示するためには，どちらの要素が大きいか決定しなくてはならない．これは153のリスト操作の多くが80のツリー操作のいくつかよりも単純で高速であり，2つの数字を直接比較して考えすぎるべきではない，ということを意味する．

代わりにデータ構造がより大きく，より複雑になったときに，操作にかかる時間がどれだけ増えるか考える．第2章で例を示したが，リストでは新しい要素を追加したり既存の要素を探索したりする時間は線形だとわかっている．つまり挿入や探索にかかる時間は，最悪の場合でもリストの長さに比例するということだ．これはひどすぎるというほどではないが，そういった操作が繰り返し実行された場合に累積実行時間は2次となり，法外な大きさになる可能性がある．新しい石を手に入れるためにヘンゼルが毎回家に戻る戦略を思い出してほしい．

ツリーに要素を挿入したり，ツリーの要素を探索したりする時間を比べてみるとどうだろう？ 最終的なツリーには11の要素があり，探索や挿入には3〜5ステップかかる．実際のところ，探索や挿入の時間はツリーの高さで制限されており，これは要素の数よりずっと小さいことが多い．**平衡**木，つまりルートからリーフまでのすべてのパスが同じ長さ(±1)のツリーでは，ツリーの高さは大きさの**対数**となる．つまりツリーのノードの数が倍になると，高さが1増えるということだ．たとえば15ノードの平衡木の高さは4で，1,000ノードの平衡木の高さは10，1,000,000ノードは高さ20の平衡木にちょうどあてはまる．対数実行時間は線形実行時間よりずっとよい．ディクショナリの大きさが本当に大きくなるにつれて，ツリーはリストよりどんどんよくなる．

この分析は**平衡**二分探索をもとにしている．実際に構築した木が平衡であることを保証できるだろうか？ またできないとしたら，平衡でない探索木の場合の実行時間はどれくらいだろうか？ この例の最後の木は平衡**でない**．リーフ e への経路の長さは3で，リーフ w への経路の長さは5となっている．ツリーに文字が挿入される順序が問題で，それによって違った木になる．たとえば単語 doG

の順序で文字を挿入すると，次のような二分探索木が得られて，これはまったく平衡でない．

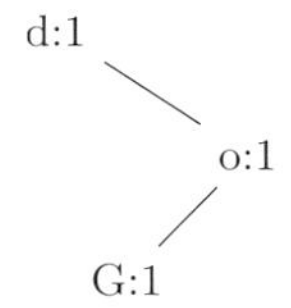

この木はまったく平衡**でない**——リストと何ひとつ変わらない．そしてこれはおかしな例外ではない．3つの文字の6つのありうる並び方のうち，2つは平衡木になり（*God* と *Gdo*），他の4つはリストになる．幸いなことに挿入後に形が崩れた探索木を平衡化する技法があるが，挿入操作のコストが高くなる．もっとも，それでもコストは対数に収まる．

最後に，二分探索木が機能するのは，要素に順序をつけられるようなとき，つまりどの2つの要素についてもどちらが大きくてどちらが小さいかいえるときだけだ．要素を見つけたり保持したりするうえで，ツリーの中でどちらの方向に進むべきか決めるのにそういった比較が必要となる．けれどもある種のデータについては，そういった比較ができない．たとえばキルティングのパターンについてノートをつけているとしよう．それぞれのパターンについて，どんな布や道具が必要か，どれくらい作るのが難しいか，どれだけ時間がかかるかを記録したい．こうしたパターンについての情報を二分探索木に保持するため，あるパターンが他のパターンより小さいか大きいかどうやって決められるだろう？ パターンによって端切れの数も違えば色や形も違うので，パターンの間で順序を定めるのは簡単ではない．これは不可能な作業ではない——パターンを構成要素に分解して，その特徴のリスト（たとえば端切れの数や色や形）で説明し，特徴のリストでパターンを比較することもできる．だがそれは大変だし，あまり現実的ではない．だから二分探索木は，キルティングパターンのディクショナリを保持するのに適していないかもしれない．だがリストを使うことはできる．リストの場合に必要なのは2つのパターンが同じかどうか決めることだけで，これは順序をつけるより簡単だからだ．

まとめると，二分探索木が利用する戦略によって，人は自然かつ楽に探索問題を小さく分割できる．実際，二分探索木はその考えをシステム化し完成させた．結論として，二分探索木はディクショナリを表現するうえでリストよりもだいぶ効率がいい．けれども，平衡を保証するためにはより多くの労力が必要で，どんなデータにも使えるわけではない．これは，机，オフィス，キッチン，ガレージを探索した経験にも合致するはずだ．たとえば文書や道具を使ったら元に戻すなど，日頃から物事を整理しようと努めていれば，ぐちゃぐちゃの山の中を探すのに比べて，物を見つけるのはずっと簡単になるはずだ．

5.6 トライ木にトライする

単語に出てくる文字の頻度のヒストグラムを計算するとき，二分探索木はリストの効率よい代替になった．けれどもこれは，インディ・ジョーンズがタイル張りの床の試練を解くのに役立つ計算の１つに過ぎない．特定の単語を綴ってタイル張りの床を安全なところまで連れていくような，タイルの並びを特定する計算がいま１つだ．

格子は６行で各行に８個の文字があり，タイル６個の経路が 262,144 通りあることを見てきた．それぞれの経路は１つの単語に対応しているので，単語と経路の関連をディクショナリで表現できる．リストは効率の悪い表現だ．手がかりの単語 *Iehova* はリストの最後のほうにあって，見つけるのに時間がかかるかもしれないからだ．平衡二分探索木は高さが 18 で，手がかりの単語が比較的速く見つかることを保証するので，だいぶましだ．けれどもそんな平衡探索木は手元にないし，作るのは時間がかかって大変だ．文字を持つ探索木のように，それぞれの要素を別々に挿入しなくてはならないし，そのためにはツリー上の経路をルートからリーフまで繰り返し走査しなくてはならない．この処理を詳しく分析しなくても，ツリーを組み立てる作業が線形時間よりも多くかかることは明らかだ[7]．

それでも，タイルの並びはかなり効率よく特定できるし（42 ステップ以下），追加のデータ構造もいらない．どうしたらそんなことが可能になるだろうか？ 答えは，文字のあるタイル張りの床はそれ自体がデータ構造で，インディ・ジョーンズがしなくてはならない探索に役立つということだ．これは**トライ木**と呼ばれ[8]，どこか二分探索木にも似たデータ構造だが，重要な点が違う．

---

[7] 実際，要素の数の対数と要素の数の積に比例する時間がかかる．この時間複雑性は**線形対数**とも呼ばれる．

[8] この単語はもともと，派生元の言葉である検索 (re*trie*val) のように「ツリー」という発音だった．けれども一般的な探索木と区別する特徴を強調するため，今日では多くの人が「トライ」と発音する．

インディ・ジョーンズがタイルの上を一歩進むたび，探索空間が8分の1に縮小したことを思い出そう．これは，平衡二分木を下って探索空間が半分になるときに起こっていることと似ている．2つのツリーの枝のうち1つを選ぶとき，ツリーの半分のノードが探索から除外される．同じようにタイルを選ばないことで，探索空間は8分の1ずつ縮小され，タイルを選ぶことで探索空間は元の大きさの8分の1に縮小される．タイルを1つ選ぶのは，他7つのタイルを選ばないということ，すなわち探索空間を8分の7縮小することを意味するからだ．

けれどもここでは，二分探索木のときとは違うことも起こっている．二分探索木では，それぞれの要素は別のノードに保持されている．それに対してトライ木では，それぞれのノードには文字を1つだけ保持し，異なる文字をつなぐ経路として単語を表現している．二分探索木とトライ木の違いを理解するために，次の例を考えてみよう．*bag*，*bat*，*beg*，*bet*，*mag*，*mat*，*meg*，*met* といった単語の集まりを表現したいとしよう．これらの単語を含む平衡二分探索木は次のようになる．

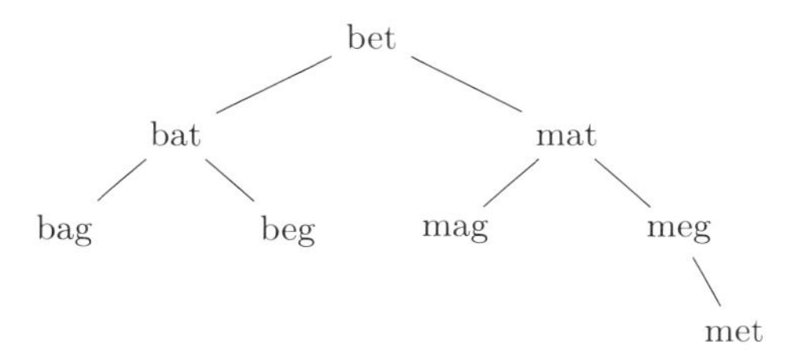

単語 *bag* をこのツリーで見つけるために，ルートの *bet* と比べ，左の部分木の探索を続けるべきだとわかる．この比較は両方の単語の最初の2文字を比べるので2ステップかかる．それから *bag* を左の部分木のルート *bat* と比べ，ふたたび左の部分木の探索を続けるべきだとわかる．この比較は2つの単語の3つの文字を比べなくてはならないので，3ステップかかる．最後に *bag* をツリーの最も左のノードと比べ，探索は成功に終わる．この最後の比較も3ステップかかり，探索全体で8回の比較が必要となる．

同じ単語の集まりを，2列3行のタイル張りの床で表現できる．各行には文字の書かれたタイルがあって，どれかの単語で出てくるときの場所に対応している．たとえば，どの単語も b か m で始まるので，1番目の行にはこの2つの文字に対応した2つのタイルがいる．同じように，2番目の行には a と e の2つのタイル，3番目の行には g と t のタイルが必要だ．

b	m
a	e
g	t

タイル張りの床の一行一行をシステマティックに走査することで，床から単語を見つけることができる．単語の各文字について，対応するタイルの行を左から右に文字が見つかるまで走査する．たとえば単語 *bag* をこの床から見つけるには，1番目の文字 *b* を1番目の行で探索するところから始める．1ステップでタイルが見つかる．次に2番目の文字 *a* を2番目の行で探索し，これも1ステップかかる．最後に *g* の文字を3番目の行で見つけて探索が完了する．これも1ステップだけだ．この探索には合わせて3回の比較が起こる．

タイル張りの床の探索に必要なステップ数は，二分探索木に比べて少ない．各文字を1回だけ比較すればよいのに対して，二分木の探索では単語の最初の部分を繰り返し比較する必要があるからだ．単語 *bag* はタイル張りの床の例では最善のシナリオで，各文字は最初のタイルで見つかる．それに対して単語 *met* は，各文字が行の最後のタイルにあるので，6ステップ必要になる．だが各タイルを1回チェックすれば十分なので，これ以上悪くなることはない（比較すると，二分探索木で *met* を見つけるのは $1+2+3+3=9$ ステップかかる）．二分探索木で最善の場合は単語 *bet* を見つけるときで，3ステップで済む．けれどもルートからの距離が大きくなると，二分探索ではより多くの比較が必要になる．多くの単語はツリーのリーフのほう，ルートから遠いところにあるので[9)]，ふつうは単語の最初の部分を何度も比較しなくてはならない．これは，トライ木での探索が，二分探索木での探索より多くの場合で速いということを意味している．

タイル張りの床の喩えはトライ木が表として表現できることを示しているが，これは必ずしも正しくない．この例では，すべての単語が同じ長さで，単語の各位置にある文字が同じであるため，うまくいく．けれども単語 *bit* と *big* を表現したいとしよう．この場合，文字 *i* のため2番目の行に追加のタイルが必要となり，四角形でなくなってしまう．2つの単語を追加することで，一般的にはない別の規則性が例の中に存在することがわかる．例の単語は，同じ長さの異なる接頭辞は同じ接尾辞を持つように選んでいるので，情報を共有できる．たとえば *ba*

9) 二分木のノードの半分はリーフにある．

と be は，ともに g か t を加えて単語を完成させることができるので，どちらの接頭辞も文字 g と t を含む1行のタイルで続けることができる．けれども単語 bit と big を加えると，もうこれは成り立たない．b には3つの文字 a，e，i を続けることができるが，m に続くのは a と e だけなので，続きが2種類必要になる．

だからトライ木は特殊な二分木として表現されることが多く，左の部分木が単語の続きを表現し，右の部分木が代わりの文字（とその続き）を表現する．たとえば単語 bag，bat，beg，bet についてのトライ木は次のようになる．

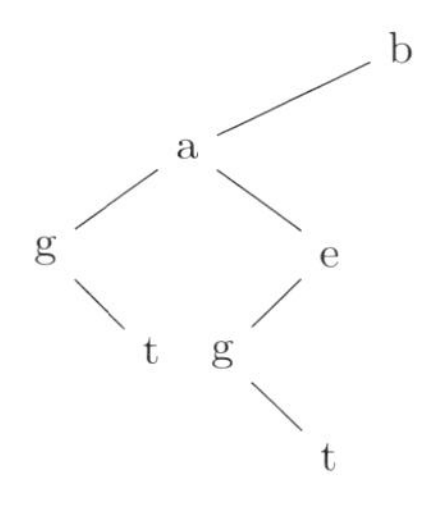

ルートには右の辺がないので，すべての単語は b で始まる．b からルート a の部分木に伸びる左の辺は，続きが a か e で始まるという可能性を示しており，a から右に伸びる辺で a の代わりを示している．ba や be の後に g か t が続くことを表現しているのは，a から左に伸びる辺の先の部分木の，ルート g と右の子 t である．a と e の左の部分木が同一であるということは，両者を共有できることを意味しており，タイル張りの床の表現ではタイル1行を使って実現している．このように共有できるので，一般的にトライ木は二分探索木よりも必要な記憶領域が小さい．

二分探索木ではそれぞれのキーは別のノードに完全な形で格納されているが，トライ木ではキーは複数のノードに分散している．トライ木のルートからつながったノードはどれも，何らかのキーの接頭辞になっている．タイル張りの床の場合は，選んだタイルが最終的な経路の接頭辞（プレフィックス）になっている．トライ木が**プレフィックス木**とも呼ばれるのはこのためだ．インディ・ジョーンズが直面したタイル張りの床を表現するトライ木を，図5.2に示した．

二分探索木やリストのように，トライ木にも利点と欠点がある．たとえばトライ木を使えるのは，キーを一連の要素に分解できるときだけだ．インディ・ジョーンズは結局，聖杯を持ち続けることができなかったが，データ構造に聖杯などというものはない．どのデータ構造が最適であるかは適用領域の詳細に依存する．

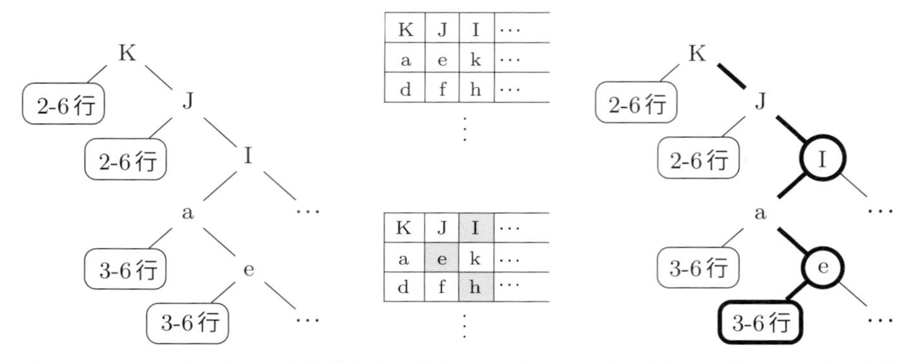

図5.2　トライ木というデータ構造とその探索のしかた．**左**：左の部分木が親のノードの文字に続く単語（角丸の四角形で表現されている）を，右の部分木が親のノードの代わりとなる文字を表現している．**中央上**：左のトライ木のタイル張りの床での表現で，共通の部分木をタイル1行で共有している．**中央下**：単語 *Iehova* の最初の文字に一致するよう選ばれた3つのタイル．**右**：選んだタイルと一致するよう太線で印をつけたトライ木の経路．丸で囲ったノードが選んだタイル．

私たちは映画のシーンを観ているとき，実際に手がかりの単語を見つけたり，目指すタイルに正確に飛び乗ったりしようと考える．けれども，手がかりの単語の文字に従ってタイルを特定しようとは考えない．あまりにも明白なので，まったく考えもしない．これは，効率的なアルゴリズムを実行するのが私たちにとってどれだけ自然なことかを，改めて示している．ヘンゼルとグレーテルやシャーロック・ホームズのように，インディ・ジョーンズの冒険と生存も，計算の中核にある原理に基づいている．

そして最後に，車の鍵を二度と失くさない方法をまだ気にしているなら，それは単純だ．家に帰ったら，必ず同じ場所に置けばいい．その場所が鍵にとってのキーだ．だがもうわかっているだろう．

準備を整える

もし教師であれば，仕事で重要なのはクラスの生徒の作文や試験の採点をすることだ．この作業は，単にそれぞれの答案を読んだり採点したりするだけではない．たとえば最終的な成績を決める前に，成績の分布をだいたい把握し，それに従って評価したいと思うだろう．さらに成績が決まったら，それをクラス名簿に書き込んで，最後には答案を生徒に返さなくてはならない．こうした作業の一部は，ある種のソートを使うことで効率よく実施できる．

最初に名簿に成績を記入することを考えてみよう．こんな単純な作業でも，実行時間の性能が違うアルゴリズムを３つ挙げられる．１つ目は，採点済みの答案の山を順に見て，それぞれの成績を名簿に記入することだ．それぞれの答案は山の中から定数時間で取り出せるが，名簿から生徒の名前を見つけるのには対数時間かかる．名簿が名前でソートされていて，名前を見つけるのに二分探索を使うという前提だ．全員の成績を名簿に記入するには**線形対数**の実行時間がかかり[1)]，これは２次よりはだいぶいいが，線形ほどよくはない．

２つ目は，名簿の名前を一つひとつ見ていき，山の中からその生徒の答案を見つけることだ．やはり名簿から次の名前を取り出すのには定数時間がかかるが，特定の生徒の答案をリストで見つけるには平均してリストの半分を走査する必要があるので，結局，２次の実行時間がかかる[2)]．だからこのアルゴリズムを使うべきではない．

３つ目は，答案を名前でソートして，名簿とソートされた答案の山とを並列に見ていくことだ．ソートされた答案の山と名簿が並んでいるので，それぞれの成績を記入するのは定数時間しかかからない．合わせると線形時間と答案のリストをソートするのにかかる時間の和になり，ソートには線形対数時間かかる．この方法の総実行時間は，ソートに必要な線形対数時間で支配される．したがって，最後のアルゴリズムの総実行時間も線形対数だ．だがこれは１つ目のアプローチと変わらない．では，なぜわざわざ最初に答案をソートするのだろうか？　それは実際には線形対数時間よりも速くソートできる場合があるためで，その場合は

---

1) 入力の大きさ（ここでは学生または答案の数）とその数の積に比例する時間が必要なとき，アルゴリズムの実行時間は線形対数となる．

2) たとえ，答案のリストがステップごとに短くなっていくことを考慮したとしても．

3つ目の方法で性能が改善し，最も効率的なアプローチになる．

2つ目の作業である試験の評価をするには点数の分布，つまり点数とその点数をとった生徒の人数の対応表を作る必要がある．この作業は，インディ・ジョーンズが文字のヒストグラムを計算したのと似ている．成績の分布もヒストグラムだ．リストでヒストグラムを計算するのは2次の実行時間がかかり，二分探索木を使うのは線形対数の実行時間がかかるので，後者を使うのがよい．ヒストグラムを計算するには，最初に答案の山を点数でソートして，それから単純にソートされた答案の山を見て，それぞれの点数が何回繰り返されるか数えてもいい．これはうまくいく．ソートされたリストでは，同じ点数の答案は1カ所に固まるからだ．成績をクラス名簿に記入するときのように，ソートで実行時間が増えることはなく，短くなる可能性もある．だが点数の幅が小さいときは状況が変わってくる．その場合は，得点の配列を更新するのが最も速い方法だろう．

最後に，教室で答案を返すのは，恥ずかしくなるくらい遅くなるかもしれない．生徒の前に立って，大きな山の中から生徒の答案を見つけることを想像してみよう．二分探索を使ったとしても，これには時間がかかりすぎる．大人数の生徒の探索を繰り返すことで，処理が遅くなり迷惑をかけてしまう（たとえ答案の山が小さくなるにつれて各ステップは速くなるとしても）．代替策は，教室の中の生徒の位置で答案をソートしておくことだ．もし席に番号が振ってあって座席表があるなら（あるいはどこに生徒が座っているか知っていれば），答案を座席番号順にソートできる．答案を返すのは線形のアルゴリズムになり，クラス名簿に成績を記入するのと同様，座席と答案の山を並列に順に見て1ステップで答案を返すことができる．この場合はソートに線形対数時間かかったとしても，やってみる価値がある．貴重なクラスの時間を節約するからだ．これは**事前計算**，つまりアルゴリズムに必要なデータの一部をアルゴリズムの実行前に計算することの例で，郵便配達員が手紙を届ける前に，あるいは人が食料品店の通路のどこに商品が置かれているかに従って買い物リストを準備するときにしていることだ．

ソートは人が思うより一般的な活動だ．物の集まりをソートするだけでなく，作業を依存関係によってソートしなくてはならないことがある．服を着るアルゴリズムを考えてみよう．靴の前に靴下を履き，ズボンの前にパンツを穿くことを知っていないといけない．家具を組み立てる，機械を修理・整備する，書類を埋める——こうした活動の多くは正しい順序で実施することが必要になる．未就学児でも，一貫した物語になるよう写真をソートする問題を解くことがある．

6 整列を整理する

ソート（整列）は計算の主要な例だ．適用領域が多いことに加えて，計算機科学の基礎となる概念を説明する手助けになる．まず，ソートアルゴリズムが変わると実行時間や必要な空間が変わり，問題を計算的にどう解くか決めるうえで効率性が大きく影響することがわかる．それから，ソートは最小の複雑性がわかっている問題だ．言い換えると，どんなソートアルゴリズムでも，かかるステップ数の**下限**がわかっている．だからソートは，計算機科学という領域で，計算の速度について主要な限界が認識されていることを示している．限界についての知識は力になる．研究の労力をより生産的な方向に向けるのに役立つからだ．さらに，問題の複雑性と解決策の複雑性を区別することで，最適解という考え方を理解できる．最後に，いくつかのソートアルゴリズムは**分割統治**アルゴリズムの例となっている．そういったアルゴリズムは入力を小さく分割して，再帰的に処理し，その結果をまとめて元の問題の解とする．分割統治という原則のエレガントさは，その再帰的な性質と近いいとこである数学的帰納法に起因している．これは問題解決に対するとても効果的なアプローチであり，問題を分割するということの力を示してくれる．

第５章で述べたように，ソートの適用領域の１つは探索を支援し高速化することだ．たとえばソートしていない配列やリストから要素を見つけるのは線形の時間がかかるが，ソートされた配列であれば二分探索を使って対数時間で実現できる．したがって，ある時点の計算（ここではソート）を（ソート済みの配列という形で）保存し，後で利用して他の計算（たとえば探索）を高速化できる．もっと一般的にいうと，計算はデータ構造によって保存・再利用できるリソースだ．データ構造とアルゴリズムとのこの相互作用は，両者がどれだけ密接に関係しているかを示している．

6.1 最初のものを最初に

昼間の仕事として，インディ・ジョーンズは大学教授として働いている．これは試験の採点に関する問題にぶつかるということだ．だからソートはインディ・ジョーンズに関係がある．さらに考古学者として工芸品を収集し，旅を通じて作ったノートや観察記録を体系化しなくてはならない．職場の文書のように，これらもソートすることで非常に役立つ．順序によって特定のものの探索が効率的になるからだ．インディ・ジョーンズの冒険はソートの別の適用例となっており，これは複雑な作業をどう終わらせるか計画するときに，いつも出てくる．計画というのは，一連の行動を正しい順序に並べることだ．

『レイダース/失われたアーク〈聖櫃〉』でのインディ・ジョーンズの作業は，十戒の入った聖櫃を見つけることだ．聖櫃は古代都市タニスの秘密の部屋の中に埋まっているという噂だ．聖櫃を見つけるために，インディ・ジョーンズは「魂の井戸」と呼ばれる秘密の部屋を見つけなくてはならない．部屋の場所はタニスの模型で見つけることができ，その模型は地図の部屋にある．地図の部屋の特定の場所に特別な金の円盤を置くことで，日光がタニスの模型の中の「魂の井戸」の場所に集められ，「魂の井戸」の見つかる場所が明らかになる．金の円盤はもともとインディ・ジョーンズの前の教師で相談相手でもあるレイヴンウッド教授のものだったが，後に娘のマリオン・レイヴンウッドに与えられた．したがって聖櫃を見つけるために，インディ・ジョーンズは次のようないくつかの作業をしなくてはならない．

- 「魂の泉」の場所を特定する（泉）
- 地図の部屋を見つける（地図）
- 金の円盤を手に入れる（円盤）
- 円盤を使って日光を集める（日光）

- 金の円盤の所有者を見つける（マリオン）

これらの作業に加えて，インディ・ジョーンズは様々な土地を旅しなくてはならない．マリオン・レイヴンウッドを見つけるためにネパールへ行き，それから聖櫃が「魂の泉」に隠されているエジプトの都市タニスへ行く．

この作業一式に対して正しい順序を見つけるのは難しくない．計算の観点で興味深い疑問は，問題を解くのにどんな異なるアルゴリズムが存在して，それらのアルゴリズムの実行時間がどうなるかということだ．順序を並び替えるよういわれたときに多くの人がとるであろうアプローチが2つある．どちらも未ソートのリストで始めて，リストがソートされるまで要素の移動を繰り返す．2つの方法の違いは，未ソートのリストからソート済みのリストへ要素をどう移動するか説明すると，最もよくわかる．

図6.1に示した最初の方法では，未ソートのリストから最小の要素を見つけて，ソート済みのリストに追加することを繰り返す．行動を比較するために，他の行動よりも先にくる行動を小さいものと考える．結果として，最も小さい行動が，他のどの行動よりも先にくることになる．最初はどの要素もまだ処理されていないので，ソート済みリストは空だ．最初の作業はネパールに行くことなので，ネパールは最小の要素，つまり最初に選択してソート済みリストに加える要素となる．次のステップは円盤の前にくるもの見つけること，つまりマリオンを見つけることだ．次にインディ・ジョーンズは円盤を手に入れ，タニスに行き，地図の部屋を発見し，これは図6.1の最後から2番目の行にあたる．最後にインディ・

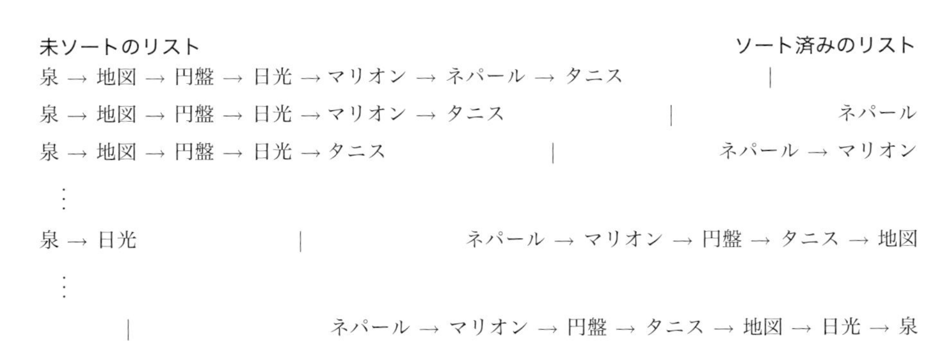

図6.1　選択ソートは未ソートのリスト（**縦線の左**）から最小の要素を取り出して，ソート済みのリスト（**右**）に追加するということを繰り返す．要素は名前順ではなく，表現する作業の依存関係に従ってソートされる．

ジョーンズは，円盤を使って日光を集めて，「魂の泉」の場所を明らかにし，そこで聖櫃を見つける．結果として得られるソート済みリストは，インディ・ジョーンズの冒険の計画を表現している．

図に示したように，アルゴリズムは未ソートのリストが空になった時点で終わる．その場合，すべての要素がソート済みリストに移動しているからだ．このソートアルゴリズムは，未ソートのリストから繰り返し要素を選択するので，**選択ソート**と呼ばれる．この方法は他のやり方でも同じようにうまいくことに注意してほしい．つまり，**最大**の要素を見つけてソート済みリストの**先頭**に追加することを繰り返してもよい．

これは自明に思えるかもしれないが，リストの中から最初の要素を見つけるのに実際はどうするだろう？ 単純な方法は最初の要素の値を覚えておいて，2つ目，3つ目，その次と，より小さい要素が見つかるまで比べていくことだ．この場合，その要素の値をとっておいて，リストの最後に着くまで比較と最小値の記憶を続けることになる．この方法は最悪の場合，リストの長さに対して線形時間かかる．最小の要素はリストの最後にあるかもしれないからだ．

選択ソートにかかる労力の大半は，未ソートのリストから最小の要素を取り出すことに使われる．未ソートのリストは各ステップで1要素ずつ縮んでいくが，ソートアルゴリズム全体での実行時間はまだ2次だ．平均するとリストの半分の要素を走査しなくてはならないからだ．第2章でヘンゼルが次の石を家から取ってくるアルゴリズムを分析するときに，同じパターンが出てきた．最初の n 個の数の和は，n の2乗に比例する[3]．

別のよくあるソート方法は，未ソートのリストから任意の（ふつうは最初の）要素をとり，ソート済みのリストの正しい位置に置くというものだ．挿入したい要素より**小さい**要素の中で一番大きい要素の**後に**，新しい要素を挿入する．言い換えると，挿入のステップでは挿入したい要素の前にくる最後の要素を見つけるために，ソート済みのリストを走査する．

この方法にかかる労力は，要素の選択ではなく挿入に使われるので，この方法には**挿入ソート**という名前がついている（図6.2）．挿入ソートはトランプで遊ぶ多くの人が好きなソート方法だ．配られたカードの山を前にして，一つひとつカードを取って，すでにソートされた手の中に挿入していく．

---

[3] より正確には，$1+2+3+\cdots+n=\frac{1}{2}n^2+\frac{1}{2}n$．

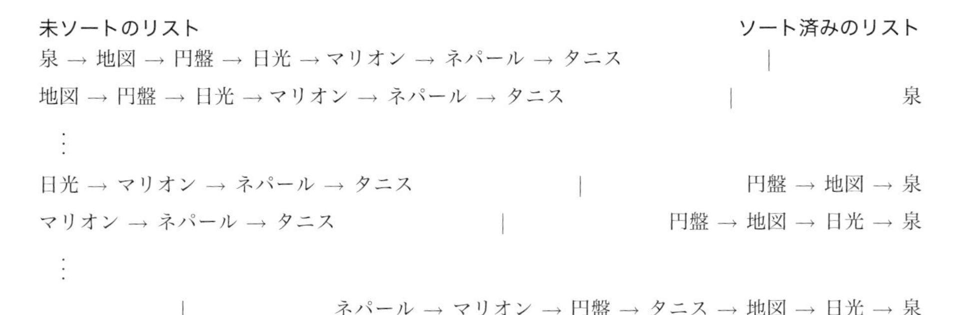

図6.2　挿入ソートは未ソートのリスト（縦線の左）から次の要素を取り出して，ソート済みのリスト（右）に挿入するということを繰り返す．

挿入ソートと選択ソートの違いは，日光の要素を未ソートのリストからソート済みのリストへ移動するときに，一番よくわかる．図6.2に示すように，未ソートのリストからは単純に要素を削除し，何の探索もしない．そしてソート済みのリストに挿入するときには，リストを走査して地図と泉の間の正しい場所を見つける．

この例は，2つのアルゴリズムの実行時間の微妙な差異も明らかにしている．選択ソートは，選択した要素それぞれに対して2つのリストの一方を完全に走査しなくてはならないが，挿入ソートは，挿入する要素が2つ目のリストにある要素すべてよりも大きい場合のみ完全に走査すればよい．最悪の場合，ソートするリストが初めからソートされているときは，どの要素もソート済みリストの最後に挿入される．この場合，挿入ソートは選択ソートと同じ実行時間になる．それに対してリストが逆順にソートされているとき，つまり大きい要素から小さい要素という順で並んでいるとき，どの要素もソート済みリストの最初に挿入され，挿入ソートの実行時間は線形になる．挿入ソートの実行時間は平均するとやはり2次になることを示せる．挿入ソートはいくつかの場合で選択ソートよりずっと速く，選択ソートより遅くなることはない．

なぜ，どちらも同じように操作しているのに，挿入ソートは選択ソートよりもよい実行時間になることがあるのだろうか？ 鍵となる違いは，挿入ソートが自身の計算結果を利用していることだ．新しい要素はすでにソートされたリストに挿入されるので，挿入のときにリスト全体を走査する必要がない．それに対して選択ソートでは，常にソート済みのリストに追加していき，また選択処理でソートの結果を利用できないので，常に未ソートのリスト全体を見なくてはならない．この比較は，**再利用**という計算機科学の重要な設計原則を示している．

効率性を別にすると，2つのソート方法は，行動を並べて計画にする問題にどれだけ適しているか違いがあるのだろうか？ どちらの方法も理想的ではない．この例の問題の難しさはソートの処理ではなく，どの行動が他の行動の前にくるか決定することだからだ．要素の正確な順序に不確かなところがあれば，選択ソートの魅力は薄れてしまう．一番最初のステップで，他のどの要素よりも小さな要素を仮決めしなくてはならないからだ．それに比べて挿入ソートは，最初のステップで何も比較することなく任意の要素を選び，要素が1つだけのソート済みリストを作ることができる．けれどもその後のステップで，選択した要素それぞれを，どんどん増えていくソート済みリストの要素と比較して，正しい場所を見つけなくてはならない．最初は選択ソートよりも挿入ソートのほうが難しい比較が少なくても，いずれアルゴリズムがまだできない決定を迫るかもしれない．どの要素を比較するかもっと制御できるような方法はあるだろうか？

6.2　好きなように分けて

うれしいことに，ソート方法によっては難しい決定を後回しにして簡単なものから始めることができる．インディ・ジョーンズが「失われたアーク〈聖櫃〉」を見つける計画の場合，たとえば「魂の泉」や地図の部屋がタニスにあるのは明らかなので，この2つの場所に関する行動はタニスに行くというステップの後になり，その他はすべて行く前になる．

リストの要素を**ピボット**と呼ばれるある要素の，前にくるものと後にくるものに分けることで，1つの未ソートのリストを2つの未ソートのリストに分けた．ここから何を得られただろうか？ 何もソートされていないが，2つの重要な目的を達成している．まず，1つの長いリストをソートするという問題を，2つの短いリストをソートするという問題に分割したことだ．問題を単純化することは，問題を解決するための重要なステップになることが多い．それから，2つの部分問題が解けたら，つまり2つの未ソートのリストがソートされたら，単純に連結して1つのソート済みリストが得られる．言い換えると，部分問題に分解することで，2つの部分問題から全体の問題の解を作る手助けをしている．

これが未ソートのリストを2つ作った結果だ．タニスより小さい要素のリスト

泉 → 地図 → 円盤 → 日光 → マリオン → ネパール → タニス

円盤 → マリオン → ネパール | タニス | 泉 → 地図 → 日光

ネパール → マリオン → 円盤 | タニス | 地図 → 日光 → 泉

ネパール → マリオン → 円盤 → タニス → 地図 → 日光 → 泉

図6.3　クイックソートはリストを，選択されたピボット要素よりも小さい要素と大きい要素，2つの部分リストに分割する．それからそれら2つのリストをソートし，それぞれ結果をピボット要素とともに連結し，最終的なソート済みリストを作る．

にSというラベルをつけて，タニスより大きい要素のリストにLというラベルをつけよう．Sのすべての要素はLのすべての要素より小さいことがわかる（だがSとLはまだソートされていない）．リストSとLがソートされたら，SとタニスとLを連結してできたリストもソート済みである．だから最後の作業はリストSとLをソートすることだ．それができたら，単純に結果を連結できる．この小さいリストをどうソートしたらよいだろうか？ どんな方法でも好きなものを選べる．分割して結合する方法を再帰的に適用してもいいし，リストが十分に小さければ単純な方法，たとえば選択ソートや挿入ソートを使ってもいい．

1960年，イギリスの計算機科学者トニー・ホーア（正式にはチャールズ・アントニー・リチャード・ホーア卿）は，**クイックソート**と呼ばれるソート方法を発明した．図6.3はクイックソートがどのように機能して，インディ・ジョーンズの「失われたアーク〈聖櫃〉」を見つける計画が生まれるかを示している．最初のステップで未ソートのリストはピボット要素，タニスによって2つのリストに分割される．次のステップでは，2つの未ソートのリストをソートしなくてはならない．どちらも3つの要素しかないので，どんなアルゴリズムでも簡単にソートできる．

説明のため，タニスより小さい要素の部分リストを，クイックソートを使ってソートしてみよう．ネパールを分割する要素として選ぶと，ネパールより大きい要素を集めて，円盤 → マリオン という未ソートのリストが得られる．同時に，ネパールより小さな要素のリストは空になり，これは明らかにソート済みだ．この2要素のリストをソートするためには，単純に2つの要素を比べて位置を入れ替えればよく，ソート済みのリスト マリオン → 円盤 が返ってくる．それから空のリスト，ネパール，マリオン → 円盤 を連結して，ソート済みの部分リスト ネパール → マリオン → 円盤 が得られる．他のどの要素をピボットとして選んでも同じようにソートできる．円盤を選んだら，ふたたび空リストとソートの必要な２要素のリストが得られるし，マリオンを選んだら，ソート済みの１要素のリストが２つ得られる．タニスより大きい要素の部分リストをソートするときも同様である．

いったん部分リストがソートされたら，タニスを中心に連結して最終結果が得られる．図6.3に示すように，クイックソートは驚くほど速く収束する．だがこれは常に成り立つだろうか？ クイックソートの実行時間は一般的にどのくらいか？ 最初のステップでピボットとしてタニスを選んだのは運がよかったように見える．タニスはリストを同じ大きさの２つのリストに分けるからだ．もしこの性質を持つピボットを常に選べれば，部分リストは常に半分になり，分割の深さは元のリストの長さの対数に比例することになる．この場合と一般的な場合のクイックソートの全体の実行時間について，これにより何がいえるだろうか？

最初の反復，１つのリストを２つに分割するところで線形の時間がかかる．リストのすべての要素を見なくてはならないからだ．次の反復で２つの部分リストを分割しなくてはならないが，ここでも線形の時間がかかる．２つのリストの要素の総数は元のリストより１少なく[4)]，どこで分割しようと，２つの部分リストの長さがどれだけであろうと，これは変わらないからだ．この構図は続き，どのレベルにも前のレベル以下の要素があり，分割には線形の時間がかかる．つまりそれぞれのレベルで線形の時間がかかり，クイックソートの実行時間は部分リストに分割するためのレベルの数に依存することがわかる．元のリストが１つの要素になるまで完全に分解されたら，これらの要素はすべて正しい順序であり，単純に連結して結果のソート済みリストが得られることが分割処理によって保証されている．これにもまた線形の時間がかかり，クイックソートの総実行時間はすべてのレベルの線形時間を足し合わせて与えられる．

最善の場合，それぞれの部分リストをだいたい半分に分割できたとき，対数のレベルが得られる．たとえば，100要素のリストは7レベルになるし，1,000要素のリストは10レベル，1,000,000のリストはたったの20レベルに完全に分解できる[5)]．全実行時間についていうと，1,000,000要素の場合，1,000,000要素のリストを線形に見ていくのはたった20回だけでよい．これにより実行時間は１

---

4) ピボットを除外しているので．

5) ２を底とする対数による．つまり，$2^7 = 128$ なので $\log_2 100 < 7$ になる．以下同様．

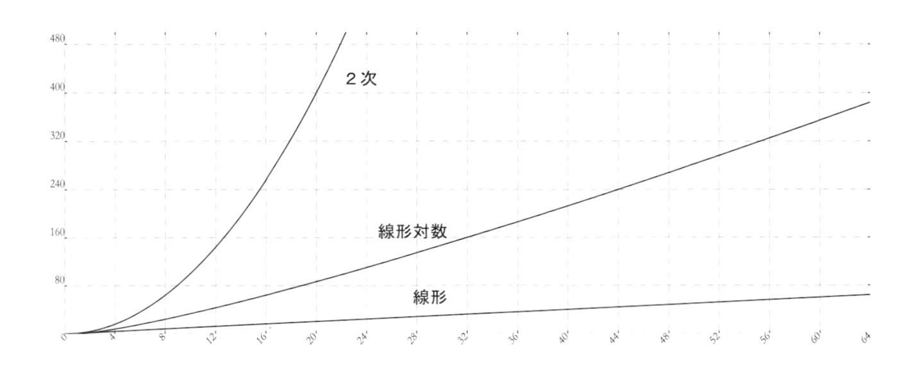

図 **6.4**　線形対数，線形，2次の実行時間の比較.

千万ステップくらいになり，2次の実行時間よりだいぶよい．2次だと1千億〜1兆ステップかかってしまう．このような実行時間の動き，実行時間が，入力の大きさと大きさの対数とをかけたものに比例して大きくなることを，**線形対数**という．これは線形の実行時間ほどよくはないが，2次の実行時間よりはだいぶいい(図6.4)．

クイックソートは最善の場合で線形対数の実行時間となる．だがよく考えずにピボットを選択すると，状況はだいぶ変わってくる．たとえばタニスの代わりにネパールを最初のピボットとして選ぶと，小さい要素の部分リストは空になり，大きい要素の部分リストにネパール以外のすべての要素が入る．それから次にマリオンをその部分リストのピボットに選ぶと同じ状況になり，一方のリストは空，他方のリストの要素数は分割前のリストと比べて1つしか減らない．この状況ではクイックソートは実質的に選択ソートと同じような動きになり，未ソートのリストから最小の要素を削除することを繰り返す．そして選択ソートのように，クイックソートもこの場合は2次の実行時間となる．クイックソートの効率性は，ピボットの選択にかかっている．もしいつも中央の要素を見つけられれば，分割処理で等しい長さに分割されたリストが返る．けれどもどうすればよいピボットを見つけられるだろう？ よいピボットを保証するのは簡単でないが，ランダムな要素や，最初と真ん中と最後の要素の中央値を使うと平均的にはうまく動く．

ピボットの重要性や影響は，境界の概念に密接に関係している．境界については，第5章で効率的な探索の本質を説明するのに利用した．探索における境界の役割は，探索空間を内側と外側に分割して内側をできるだけ小さくし，残りの探索を易しくすることだ．ソートにおいて，境界は，ソート空間を等しい部分に分割し，それぞれの部分のソートが分解を通じて十分に簡単になるようにしなくてはならない．したがって，ピボットの選択が悪いと，クイックソートの実行時間は劣化する．クイックソートは最悪の場合で2次の実行時間になるが，平均すると線形対数の実行時間なので，実用上の性能はよい．

6.3 最良のときはまだこれから

クイックソートよりさらに速いソート方法，たとえば最悪の場合でも線形対数時間など，よりよい実行時間で動作するアルゴリズムはあるだろうか？ ある．そのアルゴリズムは**マージソート**といって，ハンガリー出身のアメリカの数学者ジョン・フォン・ノイマンによって1945年に発明された[6]．マージソートは未ソートのリストを2つに分割して，クイックソートと同様，問題を小さな部分に分割して動作する．しかしマージソートはこのステップで要素を比較しない．ただリストを同じ長さの2つのリストに分けるだけだ．いったん2つの部分リストがソートされたら，2つのリストを並行に走査しながら一つひとつ要素を比較して，1つのリストに統合（マージ）できる．2つの部分リストの最初の要素を比較して小さいほうをとることを繰り返せば，これは動作する．どちらの部分リストもソート済みなので，統合されたリストもソート済みになることが保証される．けれども分割のステップでできた2つの部分リストはどうやってソートしたらいいだろう？ これは両方のリストにマージソートを再帰的に適用することで可能となる．マージソートを図6.5で説明している．

クイックソートやマージソートはコンピュータをプログラムするには素晴らしいアルゴリズムだが，人間の脳が助けなしに使うのは簡単でない．結構な量の帳簿が必要になるからだ．特に大きなリストだと，どちらのアルゴリズムも小さなリストがたくさん集まったものを更新しなくてはいけない可能性がある．クイックソートの場合は，リストを正しい順序で保持しなくてはならない．だからインディ・ジョーンズは，おそらく他の人と同様，リストが大きくなってもっと効率

[6] ジョン・フォン・ノイマンについておそらく計算機科学で最も知られている功績は，今日存在するコンピュータの大半がもとにしているコンピュータ・アーキテクチャを描いたことだ．

[1]　泉 → 地図 → 円盤 → 日光 → マリオン → ネパール → タニス
[2]　泉 → 地図 → 円盤 → 日光 | マリオン → ネパール → タニス
[3]　(泉 → 地図 | 円盤 → 日光) | (マリオン → ネパール | タニス)
[4]　((泉 | 地図) | (円盤 | 日光)) | ((マリオン | ネパール) | タニス))
[5]　(地図 → 泉 | 円盤 → 日光) | (ネパール → マリオン | タニス)
[6]　円盤 → 地図 → 日光 → 泉 | ネパール → マリオン → タニス
[7]　ネパール → マリオン → 円盤 → タニス → 地図 → 日光 → 泉

図 6.5　マージソートはリストを同じ大きさの2つの部分リストに分割し，それぞれソートして，ソートされた結果を1つのソート済みリストに統合する．括弧はリストを統合すべき順序を示している．4行目で分解が完了し，単一要素のリストだけが得られる．5行目で1要素のリストのペア3つがそれぞれ統合されてソート済みの2要素のリスト3つになり，6行目でこれらのリストはふたたび統合されて4要素のリスト1つと3要素のリスト1つになり，これらが最後のステップで統合されて最終結果になる．

的なアルゴリズムが必要にならない限りは，うまく要素を選んで何らかの挿入ソートを使おうとするだろう．たとえば大きな大学のクラスで教えるとき，答案を名前でソートするために私は**バケットソート**の変種を使う．答案を学生の名字の最初の文字によって異なる山（**バケット**と呼ばれる）に置き，それぞれのバケットは挿入ソートでソートする．すべての答案がバケットに置かれたら，バケットをアルファベット順に連結してソート済みリストを作る．バケットソートはカウンティングソート（後述する）に似ている．

一見したところ，マージソートはクイックソートよりも複雑に見える．これはクイックソートの説明で，ステップをいくつか省略していたからかもしれない．それでもどんどん長くなるリストを統合するのは非効率に見える．だがその直感は間違いだ．分割はシステマティックで，どのステップでもリストの長さを半分にするので，全体の実行時間性能はかなりよい．最悪の場合でもマージソートの実行時間は線形対数だ．これは次のことからわかる．まずリストは常に半分に分割されて，リストを分割する回数は対数だ．それから，それぞれのレベルで統合するのには線形の時間しかかからない．それぞれの要素を1回だけ処理すればいいからだ（図 6.5）．最後にそれぞれのレベルで統合は1回しか起こらないので，合わせて線形対数の実行時間を得る．

マージソートはクイックソートに若干似ている．特にどちらのアルゴリズムにもリストを分割する過程があり，その後それぞれの小さいリストを再帰的にソートするステップがあり，最後にソート済みの部分リストを長いソート済みリストに結合する過程がある．実際，クイックソートもマージソートも分割統治アルゴリズムの例であり，どちらも次の一般的な形式の実例である．

もし問題が些末なものであれば直接解く．そうでなければ
(1) 問題を部分問題に分解する．
(2) 部分問題を解く．
(3) 部分問題の解を結合して問題の解にする．

些末でない問題を解く場合を見ると，分割統治がどう動くかわかる．1つ目のステップは**分割**ステップで，問題の複雑度を低減している．2つ目のステップでは部分問題に対して手法を再帰的に適用している．得られた部分問題が十分に小さければ直接解けるし，そうでなければ直接解けるくらい小さくなるまで，さらに分解する．3つ目のステップは**統合**ステップで，部分問題の解から問題の解を組み立てている．

クイックソートは分割ステップでほとんどの仕事をしており，要素の比較はすべてそこで起こっている．2つのリストの要素がピボットで分割されていることを保証することで，統合ステップを単純なリストの連結にできる．それに対してマージソートの分割ステップは非常に単純で，まったく要素を比較していない．マージソートの仕事のほとんどは統合ステップで起きており，ソート済みリストがジッパーのように結合されている．

6.4 探究の終わり——これ以上のソートアルゴリズムはない，決して

マージソートはこれまで議論した中で最も効率のよいソート方法だが，さらに速くソートすることは可能だろうか？ 答えは，はい でもあり，いいえ でもある．一般的にはこれ以上速くソートすることはできないが，ソートする要素についてある前提を置けば改善できる．たとえばリストに1〜100の数しかないとわかっていれば，リストの中にあるであろう数それぞれに対して1つずつ，100セルの配列を作ることができる．このアプローチは，アルファベットの文字それぞれに一山用意したバケットソートに似ている．ここでは配列の各セルは特定の数を格納する山に対応している．配列のセルには1〜100のインデックスがついて

いる．インデックス i のセルは，リストの中に i が何回出てくるか数えるのに使う．最初に配列のそれぞれのセルに0を入れておく．ソートするリストにどの数があるかわからないからだ．それからリストを走査し，出会った各要素 i について，インデックス i のついたセルにある数を増やす．最後に配列をインデックスの昇順に走査して，それぞれのインデックスをそのセルのカウンターの数だけ結果のリストに追加する．たとえばソートしたいリストが4→2→5→4→2→6だったら，リストを走査した後に次の配列ができる．

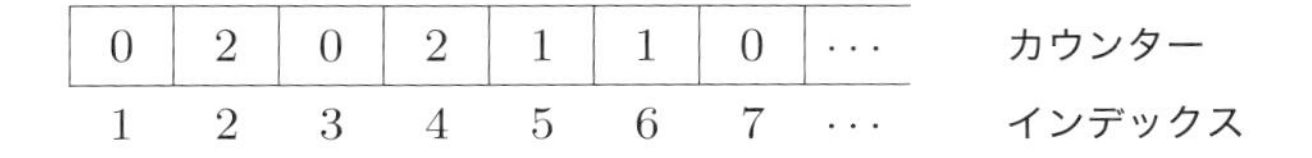

配列を走査することで，1はリストに出てこないことがわかるので，カウンターは0のままだ．したがって1は結果のソート済みリストには含まれない．それに対して2は2回出てくるのでリストに2回追加する，と続く．結果のリストは2→2→4→4→5→6になる．この方法は**カウンティングソート**と呼ばれる．ソートしたいリストに要素が何回出てくるかというカウンターを，配列で保持するからだ．カウンティングソートの実行時間は，リストと配列を走査するコストを合わせたものになる．どちらのステップもそれぞれのデータ構造（リストと配列）の大きさに対して線形なので，カウンティングソートはリストと配列の大きいほうのサイズに対して線形の時間で実行される．

カウンティングソートの欠点は，大量の空間を無駄にする可能性があることだ．例ではインデックス7〜100のセルはどれも決して使われない．さらにカウンティングソートが動作するのは，要素を配列のインデックスとして利用でき，かつリストの要素の範囲がわかっていて大きすぎないときだけだ．たとえば名前のリストを，カウンティングソートを使ってソートすることはできない．名前は文字列でできていて，配列のインデックスには使えないからだ[7)]．文字列のリストには別の特別なソートアルゴリズムがある．たとえばデータ構造のトライ木（第5章を参照）は文字列のリストをソートするのに使えるが，そういった方法にはソートしたい要素について別の前提が必要となる．

7) これは配列の隣り合うインデックスとして使われるどんな2つの名前の間にも，他の名前が無限に存在するからだ．インデックス「aaa」の次が「aab」だと決めたとすると，「aaaa」，「aaab」，「aaaaa」その他の無限に多くの文字列は，配列のインデックスとして現れず，数えることができない．

6.5　このうえなく素晴らしい（恋愛小説家）

データの特別な性質を使わない限り，マージソートより早くソートすることはできない．この事実は最初，残念なものに見えるかもしれないが，よい知らせでもある．可能な限り速いアルゴリズムを見つけたことを保証してくれるからだ．言い換えると，ソートの問題に対してマージソートは可能な範囲で最高の解決策だということだ．したがってマージソートは**最適な**アルゴリズムだ．計算機科学の研究者は問題は解決されたと考えて，他の問題を解決することに時間とエネルギーを使うことができる．

マージソートが最適であることについて，互いに関連する，だが独立な事実が2つある．マージソートは線形対数の実行時間であることと，一般的な場合に対応したソートアルゴリズムはどれも少なくとも線形対数の実行時間がかかることである．マージソートが最適であるという結論を正当化するのはこの2つ目の部分であり，ついでにいうと，最悪の場合に線形対数の実行時間を持つ他のソートアルゴリズムはどれも最適だということになる．アルゴリズムとデータ構造を設計するときの究極の目標は，問題に対して最適なアルゴリズム，つまり，最悪の場合の実行時間複雑性が解くべき問題の本来の複雑性と一致するようなアルゴリズムを見つけることだ．そういうアルゴリズムはその問題に対する「聖杯」だと考えられる．そして『最後の聖戦』のインディ・ジョーンズのように，ジョン・フォン・ノイマンはソートの「聖杯」であるマージソートを見出した[8]．

アルゴリズムの実行時間と問題の複雑性を区別することは重要だ．後者は，正しい解法は**少なくとも**それだけのステップ数がかかることをいっている．それに対してアルゴリズムの実行時間は，特定のアルゴリズムが**多くとも**それだけのステップ数で完了することをいっている．問題の最小の複雑性についての宣言は，問題の**下限**と呼ばれる．下限は，問題を解くのにどれだけの仕事が必要かという見積もりを与え，それにより問題の本質的な複雑性を明らかにする．これは2点間の地理的な距離に似ていて，2点間の距離はそれらの点を結ぶすべての経路の下限になる．そういった経路はどれも障害物のせいで距離より長くなり，短くなることはない．ソートの下限やソートアルゴリズムの関連する制限について人が失望を覚えるかもしれないのは，ソートの問題についてこの知識が与える深い洞

[8] もしくは「聖杯」の少なくとも1つ．最適なアルゴリズムは複数ありうるので．

察の埋め合わせに違いない．これを他の原理からくる似た結論と比べてみよう．たとえば物理学では，光より早く移動できないことや，何もないところからエネルギーを生み出せないことが知られている．

けれどもどうしてソートの下限について，これだけ確信が持てるのだろうか？もしかしたら実際に線形対数時間よりも速く動作するような，まだ誰も考えたことのないアルゴリズムがあるかもしれない．そうでないことを証明するのは簡単ではない．すでに存在するものや，まだ発明されていないものも含めて，どんなアルゴリズムについても実行するのに最小のステップ数かかることを示さなくてはならないからだ．ソートの下限についての議論では，特定の長さのありうるリストの数を数えて[9]，ソート済みのリストを同定するために必要な比較回数が線形対数であることを示す[10]．どのアルゴリズムもこの最小回数の比較をする必要があるので，どのアルゴリズムも最低でも線形対数のステップ数かかることになり，下限の証明となる．

アルゴリズムの実行時間や下限についての推論は，アルゴリズムを実行する計算機の能力について前提を置くことになる．たとえばよくある前提は，アルゴリズムのステップは順番に実行され，一計算ステップを実行するのに一単位時間かかるというものだ．この前提は，この章で議論したソートアルゴリズムの分析の根底にもある．だが比較を並列に実行できるという前提があると，分析は変わってきて，実行時間や下限について異なる結果が得られる．

6.6　計算の保存

インディ・ジョーンズは，冒険に出かけるためにだいぶ最適化されているように見える．いつも帽子と鞭を旅行鞄に入れているのだ．けれども冒険にアプローチするにあたって，すべてのステップを含む包括的な計画を作る代わりに，必要になった時点で次のステップを決めることもできる．事前に計画することと今を生きること，どちらのアプローチにもそれぞれの利点と欠点がある．北極への旅

---

[9] 長さ n の（異なる要素から成る）ありうるすべてリストは次のように作ることができる．n 個の要素のどれかを先頭に置く．それから残りの $n-1$ 個の要素のどれかを2番目に置き，同じように続ける．合わせると $n \times (n-1) \times \cdots \times 2 \times 1 = n!$ 通りになり，長さ n の異なるリストが $n!$ 個できる．

[10] k 回以下の比較操作をするアルゴリズムは，2^k 通りの場合分けができる．したがって長さ n のリストのすべての可能性に対応するためには，$2^k \geq n!$ もしくは $k \geq \log_2(n!)$ となる必要がある．これより $k \geq n \log_2 n$ が示せて，線形対数の下限が得られる．

にはアマゾンへの旅とは違った服や装備が必要になる．ここでは事前の計画がよい考えのように見える．一方で環境を変えると事前の計画が陳腐化し，計画の労力が無駄になる可能性がある．特に冒険の中では予期しないことが起こるかもしれず，そんなときは想定と異なる行動を求められることが多い．

もし「失われたアーク〈聖櫃〉」を見つけるインディ・ジョーンズの戦略が，必要になった都度決めるというものだった場合，間違いなく選択ソートを実行して，実行すべき残された行動の中から最小の要素を常に探索するだろう．**最小の**という言葉は，ここでは「他のすべての行動よりも先にこなくてはならない」ということを意味するからだ．すでに議論したように，選択ソートは2次のアルゴリズムなので，これはあまり効率的ではない．もしインディが事前に計画を立てるなら，マージソートのような線形対数のソートアルゴリズムを使うことで，ずっとうまくやれるだろう．このように事前に情報を計算する戦略は**事前計算**と呼ばれる．「失われたアーク〈聖櫃〉」を見つける計画の場合，事前計算される情報は個別のステップを集めたものではなく，正しい順序に各ステップを並べたものだ．

順序の情報はソート済みリストに保存されている．事前計算の肝となる見方は，計算に労力を費やすのは1回で，計算された結果は後で使われるということだ．事前計算された結果は，データ構造――この場合はソート済みリストに保存される．このソート済みリストは，ソートを通して充電される計算的な電池のように振る舞う．ソート済みのリストを構築するのにアルゴリズムが費やす実行時間は，データ構造の電池を充電するのに使われるエネルギーに相当する．このエネルギーは，たとえば次の最小の要素を見つけるといった計算を動かす電力として使われる．ここでは，電力の供給は高速化を意味する．ソート済みリストという電池がなければ，次の最初の要素を見つけるには線形の時間がかかる．電池があれば，定数時間しかかからない．

一部のやり方は，他のやり方よりも効率よくデータ構造という電池を充電できる．これはソートアルゴリズムが変わると実行時間が変わることからわかる．たとえば挿入ソートはマージソートほど効率的ではない．またマージソートが最適なソートアルゴリズムであるという事実は，ソート済みリストという電池を充電するのに最も効率的な方法が存在するということを意味する．実際の電池がエネルギーを一度しか使えないのとは違い，データ構造という電池には素晴らしい性質があり，一度充電すればまったく再充電しなくても繰り返し放電できる．この特徴は，事前計算を支持する重要なポイントである．データ構造を繰り返し利用することが期待できる状況は，事前計算に労力を費やす強い動機を生む．何度も使うことでコストを償却できるからだ．一方で，データ構造の電池が正しく動作するには完全に充電しなくてはならない．不完全にソートされたリストは，最小の要素が先頭にあることを保証せず誤った結果を返すことがあるので，十分ではない．本質的にはデータ構造の電池には2つの状態があることを，これは意味している．完全に充電されていて役に立つか，そうでないかだ．

事前計算は素晴らしい考えのように見える――冬に備えて木の実を集めるリスのようだ．けれども事前計算の労力が見合うかどうか，はっきりしないような状況も多くある．早く行動することが利益になる環境も多いが，それは保証されていないし，実際に後から不利益になるとわかることもある．航空券を早く買ったり払い戻し不可の料金でホテルの部屋を予約したりした場合，それは得な買い物かもしれないが，もし病気になって旅行できなくなったら，購入を待てば持っていたはずのお金を失うことになる．

このような場合，未来の不確実性から，早く行動することもしくは事前計算の価値には疑問が投げかけられる．事前計算の利益は未来の出来事の特定の結果に依存するので，事前計算は，未来を確実に見通せるというどちらかというと楽観的な計算の姿勢を反映している．けれども未来に懐疑的だった場合はどうなるだろう？ 納税申告書を早めに提出するのはマゾヒストだと思う人もいるかもしれない．IRS（アメリカ合衆国内国際入庁）がいつ何時解体されるかもしれないし，自分が先に死ぬかもしれないから，いつも4月14日まで申告を遅らせる．けれどもベン・フランクリンのように，税は死と同じくらい確かだと確信しているなら，事前計算をするのが堅実なことに見えるかもしれない．

未来に対して懐疑的な姿勢だと，スケジュールの計算で根本的に異なる戦略が必要となる．つまりコストのかかる操作をできるだけ遅らせて，どうしても回避できなくなるまで待つという戦略だ．希望もしくは期待しているのは，何かが起こってコストのかかる計算の意味がなくなり，実行時間（や潜在的にはその他のリソース）を節約することだ．実生活ではこうした振る舞いは先延ばしと呼ばれ，計算機科学では**遅延評価**と呼ばれる．遅延評価によって，計算で得られたはずの情報が不要になったときはいつでも，計算の労力を節約することができる．インディ・ジョーンズの冒険の場合は，予期せぬ出来事や複雑な事態のせいで，しょっちゅう最初の計画を変更したり破棄したりしなくてはならない．そういった場合，計画を作成するのにかかった労力はすべて無駄になるので，最初に何も計画しないことでその労力を節約できる．

事前計算信者のモットーは「今日の一針，明日の十針」や「早起きは三文の徳」で，遅延評価のチャンピオンは「そうだね，でもチーズを手に入れるのは2匹目のネズミだ」と答えるだろう．遅延評価は労力を無駄にしないことを保証するので魅力的に見えるが，実行が不可避になったときに問題となるのは，事前計算よりも長い時間かかる場合，あるいはもっと悪いことに，使える時間よりも長くかかる場合だ．特に，遅延された処理が同時に実行されると，深刻なリソース問題になりうる．したがって全体としてより賢い戦略は，作業を時間とともに均等に分散させることだ．これによって事前計算の労力がいくらか無駄になるかもしれないが，遅延評価戦略がもたらす危機は回避できる．

昼食をとる

今日は水曜日で，同僚と昼食に出かける日だ．新しいイタリアンレストランを試してみることにするが，着いてみると店のクレジットカードリーダーが壊れていて，今日は現金しか使えないとわかる．注文する前に，みんなで現金をいくら持っているか確かめる．注文の段になると，料理を選ぶ（前菜，主菜，付け合わせ，飲み物）という問題が出てきて，参加者全員のお腹を満たし，みなの好みにできるだけ合わせ，しかも手持ちの現金の制限を超えないようにしなくてはならない．もちろん十分なお金があれば，どのメニューを選んでも問題にならないが，昨今それは必ずしも確実な前提ではない．デビットカードやクレジットカード，スマートフォンで支払えることを期待して，ほとんどの人が現金を持ち歩かないからだ．

どうやって注文するメニューを選ぼうか？ みなが頼みたいものから始めるかもしれない．予算に合えば，問題は解決だ．けれども合計金額が手持ちの現金を超えてしまったらどうするか？ その場合，もっと安い代わりのメニューを頼んだり前菜や飲み物の注文を止めたりして，合計が予算内に収まるように提案するかもしれない．このアプローチは，全員の好みに基づいてそれぞれの料理の総合的な価値を決められるかどうかにかかっている．ここで価値というのは，参加者が特定の料理を選んだときの満足度の組み合わせを意味する．

これはおそらく簡単なことではないが，料理の価値を決められると仮定しよう．すると目標は，合計金額が現金の制限を超えず，満足度という価値を最大化するような注文を見つけることだ．そのためには，順々に価値を費用へと交換していくのがよい戦略のように思える．だが，この戦略は見た目ほど単純ではない．仮にボブが飲み物を頼まないほうが，アリスが前菜を諦めるよりよいとしても，それで全体の価値が上がるかどうかは明確ではない．アリスの前菜がボブの飲み物よりも高ければ，その分でキャロルが３番目に好きな主菜ではなく２番目に好きな主菜を食べられるかもしれないからだ．ボブとキャロルが２人とも好きなものを頼めるほうが，アリスが満足することよりも価値があるかもしれない．細かく見ていくと，どの注文を変更するべきかは明確ではない．

この，限られた予算でいくつかのものを選ぶという問題には，他の多くの状況でも遭遇する．たとえば休みの計画でお金のかかる，あるいはかからないイベントを選んだり，旅行のオプションを選んだり，新しい車をどうアップグレードするか選んだり，ガジェットを選んだりするときだ．そう見えないかもしれないが，この問題は一般的に驚くほど難しい．この問題を解くアルゴリズムはどれも，選択するものの数の指数に比例する．たとえば，ありうる昼食の選び方すべてを，10cm 四方の小さなナプキンに10通りずつ書き下すことを考えてみよう．それぞれの人が10個のメニューの中で1〜4個を選ぶとすると（これは各人に385通りのメニューの選択肢があることになる），7人で昼食をとる場合，すべての可能性を書くためには地球の表面を2回覆えるだけのナプキンが必要になる．

昼食を選ぶ問題には2つの特徴がある．(1) 考慮すべき可能性が急激に増え，(2) 既知のアルゴリズムはすべてもしくは大半の可能性を考慮して初めて機能する．このような問題は**手に負えない**（イントラクタブル）と呼ばれる．とても単純な場合を除けば，アルゴリズムは時間がかかりすぎて実用に耐えないからだ．

けれどもだからといって，昼食を注文したり，休みの計画を立てたり，楽しみながら何かを選んだりするのを止めたりはできない．そこで**近似アルゴリズム**を使って，問題の厳密な解ではなく十分に近い解を効率よく計算する．たとえば昼食の問題に対するとても単純な近似は，予算を参加者全員に分割して，各々がそれに合った選び方を見つけることだ．

最適な選び方を見つける難しさも利用できる．保険会社は，顧客が最適な選択肢を見つけるのが難しいくらい圧倒的に多くの選択肢を提案して，会社の収益を上げることができる．

7 ミッション・イントラクタブル

前章で議論したアルゴリズムの実行時間には幅があった．たとえば未ソートのリストから最小の要素を見つけるには線形時間かかるが，ソート済みのリストであれば定数時間しかかからない．同じように未ソートのリストから特定の要素を見つけるには線形時間かかるが，ソート済みの配列や平衡二分探索木であれば対数時間でできる．どちらの場合も，事前計算されソートされたデータ構造が違いを生んでいる．けれどもアルゴリズムが変われば，同じ入力でも実行時間は変わる．たとえば選択ソートは２次のアルゴリズムだが，マージソートは線形対数の実行時間だ．

２次の実行時間のアルゴリズムは遅すぎて実用上は役に立たない．アメリカの3億人の住民の名前をソートする作業を考えてみよう．１秒あたり10億回操作できるコンピュータで実行すると，選択ソートは９千万秒，およそ２年と10ヵ月かかり，ちょっと実現は難しい．それに対して線形対数のマージソートは同じ作業を10秒未満で終える．けれどもほどほどの大きさの入力を扱うときは，あまり実行時間複雑性を気にしなくてよいかもしれない．特にコンピュータは年々早くなっているからだ．

似た例として，様々な移動の問題に対して移動手段にどれくらい幅があるかを考えてみよう．たとえば会社に行くには，自転車に乗っても，バスに乗っても，車を運転してもいい．大西洋を横断するには，これらの手段はどれも役に立たず，クルーズ船か飛行機に乗らなくてはならない．原理的にはカヤックで大西洋を渡ることもできるが，実際にそうするための時間（や他のリソース）を考えると事実上ほぼ不可能だ．

同じように計算の問題にも，原理的には解があるが，時間がかかりすぎて実際に計算できないものがある．この章ではそういった例を議論する．ここでは（これまでのところ）**指数実行時間**のアルゴリズム，つまり入力の大きさの指数に従って実行時間が増えるアルゴリズムでしか解けない問題を提示する．指数実行時間のアルゴリズムは，ごくごく小さい入力を除くと現実的には利用できないため，問題の下限やもっと速いアルゴリズムが存在するかという疑問が特に重要になる．この疑問が核となっているのがP＝NP問題，計算機科学の有名な未解決問題だ．

ソートの場合のように，計算機科学の制約についての結果は一見残念なものに見えるかもしれないが，必ずしもそうではない．特定の問題について効率よいアルゴリズムを開発できなくても，そういう問題について諦める必要はまったくない．特にそういう問題に対しては，厳密ではなくても十分な解を計算する**近似アルゴリズム**を考案することができる．さらに，特定の問題が実質的に解けないという事実は，他の問題を解くのに使われることがある．

大きな入力は2次のアルゴリズムと線形対数のアルゴリズムとの違いを明らかにするが，2次のアルゴリズムも小さな入力に対してはうまくいく．たとえば10,000要素のリストを選択ソートでソートするのにかかる時間は，1秒間に10億回操作できるコンピュータなら10分の1秒だ．この場合の実行時間はほとんど気づかないくらいだが，リストの大きさが10倍になると，アルゴリズムの実行時間は100倍になる．したがって100,000要素のリストをソートする時間は10秒に増える．特に利用者がシステムを操作していてすぐに応答が返ってくることを期待している場合，これはもう許容できないかもしれない．だが次世代のコンピュータでは状況が改善されて，アルゴリズムはまた使えるようになるかもしれない．技術の進歩が十分あれば，2次のアルゴリズムの限界を押し上げる可能性がある．残念ながら指数実行時間のアルゴリズムを使えるようにするうえでは，このような効果に頼ることはできない．

7.1　秤を傾ける

『レイダース/失われたアーク〈聖櫃〉』の冒頭で，インディ・ジョーンズは調査旅行の目的である貴重な金の像を探して洞窟を探検する．像は天秤の上に載っていて，像を取り除くと，死を招く一連の罠が動き出すようになっている．像を守る仕掛けを回避するために，インディ・ジョーンズは同じくらいの重さのはずの砂袋で像を置き替える．だが，あぁ，袋は重すぎて罠が動き出し，死の洞窟からの目を見張る脱出劇が始まる．

インディ・ジョーンズが像の正確な重さを知っていたら，袋にぴったりの量の砂を詰めることができて，洞窟からの脱出はあまりドラマチックなものにはならなかっただろう．けれどもインディ・ジョーンズは秤を持ち歩いてはいなかっただろうから，他の方法で重さを量る必要がある．幸運なことに，天秤を作るのはそれほど難しくない．基本的に必要なのは棒だけだ．一方の端に砂袋をつけ，もう一方に正確な重りをつけて，棒がつりあうまで砂袋に砂を詰める．インディ・ジョーンズが像とぴったり同じ重さのものを持っていないとすると，ものを集めて重さを近似しなくてはならない．これはそれほど難しい問題のようには思えない．もし像の重さを，そう，42オンス（だいたい2.6ポンド，もしくは1.2kg）と見積もって，重さがそれぞれ5，8，9，11，13，15オンスの6つのものを持っているなら，いくつかの組み合わせを試した後に5，9，13，15オンスのものを足し合わせれば，42オンスになることを見つけるだろう．

けれどもいくつかの組み合わせを試すというアプローチは正確にはどういう動きになって，どのくらいの時間がかかるだろう？ 例では，一番重いものでも像の重さの半分に満たないので，像の重さにするには少なくとも3つのものが必要だということになる．だがどの3つのものを使えばいいかも，4つ目や5つ目が必要になるかも，すぐにはわからない．しかもアルゴリズムはどんな状況でも動く必要があり，だから目標の重さと同じようにものの数や重さが変わっても，入力として扱える必要がある．

重さの問題を解く素直な方法は，ものの組み合わせをシステマティックにすべて作り出し，それぞれの組み合わせについて重さの合計が目標の重さと等しいかどうかチェックする方法だ．この戦略は**生成検査**とも呼ばれ，次の2つのステップを繰り返し実行することで成り立っている．(1) 解の候補を**生成**し，(2) 解の候補が実際に解であるかを**検査**する．この場合，生成のステップではものの組み合わせを作り出し，検査のステップでは重さを足して目標の重さと比べる．生成のステップをシステマティックに繰り返し，すべての場合を網羅することが重要で，そうでないとアルゴリズムは解を見逃してしまうかもしれない．

生成検査法の実行時間は，ものの組み合わせをどれだけの数作らなくてはならないかに依存する．組み合わせがいくつ存在するか理解するために，利用できるものすべてから，ある特定の組み合わせがどうやって作られるか考えてみよう．そこで，5と9と11のような任意の組み合わせを考える．利用できるものどれについても，この特定の組み合わせに含まれるかどうかを聞くことができる．たとえば5は含まれるが8は含まれない．9と11は含まれるが13と15は含まれない．言い換えると，それぞれの要素を含めるかどうか決めることでどんな組み合わせも作ることができて，それぞれの決定は互いに独立している．

組み合わせを作る過程は，質問票を埋めていく過程と比較することができる．質問票には利用できるものがすべて載っていて，それぞれ隣にチェックボックスがある．1つの組み合わせは，選んだもののボックスがチェックされている質問票に対応する．だから組み合わせの数は質問票の埋め方の数と一致する．ここでそれぞれのボックスをチェックするかどうかは，他のボックスとは無関係に決められることがわかる．

したがって，選択肢の数はあるものを選ぶかどうか（ボックスをチェックするかどうかと等価）という2通りだが，これをかけ合わせると可能な組み合わせの数になる．インディ・ジョーンズは6個のものから選べるので，組み合わせの数は2を6回かけたもの，つまり $2 \times 2 \times 2 \times 2 \times 2 \times 2 = 2^6 = 64$ になる[1]．生成検査アルゴリズムはそれぞれの組み合わせを検査する必要があるので，実行時間は少なくとも同じ比率で増えていく．1つの組み合わせを検査するには，すべての重さを足し合わせて目標の重さと比較する必要があるので，実際にはもっとたくさんの時間がかかる．

7.2 実行時間が爆発するとき

64個の組み合わせはそれほど問題ではないように見えるが，アルゴリズムの

1) これには空の組み合わせも含まれており，これは重さが0であるときの解である．この例では重要でないが，一般的には1つの可能性だ．空の集合を除いても，組み合わせの数が利用できるものの数の指数になるという事実は変わらない．

実行時間について重要な観点は，入力が大きくなったときにどれだけ速く増えるかということだ．第2章で説明したようにアルゴリズムの実行時間は，絶対時間よりも増加率で計測する．そのほうが特定の問題例や計算機の性能特性の影響を受けず，より一般的な特性がわかるからだ．

後者の観点は，実行時間が悪いアルゴリズムを使う言い訳にされることがある．こんな主張だ．「たしかに，このアルゴリズムが終わるのに数分かかることは知っているけれど，新しくて速いコンピュータができるのを待ちなよ．そうしたらこの問題は解決だ」．この主張に，いくらかの妥当性はある．コンピュータの速度は18ヵ月で2倍になると，ムーアの法則はいっている[2)]．

コンピュータの速度が2倍になると，2次のアルゴリズムは1.4倍大きい入力を扱えるようになる[3)]．指数実行時間のアルゴリズムだとどうなるか考えてみよう．実行時間が2倍を超えないようにするには，入力をどれだけ増やしたらいいだろう？ このアルゴリズムの実行時間が倍になるのは入力が1増えたときなので，このアルゴリズムは追加の要素をもう1つだけ扱えることになる．言い換えると，入力の要素を1つだけ多く処理できるようにするために，コンピュータの速度を倍にする必要があるということだ．

アルゴリズムの実行時間はあっという間に倍になるので，技術が進歩して計算能力が何倍かに増えても，指数のアルゴリズムが本当に大きな入力に対処できるようにするには全然足りない．速度をもっと速く，10倍とか増えるようにしても大して違いはないことに注意してほしい．これによって，2次のアルゴリズムであれば3倍の入力を扱えるようになるが，指数のアルゴリズムが扱える入力は3しか増えない．それだけで実行時間は $2 \times 2 \times 2 = 2^3 = 8$ 倍になるからだ．

表7.1は様々な大きさの入力を扱う際の，実行時間が指数でないアルゴリズムと指数のアルゴリズムとの間の超えられない壁を示している．指数でないアルゴリズムの実行時間は入力が1,000を超えて初めて目に入る一方，指数のアルゴリズムは20以下の入力をうまく扱っている．けれども入力が100になると，指数アルゴリズムを実行するのにかかる時間は4,000億世紀，宇宙の年齢の2,900倍

---

2) 実のところ，2015年に50周年を迎えたムーアの法則は終わりつつある．電子回路の微細化が，物理学の強いる根本的な限界に到達したためだ．

3) 大きさ n の入力に対する2次のアルゴリズムは，およそ n^2 ステップになる．コンピュータの速度を倍にすることは同じ時間で2倍のステップ，つまり $2n^2$ ステップ実行できることを意味する．$(\sqrt{2}n)^2 = 2n^2$ なので，これは大きさ $\sqrt{2}n$ の入力に対してアルゴリズムがかかるステップ数だ．言い換えると $\sqrt{2} \approx 1.4142$ なので，だいたい1.4倍の大きさの入力をアルゴリズムは処理できる．

表 7.1　1 秒間に 10 億ステップ実行できるコンピュータの，様々な大きさの入力に対する実行時間の概算．

入力の大きさ	実行時間			
	線形	線形対数	2 次	指数
20				0.001 秒
50				13 日
100				
1,000				
10,000			0.1 秒	
100 万	0.001 秒	0.02 秒	16 分	
10 億	1 秒	30 秒	32 年	

注：空欄は実行時間が 1 ミリ秒未満，小さすぎて人間が知覚できず，実用上意味がないことを示している．灰色のセルは，実行時間が大きすぎて把握できないことを示している．

以上になる．

指数的な増加がもたらす圧倒的な効果は，喩えるなら核爆発のようなものだ．核爆発の効果を生み出しているのは核分裂の際に放出されるエネルギーだが，その量はほんのわずかだ[4]．核爆弾の壊滅的な破壊力は，多くの核分裂がきわめて短時間に起こることで生まれる．分裂した原子はみなすぐに 2 つ（もしくはそれ以上）の核分裂を起こすので，核分裂も同時に放出されるエネルギーも，指数的に増える．

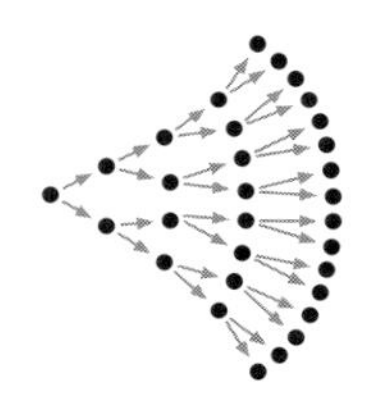

あるいは，チェスを発明したといわれている農民の伝説を考えてみよう．王様が喜んで，農民の願いを何でも叶えてあげようとした．1 つ目の枡に米を 1 粒，2 つ目に 2 粒，3 つ目に 4 粒，とすべての枡が埋まるまで置いていくことを農民は願う．指数的に増える性質に王様は気づかず，この願いを実現することはたやすいと考え，叶えてやることを約束する．もちろん王様は約束を守れない．盤面を覆うために必要な米粒の数は 1,800 京を超え，これは 2014 年の全世界の米生産量の 500

[4] 1 ワットの電球を 1 秒間点灯させるエネルギーを生み出すには，約 300 億個の原子を分裂させなくてはならない．

倍以上になるからだ．

指数のアルゴリズムと指数でないアルゴリズムが対処できる入力の大きさには大きな隔たりがあるので，実用的なアルゴリズム（指数の実行時間がかからない）と非実用的なアルゴリズム（指数以上の実行時間がかかる）の区別になる．指数実行時間かかるアルゴリズムは問題に対する実用的な解とは見なされない．結果を計算するのに時間がかかりすぎて，小さな入力にしか使えないからだ．

7·3 運命共同体

生成検査アルゴリズムは，重さの問題を解くうえで比較的小さい入力（30未満くらい）にしか使えないが，インディ・ジョーンズがぶつかっている特定の問題には十分だ．けれども実行時間が指数的に増えるせいで，このアルゴリズムでは100やそれ以上の入力を決して扱えない．この特定のアルゴリズムが指数実行時間だからといって，もっと効率的な指数実行時間でないアルゴリズムが他に存在しないことにはならないが，今のところ，そういったアルゴリズムは知られていない．

指数の（もしくはもっと悪い）実行時間のアルゴリズムでしか解けない問題は**手に負えない**（イントラクタブル）と呼ばれる．重さの問題に対しては指数実行時間のアルゴリズムしか知られていないので，手に負えないように見えるかもしれないが，確実にそうだとはいえない．指数でないアルゴリズムがあって，まだ発見されていないだけかもしれない．そういう指数でないアルゴリズムがこの問題に対して存在しないことを証明できれば，この問題は手に負えないとわかる．下限が確信を与えてくれるのだ．

けれどもどうしてこんなことを気にする必要があるだろうか？ 計算機科学者はこんな問題は放っておいて，他の問いを研究すべきではないだろうか．だが重さの問題は他の様々な問題とよく似ており，どれも次の2つの興味深い特性を持っている．まずその問題を解く既知のアルゴリズムはすべて指数実行時間であること，それから，どれかの問題に指数でないアルゴリズムが見つかったら，他のすべての問題に指数でないアルゴリズムが見つかったことになるのだ．この排他的なクラブのメンバーは**NP完全**と呼ばれる[5]．NP完全問題の重要性は，多

[5] P は**多項式** (polynomial) を表し，実行時間が n^2 や n^3 といった多項式に比例するアルゴリズムで解

くの現実的な問題が実際にNP完全であり，手に負えないかもしれないという運命をみなが共有していることにある．

『クリスタル・スカルの王国』の冒険の終盤で，インディ・ジョーンズの仲間のマックはクリスタル・スカルの寺院の財宝を集める．マックは全体の価値が最大になるように，できるだけ多くの財宝を運ぼうとする．この重さの問題や，グループで昼食をとる問題はみなナップサック問題の一種で，容量が制限されているナップサックにできるだけ多くの品物を詰めて，詰めた品物の価値や効用を最大化するという作業から，この名前がついた．重さの問題におけるナップサックは天秤で，制限になるのは量るものの重さ，品物を詰めるのは秤の上にものを置いていくことに相当し，最適化の目的は目標の重さにできるだけ近い重さにすることだ．マックの選択問題では，制限は持ち運べる量で，詰めることは財宝を選ぶこと，最適化は財宝全体の価値を最大化することだ．昼食の問題では，制限は料理の注文に使える現金の合計で，詰めることは料理を選ぶこと，最適化は選んだメニューの価値を最大化することになる．

ちなみに，マックもインディ・ジョーンズも失敗する．マックは財宝を選ぶのに時間を使いすぎて寺院が崩れるときに死んでしまい，インディ・ジョーンズは最後に何とか脱出するものの，砂袋で死の罠を発動させてしまう．2人の失敗が問題のNP完全性によるものかどうかは明らかでないが，手に負えないというのがどういうことかはよくわかる．

ナップサック問題とその適用例は，多くのNP完全問題の1つに過ぎない．別のよく知られた例は巡回セールスマン問題で，いくつもの都市をつないで巡回し，その移動距離を最小にするというものだ．単純な方法は，ありうるすべての巡回経路を生成して最も短いものを見つけることだ．このアルゴリズムの複雑性はやはり指数となるが，これは重さの問題よりもずっと悪い．たとえば，重さのアルゴリズムは大きさ20の問題を1ミリ秒で解けるが，20都市を巡回する計算には77年かかる．巡回経路を見つけるのはセールスマンにはあまり役立たないかもしれないが，スクールバスのルートからクルーズ船ツアーの計画まで，他に

ける問題クラスを指す． N は**非決定性** (nondeterministic) を表し，NP は，非決定性機械が多項式実行時間のアルゴリズムで解ける問題クラスを指す．非決定性機械は仮想的な機械で，アルゴリズムで判断が必要になったとき常に正しい推定ができる．たとえば重さの問題で，それぞれの重りを解に含めるべきか正しく推定できたら，線形時間で解を生成できる．これと等価な定義として，NP は多項式実行時間のアルゴリズムで解を検証できる問題クラスを指す．たとえば重さの問題で提案された解は，重さを足し合わせて目標の重さと比較するだけなので，線形時間で検証できる．

も多くの適用例がある．他の多くの最適化問題も，やはりNP完全だ．

NP完全問題の興味深い性質は，手に負えないか，もしくは指数でない実行時間で解けるアルゴリズムがあるか，必ずどちらかになるということだ．問題がNP完全であることを示す1つのやり方は，その問題の解法が，すでにNP完全だとわかっている問題の解法に（指数でない時間で）変換できるのを示すことだ．そうした解法の変換は還元と呼ばれる．還元は，ある問題の解法を他の問題の解法に変換することで問題を解く，巧みなやり方だ．還元はかなり頻繁に行われ，暗黙裡に行われることもある．インディ・ジョーンズが安全なタイルを見つける問題を還元してヤハウェの名を綴ったときや，シャーロック・ホームズが容疑者の情報を更新する作業をディクショナリ上の操作に還元したときがそうだ．

還元はそれ自体が計算であり，計算技法のレパートリーに追加し，他の計算と組み合わせて手軽に使うことができる．たとえばリストの最小の要素を見つける問題は，リストをソートして，ソート済みのリストから最初の要素を取り出す問題に還元できる．特に還元では，入力（ここでは未ソートのリスト）を特定の形態（ここではソート済みリスト）に変換して，他のアルゴリズム（ここでは最初の要素を取り出すこと）が操作できるようにする．2つの計算を組み合わせ，ソートしてから最初の要素を取り出すことで，任意のリストから最小のものを見つけるという元の問題を解く計算が得られる．だが還元の実行時間を考慮しておくことも重要だ．たとえばソートのステップは線形対数時間かかるので，還元によって得られる方法は，単純にリストを走査して最小値を見つける方法と同じ実行時間にはならない．後者は線形の時間しかかからないからだ．したがって，この還元では効率の悪いアルゴリズムができあがり，あまり役に立たない[6]．同じように，NP完全問題の間の還元は指数でないアルゴリズムで実現しなくてはならない．そうでないと指数でない解法も，還元にかかる指数実行時間のせいで指数になってしまうからだ．

NP完全問題の間の指数でない還元は，たいへんな影響をもたらす．ちょうど車輪が一個人によって発明されて全人類に利用されるようなもので，1つのNP完全問題の解法が他のすべてのNP完全問題を解いてしまう．このことから，有名な等式で要約される疑問が生まれる．

[6] だが最小の要素を見つけてリストから削除することを繰り返さなくてはならない場合，どこかの時点でソートをもとにした方法のほうが効率的になる．

P＝NP か?

この問題は最初，オーストリア出身のアメリカの論理学者クルト・ゲーデルによって提起され，1971 年にカナダ・アメリカの計算機科学者スティーブン・クックによって精緻なものとなった．指数でない（多項式）時間で**解ける**クラス P の問題が，多項式時間で**判定できる**クラス NP の問題に等しいか，というのが論点だ．NP 完全問題に対する指数の下限を見つければ，この等式の問いに「いいえ」という答えが得られる．一方で問題のどれかに指数でないアルゴリズムを見つければ，「はい」という答えが得られる．非常に多くの現実的な問題の扱いやすさが，P＝NP 問題の答えにかかっているため，この問題の重要性が高くなっている．この問題は 40 年以上にわたって計算機科学者を悩ませ続けており，計算機科学のおそらく最も重要な未解決問題だ．ほとんどの計算機科学者は今日，NP 完全問題は実際に手に負えず，指数でないアルゴリズムは存在しないと信じているが，本当にわかっている人は誰もいない．

7.4 涅槃の誤謬

アルゴリズムの実行時間に邪魔をされるのはイライラするものだ．問題を解く方法があるのに，コストがかかりすぎて実際には解けない――まるでギリシャ神話のタンタロスの前にある果物のように，永遠に手が届かない．だが，NP 完全問題についてのやる気をそぐ事実は，必ずしも諦める理由にはならない．アルゴリズムの非効率性に対処する方法の他にも，この制限には驚くべきよい面があるのだ．

問題の解を見つけるのに時間がかかりすぎるとき，両手を上げて諦める，もしくは与えられた状況の中で最善を尽くして，厳密ではないが十分な近似解を見つけようとすることができる．たとえば生計を立てるために働いているなら，おそらく収入の一部を貯めて，退職するときに十分な貯金が残るようにしているだろう．これはよい計画のように聞こえる．議論の余地はあるかもしれないが，もっとよい計画は宝くじを当てて今すぐ仕事を辞めることだ．だがこの計画は現実にはうまくいかず，すでに実施しているよい計画の現実的な代替案にはならない．

問題の厳密な解を計算する指数アルゴリズムは，宝くじを当てて仕事を辞める計画と同じで，現実的ではない．だから代わりに，効率的な指数でないアルゴリズム，つまり完璧な解を（常に）計算するわけではないが，実用上の目的には十分な近似結果が得られるアルゴリズム――近似アルゴリズムを見つけようとする．働いて貯金することが，宝くじを当てることの近似になると思うかもしれないが，これはあまりよい近似ではない．

いくつかの近似アルゴリズムでは，計算結果が厳密な解の何倍かに収まることが保証されている．たとえばインディ・ジョーンズの重さの問題では，重いものから順に追加していくことにより，線形時間で近似解が見つかる．この方法では，最適解からのずれは最大でも50% となることが保証されている．この場合は，精度が低くなる可能性があるせいであまり有望ではないように見えるかもしれないが，多くの場合で得られる解は最適解にずっと近くなる．また近似解は安い――（実行時間として）払っただけのものが得られる．

重さの問題の単純なアルゴリズムでは，最初に重さでソートする．それから目標の重さよりも小さい最初のものを見つけて，それを目標の重さになるまで続ける．15，13，11から始めて合計は39になる．次の重さ，9，を加えると目標の重さを超えてしまうので，飛ばして次にいく．けれども8も5も重すぎるので，15，13，11が近似結果になって，これは最適解に3足りないだけだ．言い換えると，解は最適解の7% 以内に収まっている．

できる限り大きい値を繰り返し取り出すこの戦略は，**貪欲アルゴリズム**と呼ばれる．一番最初の機会に常に飛びつくからだ．貪欲アルゴリズムは単純で，多くの問題でうまくいくが，今回のように厳密な解を逃してしまう問題もある．9を待たずに11を取ってしまう貪欲さのせいで，この例では最適解を得られなくなっている．この貪欲アルゴリズムは線形対数の実行時間（最初のソートのステップによる）で，とても効率的だ．

近似アルゴリズムに対する重要な疑問は，最悪の場合でどれだけよく近似できるかということだ．貪欲な重さのアルゴリズムでは，最適解の50% 以内に常に収まることが示せる[7]．

---

[7] 最初のものを追加することを考える．これは目標の重さの半分を超える（この場合は題意を満たす）か半分以下であり，半分以下の場合は次のものを追加できる．（追加されるものは最初のものより軽く，目標の重さの半分に満たないので）2つを合わせても目標の重さを超えない．

ここでまた2つの場合に分かれる．2つを合わせて目標の半分より重い場合，目標の重さとの差は50% 未満だ．そうではなく合わせて半分未満なら，2つ目は目標の4分の1未満になるはずで，3つ目はもっと軽いので追加できる．この一連の推論から，少なくとも目標の重さの半分になるまで，追加し近似解は問題に対して十分な解だ．最適解ほどよくはないが，解が何もないよりはいい．『インディ・ジョーンズ/魔宮の伝説』でインディ・ジョーンズと2人の仲間は，乗った飛行機が山に衝突しそうになるという問題に直面する．2人のパイロットは飛行機を脱出し，残りの燃料を捨て，パラシュートを1つも残さなかった．インディ・ジョーンズはパラシュートの効果を近似し，ゴムボートを使って乗客を地面に降ろすことでこの問題を解く．近似アルゴリズムがあるということは，どんなに粗雑なものであっても，現実的なアルゴリズムがまったくないよりはましなことが多い．

7.5 役に立たないものを役立てる

近似アルゴリズムは，指数アルゴリズムが引き起こす非効率性の問題を改善する．これはいいニュースだが，他にもいいことがある．ある特定の問題の解を効率よく計算できないという事実が，実はいいことになるのだ．たとえば重さの問題を解くための生成検査アルゴリズムは，組み合わせを忘れてしまったダイヤル錠を開けるためにすることと同じだ．すべての組み合わせを試さなくてはならず，これは数字のダイヤルが3つの場合で $10 \times 10 \times 10 = 1{,}000$ 通りになる．1,000通りの組み合わせをすべて試すには長い時間がかかるという事実によって，ダイヤル錠は鞄やロッカーの中身を守るうえで何らかの効果があるものとなっている．もちろんロッカーは壊されてしまうかもしれないが，それは問題を回避するようなものであって，解いたわけではない．

1,000通りの組み合わせをコンピュータでチェックするのは一瞬だが，のろまな人間にとっては十分に長くかかる．これにより効率性というのは相対的な概念で，計算機の能力に依存するということがわかる．けれどもアルゴリズムの実行時間というのは実際，入力が大きくなるとアルゴリズムの実行時間がどれだけ増えるかというものなので，たとえ速いコンピュータであっても，入力の大きさが少し増えて指数アルゴリズムの実行時間が大きく増えるのを埋め合わせることはできない．この事実は，暗号学でメッセージの安全な交換を促進するのに使われている．アドレスが https:// で始まるウェブサイトにアクセスするとき，ブラ

続けられるとわかる．この議論は目標の重さに達するだけのものがあることを前提としているが，最適解を見つけられるという前提があるので，これはすでに満たされている．

ウザのアドレスバーにある南京錠はウェブサイトとの安全な通信経路が確立されたことを保証しているのだ．

暗号化されたメッセージを送ったり受け取ったりするためのアプローチの１つは，２つの関連する鍵，**公開鍵**と**秘密鍵**でメッセージを暗号化・復号化することだ．通信の参加者はそれぞれ，そういった鍵のペアを持つ．公開鍵は誰でも知っているが，秘密鍵は本人しか知らない．公開鍵で暗号化したメッセージは対応する秘密鍵でしか復号できない，という関係が２つの鍵にはある．これにより，誰かに秘密のメッセージを送るには，みなが知っているその人の公開鍵を使って暗号化すればいいことになる．メッセージを受け取った人だけが秘密鍵を知っていて，メッセージを復号できるからだ．たとえば銀行口座の残高をインターネットを通じて確認したいとき，ウェブブラウザはその人の公開鍵を銀行のコンピュータに送信する．銀行のコンピュータは残高を暗号化するのに公開鍵を使って，ブラウザに送り返す．このメッセージを見ても，暗号化されているので誰も解読できない．本人だけが秘密鍵を使ってメッセージを復号化し，ブラウザで見ることができる．

もしインターネットがなくて郵便で同じことをするなら，これは鍵のかかっていない（自分だけが鍵を持っている）南京錠と一緒に，箱を銀行に送るようなものだ．銀行は残高を紙に書いて，箱に入れ，南京錠で鍵をかけ，鍵のかかった箱を送り返す．送った人が箱を受け取ったら，自分の鍵で南京錠を開けて残高を見ることができる．他には誰も箱を開けられないので，運送中の不正なアクセスから情報が守られる．この例では，鍵のかかっていない南京錠のついた箱が公開鍵に相当し，銀行が残高を書いた紙を箱に入れることがメッセージの暗号化に相当する．

暗号化されたメッセージは，不正なアクセスに対して現実的には安全だ．秘密鍵を知らずに復号化するには，巨大な数の素因数を計算しなくてはならないからだ．素因数の計算がNP完全問題かどうかはわかっていないが，現時点で指数でないアルゴリズムは知られていないので，現実的に解くには時間がかかりすぎる．問題を解く難しさが，情報を不正なアクセスから守って伝送するのに役立っているのだ．

これは新しい考えではない．堀，柵，壁，その他の防御の仕組みは，すべてこの原則に基づいている．けれどもこうした仕組みは破られることがある．現時点で素因数分解に対する指数でないアルゴリズムは存在しないので，暗号化されたメッセージを送受信するのは安全だと考えられている．だが誰かが指数でないアルゴリズムを見つけたら，この安全性は即座に消滅する．それに対して問題の下限が指数になると誰かが示せば，暗号化されたメッセージは安全だと確信できる．それまで私たちはこの疑問に対する答えを知らないので，この方法を使い続けることができる．

さらなる探求

インディ・ジョーンズの冒険は，工芸品や場所や人の探索にかかわることが多い．道すがら集めたものや情報が探検の案内をすることもある．その場合，旅をする経路は動的に決められる．そういった物語では探索によって訪れた場所のリストが得られ，そのリストが最終的なゴールへの探索経路になる．『ナショナル・トレジャー』やダン・ブラウンの『ダ・ヴィンチ・コード』といった映画も，このパターンに則っている．

財宝の地図が探索のもとになるときもある．この場合，経路は最初からはっきりしていて，地図に示された目印を現実世界で巡るような探索になる．ロバート・ルイス・スティーヴンソンによる『宝島』で，財宝の地図は有名になった．財宝の地図は特定の場所を見つけるアルゴリズムだが，このアルゴリズムはだいぶ違ったやり方で与えられる．いくつかの物語では財宝の場所は直接示されず，手がかりやコードや謎を解読したり解いたりしなくてはならない．そういう財宝の地図は，アルゴリズムというよりは解くべき問題を記している．これは，たとえば映画『ナショナル・トレジャー』にあてはまり，財宝の地図は独立宣言の裏に隠されており，そこに書かれたコードによって接眼鏡の場所がわかり，その接眼鏡によって地図にあるさらなる手がかりが明らかになる．

映画『ナショナル・トレジャー』には，インディ・ジョーンズが挑んだタイルの試練に似た謎がある．主人公の一人であるベン・ゲイツは，キーボードの押されたキーから打ち込んだパスワードを推理しなくてはならない．これには文字の正しい順序を見つける必要がある．文字を入れ替えると他の語句になるような単語や語句は，アナグラムと呼ばれる．アナグラムを解くことは，ソートするということではなく，ありうる文字の順序すべてから特定の順序を見つけるということだ．たとえばハリー・ポッターの物語でアナグラムが登場するのは，「私はヴォルデモート卿だ (I am Lord Voldemort)」という言葉が生来の名前であるトム・マールヴォロ・リドル (Tom Marvolo Riddle) のアナグラムになっている．

ところで，映画『スニーカーズ』では，暗号解読機のコードネーム「セテック天文学 (Setec Astronomy)」が「多すぎる秘密 (too many secrets)」のアナグラムになっている．

グリム兄弟が書いたおとぎ話『シンデレラ』――ドイツでは『アシェンプテル』で，悪い継母はアシェンプテルに灰の中から豆をより分けるように言いつけ，これは単純なバケットソートになっている．物語の出来事が時系列で語られないためにソートしなくてはならないこともある．その極致が映画『メメント』で，物語の大半が逆順に語られる．似たようなことは映画『エターナル・サンシャイン』でも起きていて，恋人同士が破局した後に記憶を消去する．一人の記憶は，それから逆順に提示される．映画『バンテージ・ポイント』は，合衆国大統領暗殺の企てに至る出来事を異なる視点で提示する．それぞれの説明はそれだけでは不十分だが，細部や事実を付け加えており，観る人は物語を理解するためにすべての説明を１つにまとめなくてはならない．

デイヴィッド・ミッチェルの本『クラウド・アトラス』は，互いに入れ子になった複数の物語から成っている．完全な物語を手に入れるためには，本の様々な部分を再読しなくてはならない．順序についての興味深い試みの１つはフリオ・コルタサルの『石蹴り遊び』で，本の各章をどの順序で読むべきかという明確な指示が2組ある．

第II部

言　語

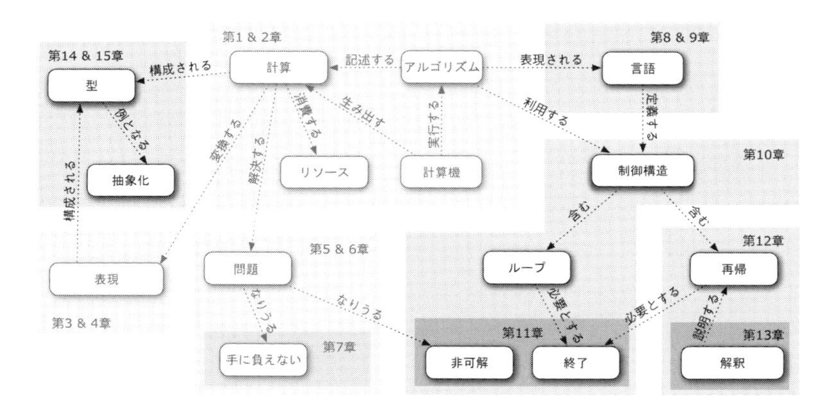

第1 & 2章
第14 & 15章
第8 & 9章
型
構成される
計算
記述する
アルゴリズム
表現される
言語
例となる
消費する
生み出す
実行する
利用する
定義する
変換する
解決する
抽象化
リソース
計算機
制御構造
第10章
構成される
含む
含む
第5 & 6章
第12章
表現
問題
ループ
再帰
なりうる
なりうる
必要とする
必要とする
説明する
第3 & 4章
第11章
第13章
第7章
手に負えない
非可解
終了
解釈

言語と意味

虹の彼方に

医者の指示

昼食の後には医者の予約がある．医師は処方箋を書いて，血液検査の指示書を埋める．その用紙をラボに持っていき，血を抜いてもらい，処方箋を薬局に持っていく．この時点で，血液をいくつかの検査にかけるラボの技師も，医師の指示に従って処方箋を準備する薬剤師も，アルゴリズムを実行しているというのは驚くにあたらない．このシナリオで注目に値する特徴は，誰かが定義したアルゴリズムを他の人が実行するところだ．

このような分業が可能なのは，アルゴリズムが**言語**で書かれているからだ．医師は薬剤師を呼んで直接指示することもできるが，医師と薬剤師が同時に動く必要があるので，手続きが複雑になる，アルゴリズムの表現が紙に書かれていると，互いに独立して，違うときに動くことができる．さらに一度書いてしまえば，処方箋は何度も使える．

アルゴリズムの定義と実行を分けることで，言語を正確に定義する必要性が浮き彫りになる．医師と薬剤師は処方箋が何か，何が書かれている可能性があるか，何を意味するかということについて合意していなくてはならない．患者の健康はこれにかかっている．たとえば曖昧さを避けるため，用量の単位をはっきり書かなくてはならない．もし医師と薬剤師が異なる単位で用量を解釈したら，薬の用量は，効果がないくらい低いか危険なくらい高くなってしまう．同じような合意が，医師とラボの技師の間でも必要となる．

薬剤師やラボの技師は，医師が与えたアルゴリズムを実行する計算機だ．医師の指示を読んで解釈することができて初めて，指示を間違いなく実行し，患者を助けるという医師の目的に寄与することができる．

書かれたアルゴリズムを実行するうえでの最初のステップは解析，つまり根底にある構造を抽出することだ．この構造は，アルゴリズムの鍵となる構成要素（処方箋の場合は薬の名前，量，飲む頻度）やその関連（たとえば飲むタイミングごとに量が指定されているか全体の量が指定されているか）を明らかにする．いったん構造が決まったら，アルゴリズムを表現する言語の意味が，薬剤師やラボの技師が何をすべきか定義する．解析処理それ自体が，与えられた文の根底にある構造を抽出するアルゴリズムだ．

血液検査の指示と処方箋とで，使われる言語はだいぶ違う．内容に加えて見た目も違う．典型的な処方箋は薬，量，飲む頻度といった一連の単語でできているのに対して，よくある血液検査の指示にはいくつかチェックボックスが書かれている．言語が特定の形式をとるのは歴史的な理由によることが多いが，その言語の目的を果たすため意識的にデザインした結果かもしれない．たとえばチェックボックスの書かれた用紙は言語の内部構造を反映しており，指示を書いたり解釈したり（料金を計算したり）する作業を単純化している．また曖昧になる可能性も排除できる．たとえば基本的な検査と総合的な検査のように，検査を重複して選んだりしないよう，この用紙はデザインされている．

言語は計算機科学の中心的な役割を担っている．言語がなければ，計算やアルゴリズムやその特性について語ることはできない．多くの領域で，独自の用語や記法を持つ特殊な言語が発展してきた．計算機科学者は言語を使うだけでなく，言語学者や言語哲学者のように，言語そのものを研究している．特に計算機科学者は，どうしたら言語を正確に定義できるか，どんな特徴を言語は持つ（べき）か，どのように新しい言語をデザインするかといった疑問に取り組んでいる．計算機科学者は言語を特定し，分析し，翻訳するための形式化を研究しており，これらの作業を自動化するアルゴリズムを開発している．

哲学者ルートヴィヒ・ウィトゲンシュタインが書いた言葉は有名だ．「私の言語の限界が，私の世界の限界を意味する[1]」．第８章では，計算機科学における言語の概念を説明するために，また，この世界に言語を適用するうえでの限界はほとんどないことを示すために，音楽の言語を使う．

[1] Ludwig Wittgenstein, *Tractatus Logico-Philosophicus* (1921),para 5.6, trans. K. C. Ogden. www.gutenberg.org/files/5740/5740-pdf.pdf

8 言語のプリズム

私たちは日々，特に苦もなく言語を使っており，言語が働くときの複雑な仕組みに気づいていない．これは歩くのに似ている．一度覚えてしまえば，水をかいて進むのも，砂に足をとられながら進むのも，階段を上るのも，障害物を乗り越えるのも，簡単だ．この作業の複雑さは，この振る舞いを真似るロボットを作ろうとしたときに明らかになる．これは言語についてもいえる．言語の効果的な使い方を機械に指示しようと思ったら，それがどんなに難しいことか気づく．Siriを使おうとして，あるいはGoogleで探しているものを見つけられず，イライラしたことがないだろうか？ 人工知能のチューリングテストは，この状況を完璧に反映している．チューリングテストによれば，機械が知的だと見なされるのは，利用者が機械と会話する中で，人間と区別できないときだ．言い換えると言語能力が人工知能の基準として使われている．

言語という事象は，哲学，言語学，社会学などいくつかの分野で研究されており，そのため言語とは何かという定義について統一見解がない．計算機科学の観点からいうと，言語は**意味を伝えるための正確で効果的な手段**である．第3章では，記号が表現の基礎を形作り，シンボルとそれが表す概念をつなぐことで計算に意味を与えられる様子を見てきた．記号が単なる個別の概念を表現するのに対し，言語は意味のある記号の組み合わせを文として定義し，そういった概念の関係を表現する．記号と言語はどちらも表現だが，記号は特定の会話における興味の対象を表現できれば十分なのに対して，言語はアルゴリズムを通して計算を表現する必要がある．

この章では言語とは何か，そしてどのように言語は定義されるかということを説明する．まず言語がどうやって，アルゴリズムひいては計算を表現しているかを説明する．これは計算機科学において言語が重要なテーマである理由だ．それから，言語が文法を通じてどう定義されるかを見る．言語は文から成っており，文は単なるシンボルや単語のリストと見なされることが多いが，これは狭すぎる見方だ．絵を見て描かれているものだけ認識し，その間の関係を無視するようなものだ．人と犬と棒が描かれた絵を思い浮かべてみよう．犬が棒をくわえて人のほうへ歩いているのか，人が棒を持って犬が人に噛みついているのか，といったことが重要だ．同じように言語のそれぞれの文には，意味を組み立てるうえで重要な役割を担う内部構造がある．この観点を説明するために，文法は文の外見や単語の順序（具象構文）を定義するだけでなく，内部構造（抽象構文）も定義することを示す．

❋ ❋ ❋

この章は計算そのものについての章ではなく，計算の記述，もしくは計算の記述の記述についての章だ．これはどういうことだろうか？ アルゴリズムは計算の記述だが，この章は特定のアルゴリズムについてではなく，アルゴリズムをどう記述するかについての章だ．そういった記述は結局，言語になる．

車とは何か，あるいは花とは何かを説明しなくてはならないとき，私たちは特定の車や花についてではなく，すべての車や花に共通するもの，車や花の本質について話すだろう．個々の車や花のサンプルも例として言及されるだろうが，すべての車や花について語るためには，車や花が何かという**モデル**を作る必要がある．モデルはすべての車や花の**型**を定義する（第 14 章を参照）．

テンプレート，固定の構造と一部の可変部分でできているもの，は車や花のモデルとして効果的だ．車や花が受け継いでいる構造の多くは決まっているからだ．テンプレートはある種のアルゴリズム，たとえばスプレッドシートや血液検査の指示書を記述するのには適しているが，テンプレートベースのモデルは柔軟性がなく，アルゴリズムを記述するには一般的に表現力が足りない．任意のアルゴリズムを記述するには，言語が提供する柔軟性が必要だ．

この章に出てくる物語では，言語そのものが突出した役割を演じる．私が言語の概念を学ぶ分野として音楽を選んだのは，音楽の言語が単純で十分に構造化されており，概念を説明するのがとても簡単だからだ．音楽の分野は狭くて特別な記法に向いているが，広く理解されているので，議論が音楽の言語に集中しても当然だと思われる．

音楽を言語と見なすのは新しい考えではない．たとえばピタゴラスまで遡る考えだが，天文学者ヨハネス・ケプラーは，天体の周期を支配する法則を説明するのに音楽の概念を使った．フランシス・ゴドウィンは小説『月の男』(1638年)で，月の住人が意思の疎通に音楽の言語を使う様子を書いている．映画『未知との遭遇』で人類は5音音階で異星人と通信する．音楽は高度に構造化されているが具体的で，文化を超越した伝達手段なので，言語の概念を説明するのにとても適している．

8.1　メロディーに注意する

『虹の彼方に』は，20世紀のアメリカで最も有名な曲の1つだ[2]．映画『オズの魔法使』のためにハロルド・アーレン[3]が作曲した．映画の冒頭でジュディ・ガーランド演じるドロシーは，どこかつらいことのない場所はないかと思い，歌を歌う．

これがオーディオブックだったりYouTubeの動画だったりしたら，その歌をすぐに聴くことができる．だがそういう伝達手段がなかったら，どうやって音楽を伝えることができるだろう？ そんなときは音楽の表現を見せて，それを解釈してメロディーを生み出すことができる．そういった表現で今日広く使われているのは**標準的な記譜法**で，**五線譜**とも呼ばれる．歌の一部をこの記法で表現するとこうだ．

もし記譜法を知らなくても心配しないでほしい．必要な概念についてはこの章

2) アメリカレコード協会と全米芸術基金は，この曲を「世紀の歌」の1位に選出した．
3) ハロルド・アーレン作曲，E・Y『イップ』・ハーバーグ作詞．

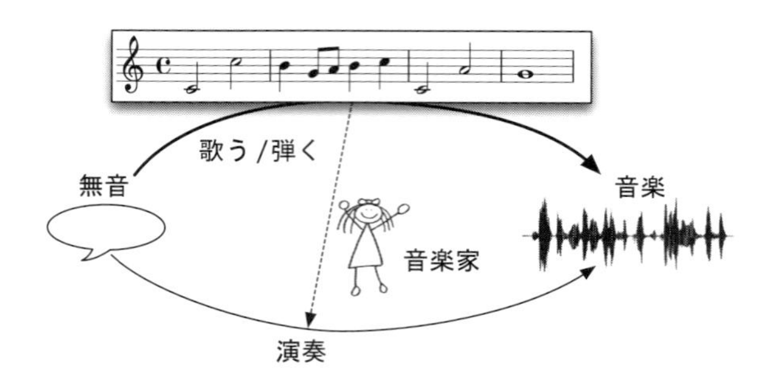

図 8.1 楽譜（アルゴリズム）を歌う/弾く（実行する）ことで演奏（計算）が生まれ，それが無音を音楽に変換する．演奏を生み出すのは音楽家（計算機）で，曲が書かれている記譜法（言語）を理解できる人や機械だ．図 2.1 を参照．

を通して説明していく．今のところは，風船の形をしたシンボルがメロディーの中の個々の音符を表現していて，縦の位置で音程が決まっており，ついている軸の種類や音符の丸が黒塗りか中抜きかで音符の長さを示しているということがわかっていれば十分だ．音程と音の長さは，メロディーを作る基本的な要素だ．旋律を歌ったり聴いたり楽譜を追ったりすることで，個々の音符の意味や一般的な記法をよく理解することができる．

この楽譜は，記譜法の言語での文にあたると考えられる．さらにいうと，楽譜は音楽を生み出すアルゴリズムの記述だ．この言語を理解している人は誰でもこの文を実行できて，効率的に音楽家が計算機になる．計算との類似性については図 8.1 に描いている．生成された計算が，様々な形をとる音の表現を生み出す．歌手は声帯を動かすし，ピアニストやギタリストやヴァイオリニストは，鍵盤とハンマー，指や弓を使って弦を振動させたり止めたりする．

記譜法の優れたところは，それまでまったく聴いたことがない人でもメロディーを忠実に再現できることだ．『虹の彼方に』のメロディーを考え出した作曲家のハロルド・アーレンは，記譜法で書き下して記号化し，その楽譜を送るだけでいい．そうすればジュディ・ガーランドは正しく歌うことができる．そういう記法がなかったら，音楽を共有するには録音か聞き伝えしかないだろう．聞き伝えというのは，他の人の前で演奏し，それを聴いた人が覚えて再生するということだ．伝言ゲームをやったことがあれば，そういった手続きがどれだけ信頼できないものかわかるだろう[4)]．

五線譜のデザインについてよく考えてみると，それがどれだけ恣意的なものかわかる．音符は高さが音程を表す記号インデックス的な記号（第3章を参照）だが，五線であることや，音符が楕円形であること，音符についた軸の長さや方向について，特に理由はないように見える．どれもずっと違うものになっていたかもしれない．実際に違っていることがある．

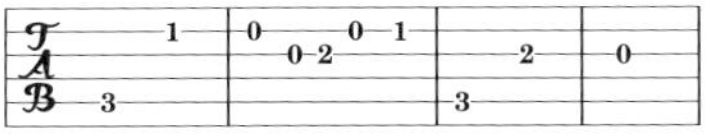

たとえばギターのタブラチュア譜（タブ譜）は，だいぶ違う表現をもとにしている．ギターの弦をどう扱うかが直接書かれていて，音符のような抽象的な概念はない．線の上の数字は，弾くときに弦のどこ（どのフレット）を押さえるべきか示している．この記法の利点は直接的であるところだ．初心者でもすぐに旋律を弾くことができて，抽象的な記譜法を学ぶ必要がない．欠点は，この記法が音符の長さを正確に反映していないことだ．しかも1種類の楽器に限定されてしまう．

タブ譜はギターの物理的な構造を反映しているので，五線譜ほど恣意的ではない．たとえばギターにはふつう6本の弦があるので，この記法のデザインは水平線が6本あって数字はその線の上だけに出てくるようにする必要がある．反対に五線譜の線の数は恣意的に選ばれており，必要があれば増やすことができる．実際，五線譜の例に出てくる最初の音符はそうしていて，補助的な線を使っている．

タブ譜と五線譜は音楽の分野を表現する2つの異なった言語だ．それぞれの言語は，どんな種類のシンボルを使って，どう組み合わせるかという規則一式で定義されている．その規則が言語の**構文**を定義しており，それによって言語の正しい要素，**文**と呼ばれるもの，をでたらめなものと区別することができる．正しく構築された楽譜やタブ譜は文だ．規則に違反する記法は何であれアルゴリズムとして正しく実行することができない．たとえば，タブ譜で負の数を使うのはまったく意味がない．ギタリストはどう解釈して何をするべきかわからないからだ．同じように五線譜で複数の線にまたがる音符があったら，ジュディ・ガーランドはどの音符を歌ったらいいかわからないだろう．

記譜法が明確で曖昧でないときに初めて，演奏者は音楽を再生できる[5]．別の言い方をすると，記譜法は他のアルゴリズムの記法と同様に，曖昧さなく解釈でき，実際に実行できるステップを表現しなくてはならない．したがって音楽（と

4) 伝言ゲームの目的は，文章や言葉を人から人へと小声で伝えていくことだ．大人数で遊ぶと，何度も伝えられるうちに言葉はおかしなふうに歪められることが多い．

5) 残念ながらタブ譜は音符の長さに関しては曖昧で，したがって演奏者がその曲をもともと知っているときのみ有効に使うことができる．

他のアルゴリズム）の言語の有効性を保証するため，何がその言語の文に入るのか，最初に正確に定義する必要がある．

8.2 文法規則

言語の構文は**文法**で定義され，文法は言語の文を構築する規則一式として理解されている．構文を記述するためにスペイン語や英語のような自然言語を使うのは，記述が長くなったり不正確になったりするので，よい案とはいえない．数式や物理法則を表すのに，一般的には散文ではなく特別な記法を使う理由もこれだ．実際に多くの科学技術分野で，それぞれの領域における考えを効率的に伝えるため独自の用語や記法が発展してきた．言語の研究についても，それが言語学であれ計算機科学であれ同じことがいえて，言語を定義する特別な記法の１つが文法だ．

言語を記述するときの問題の１つは，無限にありうる文の集まりを，有限のやり方でどう表現するかということだ．科学も似たような問題に直面しており，少ない規則で無限の事実を記述しなくてはならない．この問題に対する科学の解決策は，文法の概念をいくつか説明するのに役立つ．たとえば有名な物理の数式 $E = mc^2$ を考えてみよう．これは物体が持つエネルギー (E) をその質量 (m) と関連づけている．この式の正確な意味はここでは重要ではない．大事なのは，数式に**定数** c と２つの**変数** m，E があり，任意の正の数を表すということだ．特にこの式の２つの変数によって，任意の物体が持つエネルギーの量を計算できる．その物体が大きかろうと小さかろうと，単純だろうと複雑だろうと関係ない．変数を使うことで，単一の数式で無限の物理的事実を表現できる．数式の中の変数は，アルゴリズムの中のパラメータと同じ目的を果たしている．

数式と同じように，文法にも定数と変数がある．定数は**終端記号**と呼ばれ，変数は**非終端記号**と呼ばれる．この名前の由来はすぐに明らかになる．言語の文は一連の終端記号で与えられ，非終端記号を含まない．非終端記号は文を構築するうえでは補助的な役割を果たすだけだ．五線譜の場合，終端記号はたとえば線の上にある個々の音符や，音符を小節にまとめる縦線だ．もちろん他にも終端記号はあるが，単純なメロディーを定義するのに必要な文法の概念を説明するためには，音符や縦線があれば十分だ．

たとえば，『虹の彼方に』の最初の小節を構成する終端記号は 2 つの音符のシンボル と で，後に縦線 が続く．数式に出てくる定数と同様，終端記号は文の中で固定の変えられない部分を表現する．文は，数式中の変数を数で置換して得られる特定の科学的事実に対応する．

反対に，非終端記号は数式中の変数のように振る舞い，異なる値をとりうる．非終端記号は他のもの（終端記号や非終端記号）の集まりで置き換えられる．だが好きなように置き換えられるわけではない．置き換え方はすべて一式の規則で定義されている．非終端記号はプレースホルダーのようなもので，言語の特定の部分を表現するのに使われることが多い．置き換え規則は，その部分が一連の終端記号としてどう見えるかを定義する．たとえば五線譜を単純化した文法の定義には，終端記号の任意の音符を表す非終端記号の 音符 がある[6]．

文法はいくつかの**規則**でできている．それぞれの規則は，置換すべき非終端記号，置換を示す矢印，非終端記号を置き換える一連のシンボルという形で与えられる．この置き換え先は規則の右辺とも呼ばれる．単純な例は，音符 → という規則だ．ここで右辺は終端記号 1 つだけでできている．文法，数式，アルゴリズムの構成要素の間の関係を表 8.1 にまとめている．文法は規則からできており，アルゴリズムが個々の命令から作られているのと似ている．数式には対応する構成要素がない．

音符の音程や長さは様々で，音符を表す非終端記号は 1 つしかないので，音符 についての規則は図 8.2 に示すように数多く必要になる[7]．非終端記号の 音符

表 8.1

文法	数式	アルゴリズム
非終端記号	変数	パラメータ
終端記号	定数，操作	値，命令
文	事実	値だけのアルゴリズム
規則		命令

[6] 非終端記号と終端記号を明確に区別するため第 2 章でパラメータを表現するのに点線の下線を引いたように，非終端記号を常に点線の枠で囲む．この記法は置換すべきプレースホルダーを思い出させる．

[7] n 個の音程と m 種類の長さを表現するためには，$n \times m$ 個の規則が必要だ．音符を音程と長さの 2 つの非終端記号に分解し，この 2 つの特徴を互いに独立して生み出すような規則にすることで，この数は $n + m$ 個まで大きく減らすことができる．

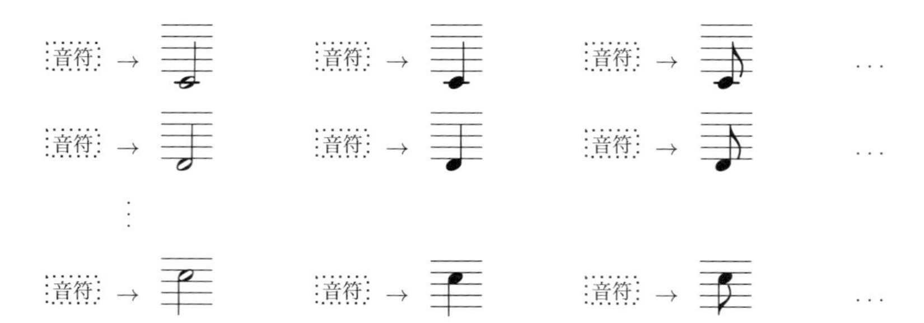

図 8.2 文法規則は，非終端記号の音符について考えられる置き換え方を定義する．1つの非終端記号で任意の音符を表現できるので，音程と長さの組み合わせそれぞれについて別々の規則が必要になる．それぞれの列は特定の長さの音符についての規則を表している．**左**が2分音符（1小節の半分続く音符），**中央**が4分音符，**右**が8分音符．

は個々の音符の概念を表現し，この概念は 音符 についてのすべての規則を通じて定義される．

一般的に，規則の右辺には複数のシンボルが出てくる可能性があり，非終端記号だけでなく終端記号が出てくることもある．規則が置き換えられるのは非終端記号だけなので，終端記号だけでできている列は変えられない．これが，**終端記号**と**非終端**記号という2つの名前の説明になる．できあがった一連の終端記号が，その文法規則で記述される言語の文となる．一方で非終端記号を含んでいる列はまだ完了しておらず，その言語の文ではない．そのような列は一般的に，非終端記号をさらに置換して得られるような全種類の文を記述できるので，**文形式**とも呼ばれる．文形式と数式は似ており，数式の一部だがすべてではない変数が置き換えられたように，アルゴリズムの一部だがすべてではないパラメータが入力値で置き換えられる．

文形式は，メロディーを定義する規則に見ることができる．非終端記号の メロディー は，その文法で作られるすべてのメロディーを表す．最初のアプローチとして，次の3つの規則でメロディーを定義できる（後で参照するため，それぞれの規則に名前をつける）．

メロディー → 音符 メロディー [新しい音符]

メロディー → 音符 | メロディー [新しい小節]

メロディー → 音符 [最後の音符]

最初の規則 [新しい音符] は，メロディーが何らかの音符で始まり，後に別のメロディーが続くことをいっている．これは最初は変に見えるかもしれないが，メロディーは音符の連続だということを考えれば，この規則は音符の連続が音符で始まり，後に別の音符が連なるといっていることになる．規則の形式が奇妙に見えるのは，シンボルを，そのシンボルを含む右辺で置き換えるからだ．そういう規則は**再帰的**といわれる．再帰的な規則は，してほしい置換を実現できないように見える．そして メロディー について再帰的な規則しかなかったら，非終端記号をいつまでも取り除くことができず，問題ある文法になるだろう．だが例では3つ目の規則 [最後の音符] が再帰的ではなく，いつでも非終端記号のメロディーを非終端記号の音符で置き換え，さらに終端記号の音符で置き換えることができる．規則 [最後の音符] の代わりに，右辺が空の規則を使うこともできる．

メロディー →　　　　　　　[メロディーの終わり]

この規則は メロディー を，空のシンボルで置き換える（つまり何もなくなる）ことをいっている．そういった規則は，メロディーの非終端記号を文形式から効率よく取り除くのに使うことができる．

再帰的な規則は，繰り返し適用して，いくつかのシンボルを生成するのに使われることが多い．

2つ目の規則 [新しい小節] は最初の規則に似ていて，非終端記号の音符を繰り返し生成することができる．だが，さらに縦線の終端記号も生成し，これは小節の終わりと新しい小節の始まりを示す．

メロディー のような非終端記号から始めて，文法規則を適用しながら非終端記号を繰り返し置き換え，一連のシンボルを生成することができる．たとえば『虹の彼方に』の最初の小節は，次のように作ることができる．

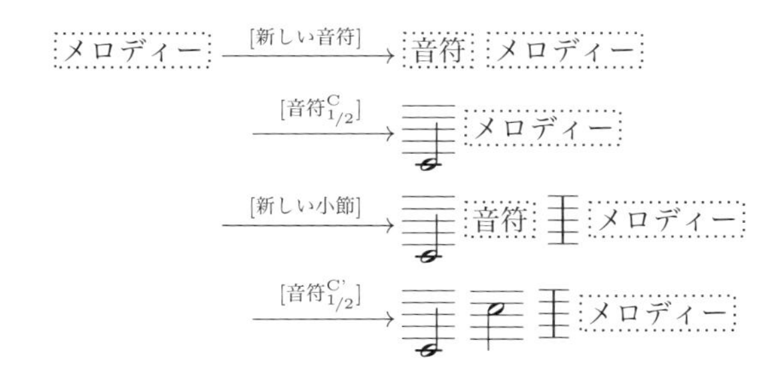

それぞれの行のラベルのついた矢印は，どの規則を適用したかを示している．

たとえば規則 [新しい音符] を適用して，最初の非終端記号の音符を生成している．それからこの非終端記号は，すぐに歌の最初の音符を表現する終端記号で置き換えられる．図 8.2 からどの規則を使ったかを，規則に音程と長さを付記して [音符$^{\mathrm{C}}_{1/2}$] と示している（C は音程，1/2 は 1 小節の半分続く音符だということを表す）．それから，別の非終端記号の音符を生成するのに規則 [新しい小節] を使い，縦線が続いて現在の小節が終わる．新しい非終端記号の音符も，次のステップで終端記号の音符に置き換えられる．

どの規則を使うか決めると，生成されるメロディーが決まる．どの規則を適用するかという順序は，ある程度柔軟に決められることに注意してほしい．たとえば規則 [音符$^{\mathrm{C}}_{1/2}$] と [新しい小節] は入れ替えて適用できて，同じ文形式が得られる．

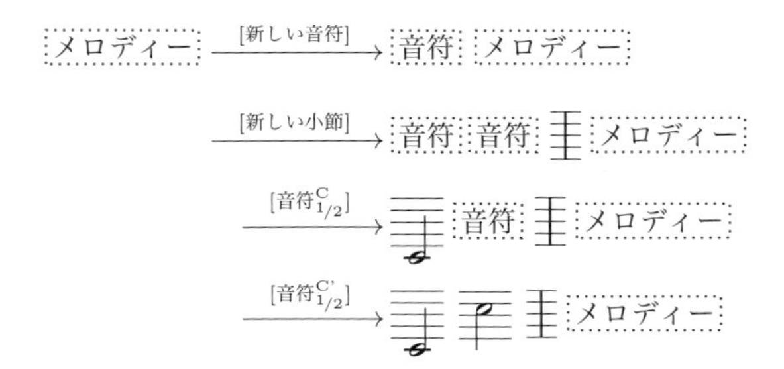

2 つの非終端記号の音符を置き換える規則の順序も入れ替えることができて，同じ結果が得られる．

3 つ目の規則（[最後の音符] か [メロディーの終わり]）を適用して残っている非終端記号のメロディーを除去し，一連の規則の適用を終わらせることもできる（[最後の音符] を使うと，結果の非終端記号の音符を除去するのにもう 1 つの [音符] 規則を適用する必要がある）．生まれる一連の終端記号が言語の文であり，最初の非終端記号のメロディーから最後の文まで，一連の文形式と規則の適用は**導出**と呼ばれる．そういった導出が存在して初めて一連の終端記号はその言語の文となり，言語に文が含まれるか決定するのは，つまるところ対応する導出を見つけることになる．導出は，結果として生まれる一連の終端記号がその言語の要素だということの証明である．

文法の非終端記号の 1 つは，**開始シンボル**として指定されており，文法で定義される文の主要な概念を表現する．この非終端記号は文法に名前も与える．たとえばこの文法の目的はメロディーを定義することなので，文法の開始シンボル

は メロディー であり，この文法をメロディーの文法と呼ぶことができる．メロディーの文法で定義される言語は，開始シンボルの メロディー から導出できるすべての文を集めたものだ．

8.3　構造は木の上で育つ

特定の分野に2つ以上の言語（音楽であれば五線譜とタブ譜）があるのは奇妙に見えるかもしれないし，何か理由があるのかと考えるかもしれない．標準的な記法としては，言語が1つだけあったほうがよいのではないだろうか？ 食べ物や服や旅行先がいろいろあるのはうれしいが，違う言語を使わなくてはならないのは面倒で手間のかかる仕事だ．翻訳して意味を明確にする必要があるし，誤解や間違いのもとになる．バベルの塔の物語では，言語が多数存在することは罰と見なされている．エスペラント語のような世界共通語を作り出そうという取り組みは，言語が多すぎることで起こる問題を廃絶しようという試みだ．そして言語標準化委員会は，専門用語が多様化するのを統制するために，自分たちが絶え間なく闘っていると考えている．

これだけ面倒なのに，どうしてそんなに多くの異なる言語があるのだろうか？ 特定の目的に適うという理由で新しい言語が採用されることもよくある．たとえばHTMLやJavaScriptのような言語は，インターネット上の情報を表現するのに役立つ． これは多くの企業や組織にとって，きわめて有益だ．音楽の分野だとタブ譜は，多くのギタリスト，特に五線譜を知らない人たちの役に立つ．プログラムできる音楽機器（シーケンサーやドラムマシン）の進歩に伴い，MIDI(Musical Instrument Digital Interface)言語が開発された．MIDI言語は，シンセサイザーに音を出すよう命じる制御メッセージを符号化する．これはMIDI版『虹の彼方に』の冒頭だ．

```
4d54 6864 0000 0006 0001 0002 0180 4d54 ...
```

だがこの表現は，シンセサイザーを制御するには効率的だが，決して使いやすくはない．数字や文字が何を意味していて，表現しているであろう音楽とどう関係しているのかも，明確ではない．人は五線譜やタブ譜を使い続け，その音楽をシンセサイザーに入力したくなったら，楽譜からMIDIに翻訳するのが便利だ．五線譜とタブ譜とで翻訳したいこともあるかもしれない．もちろん私たちは，アルゴリズムを使って言語間で自動的に翻訳したいし，表現された意味つまり音楽を保存したいと考える．

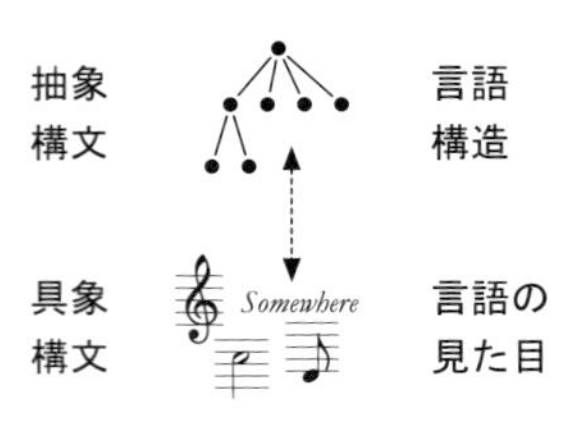

異なる記法の間の翻訳は，**抽象構文**と呼ばれる中間表現を通すことで最もうまくいく．文に出てくる文字や**見た目**を定義する**具象構文**と反対に，抽象構文は階層的に文の**構造**を明らかにする．曲の具象構文は五線譜だと音符，縦線，その他のシンボルを連ねて与えられるが，曲の階層的な構造を捉えるには適していない．そのためには，第4章や第5章で家族やディクショナリを表現するのに使った，ツリーを利用できる．抽象構文は**抽象構文木**で表現される．

具象構文から抽象構文への変換は2つのステップで実現できる．まず具象構文の一連のシンボルが**解析木**に変えられる．解析木はシンボル間の階層的な関係を捉えたものだ．それから解析木は抽象構文木に単純化される．文の導出と並行して解析木を構築できる．導出の各ステップで，非終端記号は規則の右辺によって終端記号に置き換えられることを思い出そう．ここで右辺で非終端記号を置き換える代わりに，単純に右辺の各シンボルに対応するノードを追加して，非終端記号に辺でつなげてみる．したがって，それぞれの導出ステップはツリーの末端の非終端記号に新しいノードを追加して，抽象構文木を拡張することになる．前述の導出に従うと，次のような一連のツリーが最初に得られ，規則の適用によってツリーがどのように下に伸びていくかわかる．

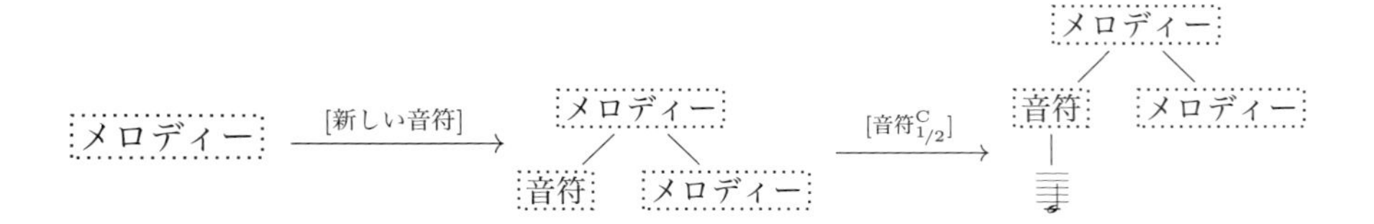

この2つのステップは単純でわかりやすい．次の2つのステップはある意味で予想外の結果になる．解析木が歌の構造を明らかにしないからだ．解析木を見ても，メロディーがどんな小節でできていて，小節がどんな音符でできているかわからない．

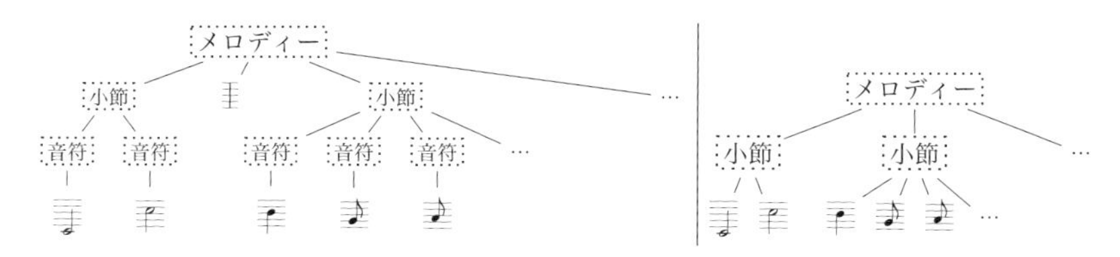

図 8.3　メロディーの構造は構文木で表現されている．構文木は導出結果の構造を保持するが，どの規則をどの順序で適用したかといった詳細は無視する．左：導出の詳細をすべて記録した解析木．右：不要な詳細を除き，構造に関する情報だけを保持する抽象構文木．

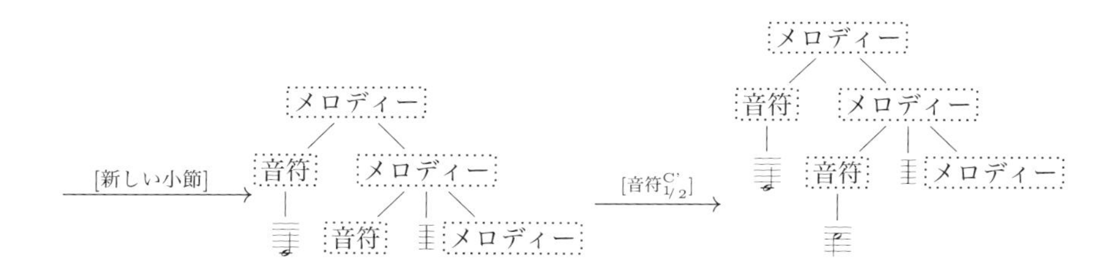

構造がないのは，文法の定義のしかたによるものだ．先に述べた文法の規則は，メロディーを一連の音符に単純に展開した．だから解析木に小節がまったく現れないのは，驚くことではない．小節を扱えるように文法の定義を変えることで，状況を是正できる．図 8.3 は，解析木と抽象構文木の一部を示している．計算機科学のツリーは上下逆に，ルートが上でリーフが下にくるように描かれる．非終端記号はツリーが枝分かれするところにあって，終端記号はツリーのリーフにある．

図の解析木は導出をツリーに変えた直接の結果で，ツリーを別の記法に変換するうえでは必要ない部分も含め，導出の詳細をすべて保持している．それに対して抽象構文木は，文の構造に必須でない終端記号や非終端記号を無視する．たとえば音符を小節にまとめるのは，すでに非終端記号の小節がしているので，終端記号の縦線は冗長である．また非終端記号の音符も，終端記号の音符に必ず展開されるので必要ない．非終端記号の小節に終端記号の音符を直接追加することで同じ構造を捉えられるので，やはり非終端記号の音符を削除できる．解析木と抽象構文木は共通の構造を共有する．どちらのルートも非終端記号のメロディーで，リーフはすべて終端記号のシンボルだ．抽象構文木は文の構造をより直接的に反映しており，分析や翻訳の基礎となっている．文の意味を定義するのにも役立つ．

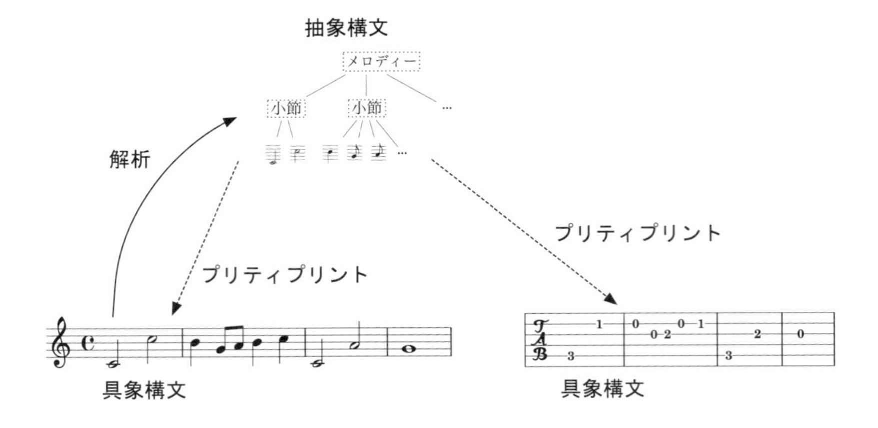

図 8.4　解析は文の構造を特定して構文木として表現する過程だ．プリティプリントは構文木を文に変換する．抽象構文木には欠落している終端記号（たとえば縦線）があるかもしれないので，プリティプリントは構文木のリーフの終端記号をただ集めるだけではなく，一般的には終端記号を追加する文法規則を適用しなくてはならない．タブ譜を解析する矢印がないのは，タブ譜が曖昧な記法で，抽象構文木を一意に構築することができないからだ．

与えられた文から解析木や抽象構文木を構築する過程は**解析**と呼ばれる．文，構文木，解析の関係を図 8.4 に示した．解析はいくつかの異なるアルゴリズムが存在する計算だ．文法がある言語における文の明確な定義を与えるように，解析にも与えられた文を解析木にするのに戦略が必要となる．解析の難しさは，文を分析していく際にどの文法規則を選ぶか決めることにある．文を解析する戦略は様々だ．すでに見たものは**トップダウン解析**と呼ばれ，文法の開始シンボルで始まり，規則を繰り返し適用して非終端記号を展開し，徐々に構文木を構築する．ツリーのリーフに終端記号が並ぶまで，この過程は繰り返される．反対に**ボトムアップ解析**は規則の右辺を文にあてはめて，規則を逆に適用する．目標は，合致した規則の左辺の非終端記号をツリーの親として追加し，構文木を作ることだ．単一のルートを持つツリーが得られるまで，これを繰り返す．

逆の過程，構文木を具象構文に変換する過程は**プリティプリント**と呼ばれる．文の構造はすでに与えられており，具体的な表現をどう作るべきか教えてくれるので，プリティプリントは概ね素直な計算になる．

解析やプリティプリントの他に，言語を翻訳するために必要な道具がある．同じ抽象構文を持つ 2 つの言語の間の翻訳は，1 つ目の言語の文を解析して，2 つ目の言語のプリティプリントを適用することでできる．たとえば図 8.4 で五線譜をタブ譜に翻訳するには，最初に五線譜の文を解析して，できた抽象構文木にタブ譜のプリティプリントを適用すればよい．同じ抽象構文を共有していない2つの言語間で翻訳するには，さらに抽象構文木の間で変換をする必要がある．

文の意味は文の構造によって決まり，文の構造は抽象構文木で表現されるので，文の意味を決定するために最初に必要なステップは解析だ．これはとても大事なことなので二度言おう．文を理解するためには，最初に抽象構文木の形で文の構造を明確にしなくてはならない[8)]．これは音楽を聴くときにもいえる．『虹の彼方に』の歌を理解するためには，音を解析して異なる音符を区別しなくてはならない．それによってメロディーが生まれる．さらに音符を小節にまとめることで，どの音符が強調されているかわかり，メロディーの一部としてフレーズを理解できる．最終的には，歌をヴァースやコーラスといったより高いレベルで構造化することで，繰り返しやモチーフを認識するための枠組みが得られる．

構文木は文の意味への入口なので，解析は常に成功するのか，もし成功しなかったら文を理解するうえで何が起こるかといった[9)]．この文（でないもの）には構文木がないので，明確な意味を持たない．けれども，1つの文に対して違った構文木を**いくつも**構築できたらどうなるだろう？　この疑問については第9章で考察する．

---

8) 慣用表現はこの規則の例外だ（第9章を参照）．

9) おっと．最後に「疑問が出てくる」と書くのを忘れてしまったので，この文の解析は成功しない．この場合は抜けている部分を足して文を直すことができるだろうが，それができない文は意味がないままとなる――これは読み手や聞き手にとって，とてもイライラする体験だ．

薬局からの折り返し電話

薬をもらうために薬局にいるが，1つ問題がある．処方箋には，カプセルなのか液体なのか，用法が書いていないのだ．処方箋が曖昧で正確な意味を持っていないので，これはアルゴリズムを表現していない．処方箋に，薬剤師が薬を調剤するための実際のステップが記述されていない．

曖昧になる理由はいくつかある．この場合は，抽象構文木にある用法についての非終端記号が展開されておらず，情報が欠落している．薬剤師は医師の処方を実行できないので，説明を聞くために電話しなくてはならない．曖昧さが解消されたらアルゴリズムが実行できて，無事に薬を用意できる．

医師と薬剤師の分業は，2人とも処方箋という共通言語を使うのでうまくいく．けれどもそれだけでは十分でなく，2人が同じように言語の文を理解しなくてはならない．これは些細な要求ではない．薬の名前や用法が省略されていると間違った処方につながるのが，その証拠だ．言語の意味あるいは意味論を定義する単純な思いつきは，ありうる文それぞれに明示的に意味を与えることだ．だがこれは無限の文を持つ言語ではうまくいかないし，有限の言語であってもそういったアプローチはほぼ現実的ではない．

その代わり意味論定義は，2つの関連するステップで動作する．まず個々の単語に意味を与え，それから部分の意味から文の意味を導出する規則を定義する．たとえば血液検査の指示書では，個々のチェックボックスの意味は特定の検査の指示になる．そしてそういうチェックボックスのグループは，指示の集まり，つまりそのグループのチェックボックスそれぞれの意味から得られる指示をすべて実行するという定義になる．こうした構成的なアプローチには言語の構文定義が必要で，それにより抽象構文木のように，文の構造を意味論定義に利用できるようになる．

血液検査と処方箋の言語から，言語の意味論は異なる形をとりうることがわかる．たとえば処方箋は，処方箋を埋めるアルゴリズムを定義する一方，血液検査の指示書は採血して検査を実行する指示を提供する．この2つの言語のアルゴリズムを実行する計算機は，仕事をやり遂げるために異なる意味論，つまりは異なるスキルセットを必要とする．血液検査の指示書の言語からは，1つの言語であっても，特定の量の血液を採ることと異なる検査をすることという異なる意味論を持つことがあるとわかる．したがって１つの言語の１つの文も，異なる計算機（たとえば採血士とラボの技師）によって異なる形で実行され，まったく関係ない結果を生み出すことがある．これは有益で，分業するのに役立つ．

１つの言語が異なる意味論を持つことの重要な応用例は，アルゴリズムを分析して潜在的な間違いを特定・除去し，計算が誤った結果を出すのを防ぐことだ．異なる人が文書を読み，誤字や文法誤りを見つけたり，内容を評価したり，フォントが規定に準拠しているかを確認したりすることと比べてみよう．これらの作業の目的はすべて異なり，文書を出版する前に実施しなくてはならない．これと同じく患者に意図しない副作用が出ないように，薬剤師は処方箋を二重に確認してから調剤しなくてはならない．

言語はどこにでもある．処方箋，ラボの仕事，音楽，その他数えきれない特定の分野に加えて，計算機科学自身も幾千のプログラミング言語に限らず多くの言語であふれている．文法を記述する言語についてはすでに見てきた．言語の意味論を定義する言語や，解析やプリティプリントを定義する言語，その他にもたくさんの言語がある．言語は，データと計算を表現するのに不可欠な，計算機科学の道具だ．患者の健康と安全が，処方箋の意味論が明確かどうかにかかっているように，言語の効果的な使い方は，その意味論が正確かどうかにかかっている．『虹の彼方に』の歌に基づいて，第９章では，言語の意味論がどのように定義されるか，そしてそういった定義を確立するのに必要ないくつかの挑戦について説明する．

9 正しい音程を見つける
——音の意味

第8章では『虹の彼方に』の歌の楽譜がアルゴリズムで，音楽家が実行して音楽を生み出せることを見てきた．アルゴリズムは作曲家ハロルド・アーレンによって，五線譜の言語で書かれて（つまり作られて符号化されて）いた．この言語の構文は文法で定義することができ，文の外観は楽譜として，内部構造は抽象構文木として定義されている．

1つの言語が複数の文法で定義されうることも見てきたが，これは最初奇妙に見えるかもしれない．だが文法の違いから抽象構文木の違いが生まれ，表現される音楽構造の見え方も違ってくる．こうした違いは重要で，ジュディ・ガーランドが『虹の彼方に』を歌いたいと思ったときは，最初に記譜法を解析して歌の構造を明らかにしなくてはならない．言い換えると，言語の意味が抽象構文を作るのだ．

どの言語でも曖昧さが問題を引き起こすのは，このためだ．もし文に2つ以上の抽象構文木があったら，意味づけをするときにどの構造に従うべきかわからないからだ．つまり，曖昧な文は2つ以上の意味を持つことがあり，これが**曖昧**という単語のふつうの定義だ．

この章では曖昧さの問題を詳しく見ていき，文がどのように意味を獲得するかという疑問に対処する．言語の意味をシステマティックに定義できるかどうかは**合成**の概念にかかっているというのが，鍵となる洞察だ．これは，文の一部の意味を文の構造が定義するシステマティックなやり方で組み合わせることで，文の意味が得られるかということだ．言語の構造は，意味を定義するうえで中軸となる役割を担っていることを，これは示している．

9.1 それは正しいようには聞こえない

記譜法の言語はかなり単純な文法で定義できる．けれどもそういう単純な言語であっても，どの文法規則を使うべきかは明確でない．言語を悩ませる問題の1つは**曖昧さ**，1つの文が2つ以上の意味を持ちうることだ．曖昧さは2つの異なるやり方で文の中に忍び込む．1つは，言語にある基本的な単語や記号が曖昧になりうるということ，**語彙的曖昧性**（多義性）と呼ばれる現象だ（第3章を参照）．もう1つは，文の中の単語の特定の組み合わせが，たとえ単語そのものは曖昧でなくても，曖昧になりうることだ．これは**文法的曖昧性**（構造的曖昧性）と呼ばれる．たとえば「Bob knows more girls than Alice.」という文を考えてみよう．これはボブがアリス以外の女の子を知っているという意味にも，アリスよりも多くの女の子を知っているという意味にもとれる．

文法的曖昧性は，与えられた文に対して文法が2つ以上の構文木を生成できるときに起こる．音楽の例を続けて，『虹の彼方に』の次の部分を考えてみよう．おかしなことに楽譜には縦線がまったく*なく*，文が曖昧になっている．演奏するときにどの音符を強調するべきか，1つ目か2つ目か，明確でないからだ．

もしこの歌を知っていて歌おうと思ったら，2つ目の音符を強調すべきだと気づくだろう．最初の音符を強調して歌うのは，おそらく簡単ではない．だが，ふつう強調するのは最初の音符だ．つまりこれは，ジュディ・ガーランドが元の楽譜ではなく縦線のない楽譜を受け取っていたら，間違って最初の音符を強調するべきだと考えただろうということだ．この2つの異なる解釈は，2つの異なる抽象構文木に反映される．それを図9.1に示した．1つ目の解釈は最初の8個の音符を最初の小節に，最後の音符を次の小節にまとめる．2つ目の解釈は最初の音符を最初の小節に，残り8個の音符を次の小節にまとめる．

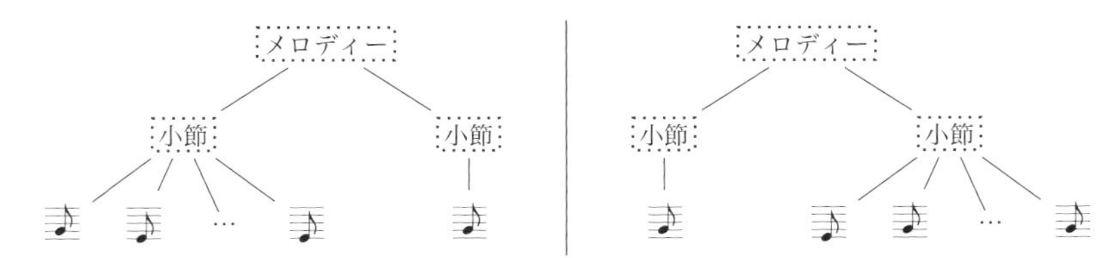

図 9.1　文法の曖昧さによって，文には異なる抽象構文木ができる．これらのツリーは同じ文に対して異なる階層構造を作る．文の構造は文の意味に影響を与えるので，一般的にそういった文の意味は決定できない．

縦線のシンボルを含まないように文法を修正すれば，どちらの構文木も導出できる．2つの抽象構文木の違いは，最初の小節の非終端記号を展開するのにどの規則を使うか決めた結果による．図の左のツリーは音符の非終端記号8個に展開した結果で，右のツリーは音符の非終端記号1つだけに展開した結果だ．どちらのツリーも同じ一連の音符を表現しているが，内部構造は異なる．左手のツリーは「Some」を強調して，右手のツリーは「day」を強調している．この一連の音符は正しく解析できない．9個の音符を足した合計時間は $1^{1}/_{8}$ となり，1小節に収まらないからだ．

文を正しく表すためには，音符を2つの小節に分ける縦線をどこかに置かなくてはならない．縦線の正しい置き場所は最初の音符の後だ．これで2つ目の音符を強調することになる．

『オズの魔法使』には，英語の曖昧さについての別の例もある．ドロシーと仲間がエメラルドの都にいるときに，意地悪な魔女がほうきで「Surrender Dorothy」と空中に書く．このメッセージは，エメラルドの都の住人にドロシーを引き渡すよう呼びかけたともとれるし，ドロシーにドロシー自身を引き渡すよう呼びかけたともとれる．後者の場合，「Surrender」と「Dorothy」の間にはカンマがあるはずだ．記譜法の縦線が正しい構造やメロディーの強弱を明らかにするように，カンマやピリオドも自然言語を書くときにはこの目的を果たす．そしてプログラミング言語では，句読点のシンボルやキーワードが同じ目的を果たす．

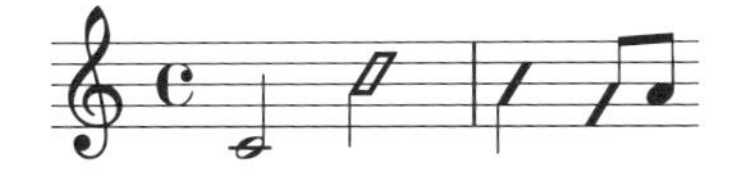

アルゴリズムを解釈する際に何のステップを実行するか選べるようにする仕掛けを，言語が提供することもある．たとえばこのような即興の表記があると，音楽家は2，3，4番目の音符の音程を選べるようになる．

そういった仕掛けを使うアルゴリズムは**非決定的**と呼ばれる．記譜法では即興の余地を作るために，つまり音楽家がもっと自由に曲を解釈したり演奏したりできるように，使われることがある．けれども非決定性を曖昧さと混同してはならない．アルゴリズムの見地からすれば，楽譜は，音楽家が一連の音，特定の音程と長さの音を生み出すための命令を提供する．逆に曖昧な記法だと，音楽家は何をすればよいかわからない．したがって，非決定性は言語の**機能**だが，曖昧さは言語の構文定義の**バグ**だ．これは驚かれるかもしれないが，いくつかの選択肢を残すアルゴリズムはかなり一般的だ．たとえばヘンゼルとグレーテルが道を見つける単純なアルゴリズムで，次に選ぶ石は一意に指定されているわけではない．

曖昧さは言語に蔓延する現象だ．言語は単なるきちんとした文の集まりではなく，抽象構文木という形で文とその構造を紐づけているということを思い出させてくれる．曖昧さは面白い．音楽に使われて巧みな効果を生み出すこともある．たとえば聴き手が特定の解釈をするようにメロディーを始めて，それから違うリズムを加えて驚かせ，解釈を変えさせたりする．

今回の例では，次のように試してみることができる（これは２人でやるのが一番いい．キーボードを使えるなら１人でもできるが，効果はあまり強くない）．１人がＧとＥの８分音符を交互にハミングまたは演奏し（歌いはしない——おそらく難しすぎるので），そのときＧに（間違った）強拍をつける．それからしばらく経ったところで，１人目のＥのハミングに合わせて，もう１人が（たとえばＣの）４分音符のハミングを始める．何回か反復すると，リズムが変化して，歌が急に『虹の彼方に』のよく知られた部分のように聞こえてくる．

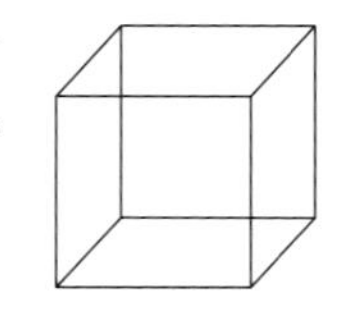

他の記法でも，曖昧さは同じように起こる．おそらくネッカーの立方体を見たことがあるだろう．絵をずっと見ていると，右から見下ろすのではなく左から見上げるように認識が変わってくる．ここにもまた，構造を２通りに解釈できる１つの映像表現がある．この曖昧さは重要だ．立方体の右上前方の角に触れたいとしよう．そのときに触れた場所は図の解釈によって決まる．

関連する図として，（Ｍ・Ｃ・エッシャーの絵に着想を得た）ペンローズの三角形がある．だがこれらの図の主題は異なる解釈の間の曖昧さではなく，人が体験する物理的実体と整合性のある解釈が存在**しない**ということだ（第12章を参照）．

曖昧さは興味深い概念で，「Let's eat, grandma（お祖母ちゃん，食べよう）」と「Let's eat grandma（お祖母ちゃんを食べよう）」の違いに見られるように，自然言語のユーモアの源泉である．だが曖昧さはアルゴリズムの言語に対しては深刻な問題を引き起こす．文が意図した意味を明確に表現する妨げになるからだ．言語の構文と意味との間には微妙な相互作用がある．一方では，意味を定義できるようにするために，言語の構文を注意深く検討しなくてはならない．他方では，構文を正しく定義できるようにするために，意味を理解しなくてはならない．

9.2　意味を獲得する

曖昧さの例は，文の構造を知らないと正しい意味を理解できないということを示している．けれども文の意味というのはいったい何だろう？

英語のような自然言語は，何について話すときにも使われる．「話せることは何でも」という以上に，その意味の範囲を狭めることは極めて難しい．音楽の言語の場合はずっと簡単だ．文つまり曲の意味は，その曲が演奏されたときに聴くことのできる音だ．言語の意味やどう定義するかという疑問に深く飛び込む前に，**意味**という言葉の2つの異なる感覚について指摘しておきたい．一方には個々の文の意味が，他方には言語の意味がある．両者を区別するため，言語について話すときは**意味論** (semantics) という単語を，個々の文について言及するときには**意味** (meaning) という単語を使う．

文，言語，意味がどう関連しているかの概要を図9.2に示した．簡単にいうと，言語の意味論はその言語の文すべての意味で与えられ，個々の文の意味は，言語が話している分野の値にその文を関連づけることで与えられる．

音楽の言語における特定の文の意味は，誰かが演奏する音楽だ．だが音楽家が変われば，歌の解釈のしかたも変わる──歌う人もいれば，楽器を弾く人もいれば，和音や速さを変える人もいる──ので，その歌の意味として定義できるただ1つの音というのはないように見える．この問題は，特定の音楽家による特定の楽器での演奏を前提としたり，MIDIシンセサイザーによる演奏を標準としたりすることで対処できる．代わりに『虹の彼方に』の意味は，曲の正しい演奏による音すべてだということもできる．もちろん，これによって正しい演奏とは何かという疑問がさらに生まれる．この厄介な哲学的主題について深く議論するのを

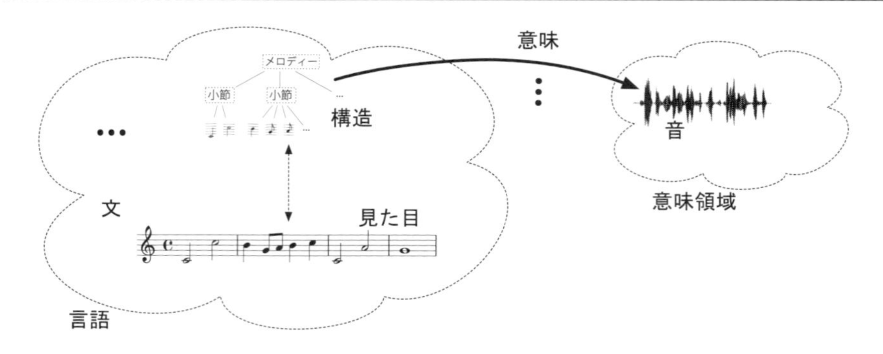

図 9.2　言語の意味論は，抽象構文木で表現されるそれぞれの文の構造を意味領域の要素と対応づけることで与えられる．このような意味の捉え方は，表示（意味）を文の構造に割り当てるので，**表示的意味論**と呼ばれる．

避けるため，前合衆国最高裁判所判事ポッター・スチュワートが猥褻の基準は何かと聞かれたときに答えた「見ればわかる」という有名な言葉に触れておく．だから『オズの魔法使』に出てくる『虹の彼方に』のオリジナルバージョンを聴いたことがあれば，ある演奏を聴いてそれが正しい演奏かどうかをいうことができる．結局のところ音楽は芸術であって，形式的な定義で完全に捉えることはできないからといって驚いたり心配したりするべきではない．ここで重要なのは，『虹の彼方に』の楽譜の意味は，曲をよく知る誰かがその演奏だと認識する音のことだという点だ．

想像しうる限りの音楽の譜面を演奏して結果の音をすべて集めると，意味領域が得られる．五線譜やタブ譜のような言語に対する**意味領域**は，その言語のどんな文の意味もすべて集めたものだ．意味領域は間違いなく大きなものになるが，含まれ**ない**ものも多い．たとえば，車や動物や思想や映画や交通規則などだ．したがって意味領域は，ある言語の文が何を指すか利用者が期待できるものを記述しており，その言語を特徴づけるのに役に立つ．

言語の個々の文をすべて集めたものとそれに関連する意味が，言語の意味論を構成する．言語が曖昧でなければ，いずれの文もただ１つの意味を持ち[1]，その言語から文を取り出すと常にその意味がわかる．曖昧な言語では，１つの文が複

[1] 正確には，いずれの文も**最大で**１つの意味を持つ，というべきだ．構文の正しい文でも意味がないことがあるからだ．たとえば「緑は衝動を考えた」の意味は何だろうか？

数の構文木を持ち，それぞれが別の意味を持つので，1つの文が2つ以上の意味を持ちうる．意味を記述する見方は**表示的意味論**と呼ばれ，意味を文に割り当てるという考えに基づいている．計算機科学で言語の意味論を定義するには他にもいくつかのアプローチがあるが，おそらく表示的意味論が，他のものより直観に最も近く，理解しやすいだろう．

言語の主要な目的は意味の伝達だが，発明された言語に最初から明らかな意味論はない．したがって言語を役立つものにするためには，意味論を割り当てる必要がある．たいていの言語は無限の文でできているので，すべての文とその意味を単純に列挙するわけにはいかない．言語の意味論を定義するには，何か他のシステマティックな方法が必要だ．この疑問を煮詰めれば，究極的には個々の文の意味を定義するアルゴリズムを見つけることになる．言語のそういったアルゴリズム的な表示的意味論定義は，2つの部分から成っている．1つは，終端記号から意味領域の基本的な要素への対応づけだ．今回の場合は，個々の音符を特定の音程・長さの音に対応づけることを意味する．もう1つはそれぞれの非終端記号の意味を，構文木中の子の意味からどうやって構築するかという規則だ．この例では3つの非終端記号がある．音符の非終端記号はちょうど1つの子を持ち，音はその子の音に決まるので，規則は些末だ．小節の意味は，子の音を出てくる順につなげることで得られる．最後にメロディーの意味は，小節と同じように，つまり小節の意味として得られる音をつなげることで得られる．

この例は，文の意味が抽象構文木を通してシステマティックに構築される様子を示している．リーフの意味を統合して親の意味とし，さらにそれらの意味を統合し，ツリーのルートの意味が得られるまで続ける．この形式の意味論定義は**合成的**と呼ばれる．合成的定義は，文法が有限の規則を通じて無限の言語の構文を定義するやり方を反映しており，魅力的だ．意味論が合成的な方法で定義される言語もまた，合成的と呼ばれる．合成の原則は，数学者で哲学者のゴットロープ・フレーゲが，言語や言語の意味論を形式的に定義する方法を研究していたときに見出したものだ．文法によって得られる無限の文の意味を有限の範囲で記述するには，ある程度まで合成できることが原則として必要になる．もし言語が合成的でなければ，任意の文の意味を得るのに各部分の意味を合成することができず，個別に意味を記述しなくてはならないので，意味論を定義するには総じて問題がある．そういった個別の記述は，意味を決定する一般的な規則を上書きする例外となる．

ここで述べている単純化した音楽の言語は合成的だが，他の多くの言語はまったく，あるいは一部しかそうではない，英語はそんな例の1つだ（他の自然言語もたいていはそうだ）．非合成的であるとても単純な例としては，複合語を見てみればいい．消防士 (firefighter) は火と戦う人だが，ホットドッグ (hot dog) は高温の犬のことではないし，おとり (red herring) は特定の色の魚のことではない．他の例は「バケツを蹴る（死ぬ）」とか「豆をこぼす（秘密を漏らす）」といった慣用表現で，出てくる単語を組み合わせることでそれぞれの意味が得られる．

五線譜にも非合成的な要素がある．たとえばタイは，2つの連続した同じ音程の音符，よくあるのは小節の最後の音符と次の小節の最初の音符をつなげるシンボルだ．『虹の彼方に』では歌の最後の「why oh why can’t I?」というフレーズに出てきて，「I」は2つの小節全体にまたがって続く1つの音符として歌われる．メロディーの意味を見つける規則に従うと，個々の小節の意味を決定してから，それらをつなげなくてはならない．それでは2小節の長さの音が1つではなく，1小節の長さの音が2つになってしまう．したがって2つ（以上）の小節にわたって結ばれた音符の意味を正しく得るために，メロディーの意味を見つける規則は，音符がタイで結ばれた複数の小節をまとめて扱う規則で上書きしなくてはならない．

文の意味を決める規則は，音楽家が記譜法を解釈するときに従う規則と非常によく似ている．これは偶然ではない．というのも言語の表示的意味論は，その言語から与えられた文の意味を計算するアルゴリズムだからだ．表示的意味論が与えられた言語を理解する計算機は，意味論を実行，すなわち文の意味を計算できる．意味論を実行できる計算機やアルゴリズムは，**インタプリタ**（解釈器）と呼ばれる．ヘンゼルとグレーテルを，石をたどる命令のインタプリタと見なすのは奇妙に見えるかもしれないが，ジュディ・ガーランドをハロルド・アーレンの音楽のインタプリタと呼ぶのに反対意見は出てこないだろう．アルゴリズムによって計算を繰り返せるように，言語の定義によって，計算機がその言語の文を実行したり繰り返せるようになる．記譜法の場合は，記譜法の意味論を理解できれば誰でも，記譜法をどう解釈するか学習できる．言い換えると意味論によって，音楽の教師がいなくても音楽家に教えることができるようになる．自分自身を教えられるようになるのだ．

インタプリタに関する疑問は，音楽の演奏を録音したらどうなるかということだ．録音は，曲の意味を何か具現化するようなものか？ 実際のところ，そうではない．音楽の録音は単に，その音楽の別の表現を生み出しているだけだ．『虹の彼方に』の最初の録音はアナログレコードで出て，その溝がレコードプレイヤーの針で解釈されて，音波に変換された．後に音波は一連のビット（0と1）としてCDにデジタルで符号化され，レーザーで読まれ，DA（デジタル–アナログ）コンバータで解釈され，音波を再生した．今日では，ほとんどの音楽はMP3のようなソフトウェア形式を使って表現されており，インターネットを通じて音楽をストリーミングするのに役立っている．どんな表現であれ，あくまでも特定の形式や言語での音楽の表現に過ぎず，言語の命令を実行して意図した音を生み出すには演奏家や計算機が必要だ．だから曲を演奏したり録音したりするのは翻訳の一形態で，五線譜のような実際ある言語から音波のビット表現のような別の言語への翻訳なのだ．

さらなる探求

『虹の彼方に』の曲は，それぞれの文には構造があって，意味を理解するうえで重要であるということを説明するために用いた．他の曲も，十分に表現力のある記譜法で記述されている限りは，同じように曲の構造や記法の潜在的な曖昧さを調査するのに使うことができる．記法を構成する音符や縦線や他の要素の重要性を理解するためには，音楽の別の記譜システムを調べて，その限界を理解するのがよい．特に，既存の記法のシステマティックな制約から新しい言語ができる．たとえば音符がとれる音程を制限することで**打楽器の記法**が生まれて，音程をすべて無視することでリズムの言語が生まれる．さらに音符のとれる長さを2つだけ（「短い」ものと「長い」もの）に減らすことで，**モールス信号**が得られる．**コードシンボル**はメロディーを無視して曲の和音の進行だけを表し，**コードチャート**はコードシンボルとリズム記法を組み合わせて，曲の和音とリズムの進行を表している．

五線譜はよくある文字の言語よりも視覚的だが，文（つまり曲）は一連の音符のシンボルの場所や見た目を変えて使っている．この原則は，伝統的な文字の言語ではない多くの記法でも，基礎を成している．たとえば国際的な絵文字**ブリス**では，文は一連の単語でできており，それぞれの単語はシンボルで，より単純なシンボルを組み合わせて単語にすることもできる．これはエジプトの**ヒエログリフ**と一部似ているが，ヒエログリフではシンボルの大きさや表しているものの意図に応じて，異なるやり方で組み合わせる．ブリスやヒエログリフは，任意の考えを表現するための汎用的な言語だ．それに対して五線譜は狭い領域に特化しており，そのためずっと単純だ．目的に特化した記法の例としては**化学式**があり，分子の原子組成を記述する（たとえば水に相当する H_2O という式は，水分子が酸素原子1つと水素原子2つでできていることを示している）．

これまでの例はまだほとんど線形の記法だ．つまり，これらの言語の文はシンボルが連なってできている．視覚言語は2次元の配置を使うと，もっと表現豊かになる．たとえば化学式は分子を構成する原子の割合だけを表現して，原子の空間的な配置は無視する．それに対して，**構造式**は原子の幾何学的な配置も記述する．同様に**ファインマン・ダイアグラム**は2次元の言語で，物理学で素粒子の振る舞いを記述するのに使われる．

これらの言語はすべて1次元もしくは2次元の静的な表現を用いており，これは誰かが文の写真を撮って誰か他の人に送れば，その人が解釈できるということを意味する．他の言語はこのスナップショットの制約を超え，時間次元も用いる．たとえば**ジェスチャー**は言語の一形態だ．身体の各部の動きは1枚の写真では捉えきれない．身体の動きの言語を定義するためには，ビデオや連続写真を撮る必要がある．コンピュータやタブレットや携帯電話のユーザーインターフェースで，スワイプやピンチといった手の動きは実行すべき動作に解釈される．ジェスチャーに加えて，たとえば**ラバン式記譜法**のような踊りを記述する記法もある．その言語の文は舞踏家が実行するアルゴリズムで，計算として踊りを生成する．**折り紙の折り方**は似たような言語で，紙で何かを折るアルゴリズムを記述している．言語は人間だけに制限されてもいない．たとえば『ドリトル先生』の冒険のシリーズで，動物たちは鼻や耳や尾の動きで意思疎通する．フィクションでなくても，たとえば食べ物の場所を伝える**ミツバチのダンス**が見つかる．

言語の意味は，文の抽象構文を意味領域の値に翻訳する規則で定義されている．この規則についてお互いが同意しているとき初めて，意思疎通は成功する．ルイス・キャロルの本『不思議の国のアリス』と『鏡の国のアリス』では，規則が破られたり相手が異なる解釈をしたりしたときにどうなるかが書かれている．

制御構造とループ

恋はデジャ・ブ

習慣の力

職場に戻って最初の仕事は，手紙を何通か出すことだ．特に考えることなく，それぞれの手紙を水平に2回折って高さを3分の1に減らし，封筒に入れる．この作業はいつも完璧にうまくいく．使っている紙と封筒は決まった大きさで，この折り方で紙が封筒にぴったりの大きさになることを，だいぶ前に見つけていたからだ．

折る手順はアルゴリズムで記述される計算，すなわち折り紙の基本的な例だ．紙を折るアルゴリズムは単純だが，言語について多くのことを示している．

最初は，アルゴリズムを少し違った2つのやり方で記述できるということだ．“折る”というのが上から特定の距離（たとえば紙の長さの3分の1）で折るという意味なら，「折って折る」とも「2回折る」ともいえる．大した違いではないように見えるが，動作の繰り返しを記述するうえでこれら2つは根本的に違う．1つ目が繰り返す動作を必要な回数だけ明示的に列挙しているのに対して，2つ目は動作を何回繰り返すべきかだけ述べている．もっと大きな紙を何ステップも使って折る必要があるときに，この違いは明確になる．たとえば3回折るとき，2つのアプローチはそれぞれ「折って折って折る」と「3回折る」になる．次に500回かそれ以上繰り返す場合を想像してみよう．どちらのアプローチが現実的かわかるだろう．

1つ目の記述が個々のステップの**逐次合成**なのに対して，2つ目は**ループ**で，どちらも**制御構造**の例だ．制御構造はアルゴリズムの構成要素で，実際にアルゴリズム的な動作はしないが，他のステップの動作を体系化する．これは工場の労働者と管理者に似ている．管理者は直接は何も製造しないが，製造する労働者の行動を調整する．どんな言語であっても，制御構造はアルゴリズムを記述するために不可欠な構成要素で，特にループ（または再帰）は多くの重要なアルゴリズムで利用されている．

実は紙を折るための第3のアルゴリズムがあって，「紙がぴったりの大きさになるまで折る」というだけでいい．このアルゴリズムもループを使っているが，このループは前のループとは重要な点が違う．動作を何回繰り返すべきか明示的にいわず，代わりに，繰り返しを終えるために満たすべき条件を定義している．実際のところこのアルゴリズムは，任意の大きさの紙に使えて，より汎用的な問題を解けるので前の2つよりも汎用的だ．このアルゴリズムをループ（または再帰）なしで表すのは不可能だろう．それに対して決まった回数繰り返すループは，同じ数のステップを並べることで書き換えられる．

1枚の手紙ではなく，文書の束を送らなくてはならないとしよう．5枚を超える紙があるときはいつも，全部折って小さい封筒に詰める代わりに，折らなくても紙束を直接入れられるような大きな封筒を使う．折るか折らないか決めるのは，**条件分岐**という別の制御構造の例で，条件分岐は**条件**に応じて2つの動作の一方を実行する．この場合，条件は紙が5枚以下であることで，その場合は紙を折って小さい封筒を使う．そうでないときは紙を折らずに大きな封筒を使う．

条件はループの繰り返しをいつ終えるか決めるためにも必要だ．ループの終了条件「3回折る」は，カウンターが特定の値，つまり3になったかどうかで表現できる．反対にループの条件「紙がぴったりの大きさになるまで折る」は，ループの中で動作するたびに変わる紙の性質を確認する．後者の条件のほうが，より汎用的なアルゴリズムを表していることからもわかるように，強力だ．けれども，この強い**表現力**は高くつく．カウンターによるループは（カウンターの値がループ内の動作に依存しないので）終了することが簡単にわかるが，汎用的なループでは明白でない．そしてこの種類のループを使ったアルゴリズムがそもそも止まるかどうか，確信を持っていうことはできない（第11章を参照）．

私たちがすることの多くは繰り返しで，ループで記述できることが多い．毎日が繰り返しに見えるときもある．この見方を突き詰めたのが映画『恋はデジャ・ブ』だ．第10章と第11章で，ループや他の制御構造を調査する案内をしてくれる．

10 洗う，すすぐ，繰り返す

どんなアルゴリズムも何らかの言語で与えられ，その言語の意味論がアルゴリズムの表現する計算を決める．言語が違えば意味論も違って，対象とする計算機も違うことを見てきた．たとえばプログラミング言語で表されるアルゴリズムはコンピュータによって実行され，データの計算を意味する．一方で記譜法の言語でのアルゴリズムは音楽家によって実行され，音を意味する．こうした違いにもかかわらず，ほとんどの重要な言語は興味深い性質を共有している．つまり，(1) 直接効果をもたらす**操作**と，(2) 操作の順序や適用や繰り返しを体系化する**制御構造**という2つの命令でできているということだ．

制御構造はアルゴリズムを定式化するうえで重要な役割を担うだけでなく，言語の表現力も決める．これは，制御構造の定義とどの制御構造を言語に含めるかの決定によって，その言語で表せるアルゴリズム，すなわちそれを使って解ける問題が決まるということを意味する．

そういった制御構造の1つはいわゆるループで，繰り返しを記述できるようになる．私たちはすでにループの例をたくさん見てきた．ヘンゼルとグレーテルの道を見つけるアルゴリズムには，まだたどっていない次の石を繰り返し見つけるという命令があるし，挿入ソートはリストの最小の要素を繰り返し見つけることで機能する．記譜法にもループを表す制御構造がある．すでにループを広い範囲で使ってきたが，まだ詳しく議論していないので，この章で議論する．『恋はデジャ・ブ』でグラウンドホッグデーを繰り返す気象予報士のフィル・コナーズに従って，ループや他の制御構造がどのように機能するか説明する．そしてループを記述する様々なやり方と，それが表す計算の違いを見ていく．

10.1 永遠と１日

グラウンドホッグデイについて聞いたことがあるかもしれない．グラウンドホッグ（ウッドチャック）が，冬がさらに6週間続くか早く春が来るか予言するという言い伝えで，次のようなものだ．毎年２月２日にウッドチャックが巣穴から出てくる．晴れた日であれば自分の影を見て巣穴に戻り，これは冬がもう6週間続くことを意味する．曇った日であれば自分の影が見えず，これは春の早い訪れを意味する．

私はアメリカの外で育ったので，1993年の映画『恋はデジャ・ブ』でこの言い伝えを知った．映画の中で，ピッツバーグから来た，最初は横柄で皮肉屋の気象予報士フィル・コナーズは，小さな町パンクスタウニーのグラウンドホッグデイの祭を報道する．この映画の興味深い特徴は，フィル・コナーズが同じ日を何度も何度も過ごさなくてはならないということだ．毎朝6時にラジオの同じ歌で起きて，一連の同じ状況を経験しなくてはならない．映画を通じ，この状況に対してフィル・コナーズが違った振る舞いをするのに伴い，物語の筋書きは展開していく．

繰り返しは私たちの生活すべての重要な部分を占めている．スキルを身につけて意味があるのは，未来に使えることが期待できるときだけだ．もっと一般的にいうと，過去の経験は，その経験をしたときと似たような状況で初めて活かせる．私たちは毎日たくさんのことを繰り返す．起きる，服を着る，朝食をとる，通勤する，などなど．行動（あるいはまとまった行動）を何回か続けて繰り返すことは**ループ**と呼ばれる．繰り返す行動はループの**本体**と呼ばれ，ループの本体を実行することはループの**反復**と呼ばれる．バーで誰かと話しているときに，フィル・コナーズは自分の置かれた状況についてよく考える．

フィル：もし１つの場所から離れられず，毎日がまったく同じで，何をしても関係なかったらどうする？
ラルフ：それは俺のことだ．

この会話を要約すると，ループによって人生は次のように特徴づけられる．

repeat 毎日の決まった行動 **until** 死ぬ
(毎日の決まった行動を死ぬまで繰り返す)

フィル・コナーズの毎日の決まった行動が彼をイライラさせる――そして映画の視聴者を笑わせる――のは，何もかも前の日と同じように起こるからだ．つまり前の日に彼がどう行動しても，直接の反応がない．そうでなければ，歌の終わりの単調な繰り返しのように，映画はすぐに退屈になってしまうだろう．

私たちの日常はふつう，永遠に続くグラウンドホッグデイほど苛立たしいものではない．昨日の行動は今日に影響があるからだ．だから繰り返しのように見えたとしても，毎日は違う文脈で起こるし，自分や他人がすることが変わるとわかっているので，変化・進歩し続けているという感覚がある．このことから2種類のループを区別することができる．反復のたびに同じ結果を生むループと違った結果を返すループだ．最初のループの例としては，生まれた街，たとえばニューヨークの名前を表示するというものがある．街の名前が変わったりしなければ，このループは同じものを変わらず出力し続ける．「ニューヨーク」「ニューヨーク」「ニューヨーク」……．反対に雨が降っているか天気を伝えるループであれば，はいといいえが入り混じった結果が出てくるだろう．チェラプンジ[1)]に住んでいたら，はいという結果しか出てこないかもしれないが．

異なる結果が出てくるループであっても，ループの本体は反復ごとに同じだということに注意してほしい．変化は**変数**によって実現される．変数は世界の一部を指す名前だ．変数名を通して，アルゴリズムは世界を観察，操作できる．たとえば“天気”という変数は，晴れ，といった現在の天気を指し，現在の天気を確認するアルゴリズムは，この変数にアクセスすることで対応する値を得られる．変数“天気”はアルゴリズムで変えられないが，ヘンゼルとグレーテルが次に向かう石を指す変数“石”は，石をたどるたびに変わる．同じように選択ソートでリストの最小の要素を見つける命令では，リストに重複がない限り，“最小の要素”という変数が反復のたびに変わる．

ループという言葉は，ループの記述（アルゴリズム）とループが生み出す計算と，両方の説明に使われることがある．これは，計算の記述と計算の実行との違

---

1) インドの町で，年間降水量と月間降水量の最高記録を持っている．

いを思い出すいい機会だ．毎日の天気を伝えるループは次のようになる．

repeat 天気予報 **until** 永遠（永遠に天気予報を繰り返す）

このループの実行結果は一連の値で，ループの記述そのものとはずいぶん違う．たとえばアルゴリズムを実行すると次のような一連の結果が得られる．

雨 曇 晴 晴 雷雨 晴 ···

天気を伝えるこのループはフィル・コナーズが陥ったループの説明になっている．フィル・コナーズは毎朝，同僚であるウッドチャックのパンクスタウニー・フィルの予報を伝える準備をしなくてはならない（面白いのは，フィル・コナーズがその日いろいろと劇的な行動をした，一度はパンクスタウニー・フィルを殺そうとした，にもかかわらずウッドチャックの予報を伝えるのを一度も欠かさなかったことだ）．もちろんフィル・コナーズは，自分がいるループが永遠に繰り返すことがないのを願っている．実際，ループが次のような形をしていると考えている．

repeat 天気予報 **until** 「何か隠れた条件」
（「何か隠れた条件」まで天気予報を繰り返す）

このループを抜け出すため，最初に彼は隠れた条件を発見しようとする．この条件はどんなループにも不可欠な要素で，**終了条件**と呼ばれる． 物語の終盤で私たちは，彼が善人，他人を気遣って助ける人，になることが終了条件だとわかる．彼の毎日の輪廻はカルマを完成させるための機会を与えており，それがグラウンドホッグデイのような煉獄を離れるための鍵なのだ．

グラウンドホッグデイのループは，次のような汎用的な形式のループの1つだ[2]．

repeat ステップ **until** 条件 （条件 まで ステップ を繰り返す）

最後に出てくる終了条件は，ループの本体が実行された後に評価される．条件が成り立てばループは止まる．そうでなければ本体がもう一度実行され，その後

[2] ステップ と 条件 は行動や条件を表す非終端記号のシンボルだったことを思い出そう．これらの非終端記号を行動や条件でそれぞれ置き換えると，このプログラムの形式は具体的なプログラムにインスタンス化される．

にもう一度条件が確認されて，ループを続けるか終えるか決まる．

終了条件がある時点で成り立たなくても後で成り立つことがあるのは，明らかに，行動によって変わる変数がループの本体にあるときだけだ．たとえばガソリンがなくなった車は，もう一度ガソリンを入れるまで動かせない．だからイグニッションキーを回したりタイヤを蹴ったり魔法の呪文を唱えたりするのを繰り返すだけだったら，何の役にも立たない．だから終了条件を見れば，終了条件が最終的に成り立つ**終了するループ**と，終了条件がずっと成り立たないままの**終了しないループ**を区別できる．

同じことを何度もやって違う結果を期待するのが狂気だといわれる[3]．これにより，終了しないループには狂気の烙印を押してしまうかもしれないが，終了しなくても文句なしに正しいループの例がある．たとえばウェブサービスは，リクエストを受けて処理し，また次のリクエストを受けるということを無限に繰り返すループだ．だがループがアルゴリズムの一部であるとき――特にループの後に他のステップが続くときは，最終的にループが終わることを期待する．そうでないとループの後のステップは決して実行されず，アルゴリズムも終了しないからだ．

終了するかどうかはループの最も重要な性質だ．終了条件はループが終わるかどうかを決めるが，ループの終了に不可欠なのはループの本体が世界に及ぼす影響，特に終了条件が依存する部分に及ぼす影響だ．天気を伝えても世界はあまり変わらず，フィル・コナーズがグラウンドホッグデイのループを終了させるための未知の条件には影響がないように見える．彼はイライラして，どんどん過激な行動に出る．様々な形で自殺したり，パンクスタウニー・フィルを殺したり，絶望的な思いで世界に影響を及ぼし，何とか終了条件を成立させようとする．

10.2　何もかも順調

グラウンドホッグデイの繰り返しが始まったとき，フィル・コナーズの人生はまったくうまくいっていなかった．それどころかグラウンドホッグデイのループに支配され，彼はその事実に気づいて苦しんだ．ループに支配されるということ

[3] これはアルバート・アインシュタインやベンジャミン・フランクリンの言葉とされることが多いが，作者は不詳だ．古いものでは，リタ・メイ・ブラウンの1983年の小説『突然の死』や1980年のアルコホーリクス・アノニマスの冊子に書かれている．

はループの本体の中で生き，繰り返しがいつ終わって脱け出せるかをループが決めるということだ．

ループは本体をどれくらいの頻度で実行するか決めるが，ループの効果が得られるのは本体のステップだけだ．言い換えるとループそのものに直接の効果はなく，本体のステップを繰り返すことで間接的に作用する．アルゴリズムのステップがどのくらいの頻度で実行されるかは一般的に重要なので，本体を実行する回数を通じてループは影響力を発揮する．ループは本体の効果を（終了条件を通じて）制御するので，**制御構造**と呼ばれる．ループは，アルゴリズムのステップをまとめて繰り返し実行するための制御構造だ．他の２つの主要な制御構造は逐次合成と条件分岐だ．

逐次合成は，２つのステップ（のまとまり）をつないで一連の順序のあるステップにする．すでに「と」という単語をこの目的で使っているが，両方のステップを並行にではなく順に実行すべきだということを示すため，「それから」とか「次に」といったキーワードを使ったほうがよいかもしれない．だが単純さや簡潔さを優先し，ほとんどのプログラミング言語で使われている記法，つまり２つのステップをセミコロンでつなぐ記法を採用する．この記法は，リストの要素を書き下すやり方と似ている．しかも短いし，アルゴリズムの実際のステップから外れてもいない．たとえば“起きる; 朝食をとる”というのは，最初に起きてそれから朝食をとることを意味する．もちろんステップの順序は重要で，日曜にはいつもの行動を変えて“朝食をとる; 起きる”のを喜ぶ人もいるかもしれない．逐次合成の一般形は次のとおりだ．

　ステップ ; ステップ

ここでステップは，単純なあるいは組み合わせたステップで置き換えられる非終端記号だ．特にステップは，他のステップを逐次合成したものかもしれない．だから起床と朝食の間にシャワーを詰め込みたかったら，逐次合成を２回使って，最初のステップを“起きる; シャワーを浴びる”にして，次に“朝食をとる”に使えば，“起きる; シャワーを浴びる; 朝食をとる”というステップができる[4]．

[4] 代わりに最初のステップを“起きる”にして，２つ目を“シャワーを浴びる; 朝食をとる”にしても同じ結果になる．

紙を2回折る例で出てきた「折って折る」を“折る; 折る”と書けるように，; でつなぐステップは同じものでもいい．“**repeat** 折る **until** 紙がぴったりの大きさになる”（あるいは“**repeat** 3回折る”）というループを実行すると，“折る; 折る; 折る”と同じ計算を返す．これにより，ループは連続した動作を記述する道具だということがわかる．ループが非常に役に立つのは，繰り返す動作について1回しか言及しなくても，任意の長さのステップを生み出せることだ．

条件分岐は2つのステップ（のまとまり）から，条件に応じて1つを選択して実行する．判断するためには，ループのように条件を使う．条件分岐の一般形は次のとおりだ．

> **if** 条件 **then** ステップ **else** ステップ
> （もし 条件 なら ステップ そうでなければ ステップ）

パンクスタウニー・フィルが天気を占うよう言われたときは，必ず次の天気予報アルゴリズムを実行する．

> **if** 晴れ **then** さらに6週間冬が続くことを告げる **else** 早く春が来ることを告げる
> （もし晴だったらさらに6週間冬が続くことを告げる そうでなければ早く春が来ることを告げる）

条件分岐は，アルゴリズムが複数のステップから1つ選択できるようになる制御構造だ．前述の条件分岐は，パンクスタウニー・フィルにとっては1年単位の，フィル・コナーズにとっては1日単位のループの一部分だ．制御構造は任意のやり方で組み合わせることができて，条件分岐がループや逐次合成の一部になったり，ループが条件分岐の代わりになったり一連のステップの一部になったりすることができる，ということがわかる．

アルゴリズムの基本的なステップは，ゲームの手のようなものだ（たとえばサッカーでボールをパスしたりシュートを打ったり，あるいはチェスで駒を攻撃したりキャスリングしたりする）．そして制御構造はゲームの戦略を決める．たとえば“**repeat** パス **until** ゴール前（ゴール前までパスを繰り返す)”，あるいはリオネル・メッシだったら“**repeat** ドリブル **until** ゴール前（ゴール前までドリブルを繰り返す)”というように，制御構造は基本的な動きを組み合わせて大きなプレイにする．

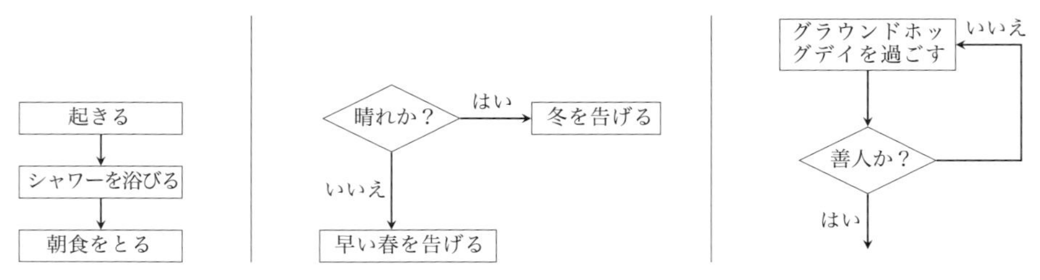

図 10.1　制御構造のフローチャート記法．**左**：フィル・コナーズが毎朝行う一連のステップ．**中央**：パンクスタウニー・フィルがグラウンドホッグデイのたびに直面する判断の条件分岐．**右**：映画『恋はデジャ・ブ』でのフィル・コナーズの人生を表すループ．「いいえ」の矢印と条件へ向かう矢印とが，2つのノードを通って循環している．

第8章で見たように，音楽を記述するには多くの様々な記法がある．同じように，アルゴリズムにも様々な記法がある．プログラミング言語はそれぞれアルゴリズムの記法の例で，言語によって提供する制御構造は大きく異なるが，ほとんどが何らかの形でループ，条件分岐，合成を提供している[5]．それぞれの制御構造の違いをうまく表す記法が**フローチャート**だ．フローチャートでは，箱を矢印でつないでアルゴリズムを表現する．基本的な動作は箱の中に書かれ，判断はひし形で囲む．矢印は計算がどう進行するかを示す．逐次合成の場合は箱から箱へ1つの矢印をたどることを意味するが，条件分岐やループの場合は出ていく矢印が2つあり，条件によってたどる矢印が変わる．フローチャートの例をいくつか図 10.1 に示している．

条件分岐とループの記法がこれだけ似ているのは驚きだ．どちらも後続が2つに分岐する条件でできている．重要な違いは，条件から出る「いいえ」の経路が，ループでは条件に戻るステップに続いていることだけだ．こうしてできた循環は，この制御構造の**ループ**という名前を視覚的にうまく説明している．

フローチャートは**視覚言語**だ．線形に連なる単語やシンボルでアルゴリズムを表現する文字の言語とは違って，視覚言語はシンボルを空間的関係性でつなぎ，2次元（もしくは3次元）空間に描く．フローチャートでは，箱で表現される動作どうしの「次に実行する」関係性を矢印で表す．フローチャートは輸送ネットワークに似ている．分岐点は動作が起こる場所で，1つの動作から別の動作へと

[5] 重要な例外がいくつかある．たいていのスプレッドシートには，1つの関数を複数の値やセルに適用するループがない．これはスプレッドシートの行や列をコピーすることで実現されることが多く，“**repeat** 3回折る”というループを“折る; 折る; 折る”に展開するのと似ている．

接続が伸びている．遊園地の中を移動することを考えてみよう．遊園地は楽しむためのアルゴリズムと見なすことができる．様々な人がそれぞれのアトラクションを，性格やアトラクションでの体験によって，様々な順序で様々な回数訪れる．あるいはスーパーマーケットの通路が，様々な区画や棚をつないでいるのを想像してみよう．スーパーマーケットは様々な買い物体験をするためのアルゴリズムと見ることができる．

フローチャートは1970年代にはかなり一般的だった．ソフトウェアの文書ではまだ使われていることもあるが，プログラミングの記法として使われることは最近めったにない．1つの理由は，規模が大きくなったときに記法がうまくついていかないことだ．適切な大きさのフローチャートであっても読むのは難しい――おびただしい矢印は，スパゲッティコードと呼ばれてきた．しかも条件分岐とループの記法が似ているので，両者の関係を説明するのにはかなり役立つが，フローチャートの中で制御構造を特定して区別するのは難しくなっている．

ここで紹介した制御構造は，単一の計算機向けのアルゴリズムで使われる．現在のマイクロプロセッサーはマルチコアになり，命令を並行に実行できる．人も，特にチームでいるときには，並列に計算できる．並列実行のためには，その目的に特化した制御構造がアルゴリズムにも必要だ．たとえば“歩く || ガムをかむ”と書くことで，歩くこととガムをかむことを同時に行うよう命令できる．“歩く; ガムをかむ”は歩いてからガムをかむことを意味するので，これとは違う．

並列合成は，互いに依存しない2つの結果が他の計算で必要となるときに役立つ．たとえばシャーロック・ホームズとワトソンは，事件を解決するのに探偵の仕事を分担することがよくある．一方で人は，起きることとシャワーを浴びることを同時にはできない．この2つの行動はきっちり1つずつ実行しなくてはならない（順序もまた重要だ）．

並列計算に関連する分散コンピューティングでは，相互に作用するエージェント間のやりとりを通じて計算が起こる．たとえばフィル・コナーズと彼の仲間がウッドチャックの予言について報道するとき，カメラの操作とフィル・コナーズの話を同期させなくてはならない．このような協調を記述するアルゴリズムには独自の，特にメッセージの送受信についての，制御構造が必要だ．

一般的にはどんなドメイン特化言語，つまり適用領域を特化した言語も独自の制御構造を持つ．たとえば記譜法には繰り返しやジャンプの制御構造があり，レシピの言語には選択のための要素があっ

て，レシピで様々なものを作れるようになっている．制御構造は，単純な操作をつなげて大きなアルゴリズムにする糊であり，できたアルゴリズムが意味のある計算を記述する．

10.3　ループはループはループ

グラウンドホッグデイのループを脱け出すために，フィル・コナーズは何とか終了条件を見つけようとする．アルゴリズム一般を扱ううえで，特にループを扱ううえで，これはどちらかというと普通のやり方ではない．アルゴリズムを表して実行するのは，求めている計算を実現するためであることが多い．それに対してフィル・コナーズは計算の一部になっていて，計算を記述するアルゴリズムを知らない．終了条件を成立させる行動を探しているとき，彼はアルゴリズムをリバースエンジニアリングしようとしているのだ．

ループとその終了は，計算で重要な役割を担っている．ループ（と再帰）は計算を軌道に乗せるものなので，最も重要な制御構造であることはほぼ間違いない．ループがなかったら，決まったステップ数の計算しか記述できず，最も興味深い計算を制限し，逃してしまう．

ループは重要なので，ループを記述するやり方がいろいろあることは驚くにあたらない．これまで使ったループの形式，**repeat** ステップ **until** 条件 は，**repeat ループ**と呼ばれる．repeat ループには，終了条件が何であってもループの本体が少なくとも 1 回は実行されるという性質がある．一方で **while ループ**は条件が成り立つときのみ本体を実行するので，まったく実行されないこともある．while ループは次のような形式をとる．

while 条件 **do** ステップ （条件 の間 ステップ を実行する）

どちらのループも条件で制御されるが，条件の役割はそれぞれのループで違う．repeat ループの条件はループを出る条件を制御するが，while ループではループに（ふたたび）入る条件を制御する．言い換えると，条件が成り立つなら repeat ループは終わり，while ループは続く．条件が成り立たないなら repeat ループは続き，while ループは終わる[6]．この違いは，図 10.2 に示した 2 つの

[6] repeat ループの条件は，**終了条件**と呼ぶのが適切だ．while ループの条件は，**継続条件**と呼んだほう

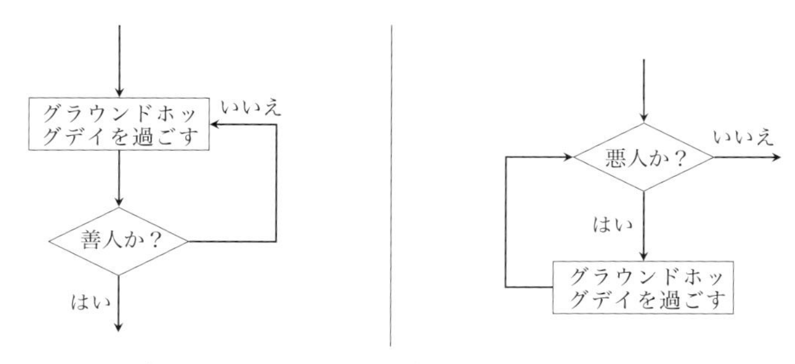

図 10.2　repeat ループと while ループの振る舞いの違いを示すフローチャート記法．左：repeat ループのフローチャート．右：while ループのフローチャート．

ループのフローチャート記法でも強調している．

振る舞いは異なって見えるが，repeat ループを while ループで表すことはできるし，逆も成り立つ．そのためには条件を否定しなくてはならない．つまり条件を変換して，元の条件が成り立たないときに成り立つようにする必要がある．たとえばグラウンドホッグデイの repeat ループの終了条件「善人である」が，対応する while ループでは「善人でない」あるいは「悪人である」という継続条件になる．さらに同じ回数反復させるように注意しなくてはならない．たとえば repeat ループでは，フィル・コナーズはグラウンドホッグデイを最低でも 1 回，何があっても体験するが，while ループでは彼が悪人だったときだけだ．実際，物語の彼は悪人なので，どちらのループも同じように振る舞う．

言語表現では，2 つのループが等価であることを，より形式的に単純な等式で表すことができる．

repeat ステップ **until** 条件
　= ステップ; **while** 条件 でない **do** ステップ

繰り返しになるが，while ループの前の最初の ステップ は，ループの本体がまったく実行されないかもしれないので必要だ．repeat ループであれば，本体は最低でも 1 回は実行される．2 つのループの違いが本当に問題になるときもある．たとえばヘンゼルとグレーテルのアルゴリズムを考えてみよう．repeat ループで表すと，次のようになる．

がよい．

repeat 石を見つける **until** 家に着く
(家に着くまで石を見つけることを繰り返す)

このアルゴリズムの問題は，ヘンゼルとグレーテルがすでに家に着いていたら，石を見つけられずループが決して終了しないことだ．人間はそんな馬鹿なことはせずループを中断するが，アルゴリズムを厳密に遵守すれば計算は終了しない．

ループの記述は，再帰を使っても実現することができる．再帰については第12章で詳しく説明するが，基本的な考え方を把握するのは簡単だ（実際，第6章で分割統治アルゴリズムと関連して説明した）．アルゴリズムを再帰的に記述するために，最初に名前をつけて，その名前を自身の定義で使う必要がある．グラウンドホッグデイのループは次のように記述できる．

GroundhogDay
　＝1日を過ごす; **if** 善人か？ **then** 何もしない **else** *GroundhogDay*

この定義は実際にrepeatループを再現している．1日を過ごした後，条件分岐が終了条件を確認する．もし成り立たなければ，何もせず単純に終了する．そうでなければ，アルゴリズムがもう一度実行される．アルゴリズムの再帰的な実行は，最初に戻ってループを再実行させるようなものだ．

これまで見た様々なループの記述（repeat，while，再帰）はどれも，本体を実行するたびにその前後で条件を再評価して，終了を制御している．ループが終了するかどうかは，最終的に終了条件を成り立たせる（あるいはwhileループの場合は継続条件を成り立たせない）だけの効果を，ループの本体が持っているかにかかっている．これは，ループが何回反復されるか事前にわからないということを意味する．どんなループでも，そもそも終了するかどうかすら明らかではない．この不確実性は，フィル・コナーズが体験するグラウンドホッグデイのループの重要な部分だ．

だがループで記述される計算の中には，何回実行するべきか明らかなものもある．たとえば最初の10個の自然数の2乗を計算する作業であれば，2乗の操作をちょうど10回繰り返すループでこの計算が実現できることは明らかだ．あるいは紙を折って封筒に合わせるアルゴリズムを思い返すと，これはちょうど2回実行するループで記述できる．このように**forループ**を使うと，次のような一般形が得られる[7]．

for 数 **times do** ステップ （数 回 ステップ を実行する）

この形式を使うと，紙を折るループは“**for** 2 **times do** 折る”と表せる．for ループの利点は，たとえ実行する前でも何回反復されるかが明白だということだ．他のループではループを実行しないとわからないので，これはあてはまらない．これは非常に重要な違いであり，for ループは終了することが保証されているが，他のループは永遠に動き続ける可能性がある（第 11 章を参照）．

これと密接に関係している疑問は，ループの実行時間だ．たとえば，100 回実行されるループが少なくとも 100 ステップかかることは明らかだ．言い換えるとループは反復回数に対して線形であり，これはどのループについてもあてはまる．反復回数に加えて，ループ本体の実行時間についても考慮しなくてはならない．たとえば選択ソートは，ループ本体でリストの最小値を見つける．ループはリストの大きさに対して線形で，本体は平均するとリストの長さの半分に比例する時間がかかる．だから選択ソートの実行時間は，リストの大きさに対して 2 次だ．

for ループが他のどのループよりも予測しやすい振る舞いに見えるのだったら，どうして for ループだけを使わないのだろうか？ その理由は for ループの表現力が，while ループや repeat ループ（や再帰）に比べると劣るからだ．つまり while ループや repeat ループを使うと解けるが，for ループでは解けない問題があるということだ．グラウンドホッグデイのループは，何回反復されるか（少なくともフィル・コナーズには）最初にわからないループの例だ．どんな for ループも，ループカウンターを更新すれば while（または repeat）ループで表現できることは簡単にわかるが，while ループや repeat ループが終了するまでに何回反復しなくてはならないかすぐにはわからないので，逆は正しくない．

予測しやすさは価値だ．冒険の期間や結果は不確かでもうれしいが，計算にどれくらいかかるか――特にずっと動き続ける可能性があるかは，実際に計算して頼る前に知っておきたいものだ．

---

[7] ほとんどの言語にある for ループには，次のような少し汎用的な形式があり，それまでに繰り返した回数の情報をループの本体に提供する．

for 名前 := 数 **to** 数 **do** ステップ

この形式には非終端記号 名前 があり，現在の繰り返し番号に結びついたカウンターとして働く．これは“**for** $n := 1$ **to** 10 **do** n の平方根を計算する”というようにループの本体で使うことができる．

何もないところで止まる

手紙を折って封筒に入れた後は，職場の１つ上の階に最近越してきた同僚を歓迎する時間だ．同僚の部屋に着くまで一歩ずつ進むのを繰り返すアルゴリズムを実行することで，部屋まで歩く．けれども同僚の部屋の場所を知らなかったらどうなるだろう？ その場合，フロアを歩き回って部屋のドアにある同僚の名前を探すことになる．けれども日程が延期になって，まだ越してきてもいなかったらどうだろう？ その場合，目的の部屋に着くまで歩き続ける単純なアルゴリズムは終了せず，永遠に続くことになる．

もちろん実際にそんなことはしない．フロア全体を探した後（もしかしたら念のため何回か繰り返した後），探索を中止して自分の席に戻るような別のアルゴリズムを実行するだろう．このアルゴリズムの終了条件は，より洗練されている．部屋を見つけるだけでなく，ある程度時間が経ったら終了できるようになっている．

終了しないループは馬鹿な考えのように見える．終了条件のないループを実行して得られる計算もあるが（たとえばウェブサービスや単純なタイマーやカウンター），１つの決まった結果を返すような計算は，終了するはずの計算だけを使う．終了しないループだと結果を返すことができないからだ．

一般的にアルゴリズムは終了することが期待される．そうでないと実質的に問題を解く方法にならないからだ．だからアルゴリズムを実行するときに，終了するかどうかを示す方法があれば役に立つ．アルゴリズムが終了しない理由になるのは，ループの１つが終了しないことだけなので[1]，アルゴリズムが終了するか判定するということは，煎じ詰めると，そのアルゴリズムで使われているループが実際に終了するか見極めることに他ならない．紙を折る様々なアルゴリズムはどれも実際に終了する．“3回折る”という for ループはループの反復回数に明示的に言及しているので，終了することは明らかだ．“紙がちょうどいい大きさになるまで折る”という repeat ループも終了するが，すぐにはわからない．それぞれのステップで紙の大きさが小さくなるとわかっていても，間違った方向に折ってしまうことも想定しなくてはならない．この場合は，折るたびに大きさが

---

[1] 再帰も終了しない原因になりうる．だがどんな再帰アルゴリズムもループを使った非再帰アルゴリズムに変換できるので，ループだけ考えれば十分だ．

半分になるので，折った紙の大きさは結果的に封筒の大きさよりも小さくなるはずだ．ループが何回反復して，それによってどのくらいの時間がかかるかは明らかでないが，アルゴリズムが最終的に終了することは明らかだ．

けれどもこれは，一般的なループについて必ずしも成り立たない．同僚の部屋を探して歩くアルゴリズムは，存在しない部屋を探すことが終了条件であれば，終わらない．存在しない部屋を永遠に探し続けたりしないのは，部屋を探すという問題が，1日の仕事というずっと大きな目標のごく一部に過ぎないからだ．部分問題を解けないアルゴリズムは破棄されて，別の方法が用いられるか，あるいは別の目標に置き換えられる．部屋を探すループを単純に実行するようロボットをプログラムして，もっと大きな任務があることをロボットが知らないとすると，ロボットは永遠に動き続ける（あるいはエネルギーがなくなるか人間が止めるかする）だろう．

では終了するループと終了しないループをどうやって区別したらいいだろう？これまで見てきたように，固定の反復回数を持つ for ループなら答えは簡単で，必ず終了する．repeat ループ（や while ループ）の場合，終了条件とループ本体のステップとの関係を理解しなくてはならない．第11章で調べていく興味深い疑問は，ループの終了を判定するのに使えるアルゴリズムがあるかということだ．答えを聞いたら驚くだろう．

アルゴリズムの実行時間は重要だ．線形のアルゴリズムは2次のアルゴリズムより望ましいし，指数のアルゴリズムは，極小の入力でなければ非現実的だ．だが指数のアルゴリズムも，小さい入力でも決して終了しないアルゴリズムよりはましだ．アルゴリズムが終了するかという疑問は，ループが終了するかという疑問に行き着き，これは最も重要なことの1つだ．これはまた，フィル・コナーズを怖がらせる疑問でもある．彼はグラウンドホッグデイのループの終了条件を特定して，成立させようと必死になっているからだ．

11 ハッピーエンドとは限らない

ループと再帰はアルゴリズムに力を与える．ループによって，アルゴリズムはどんなに大きく，どんなに複雑な入力であっても処理できる．ループがなければ，アルゴリズムは小さくて単純な入力しか扱えないだろう．ループはアルゴリズムを軌道に乗せる．アルゴリズムにとってのループは，飛行機にとっての翼のようなものだ．翼がなくても飛行機は動けるが，潜在的な輸送力を活かすことはできない．同じようにアルゴリズムがループなしに記述できる計算もあるが，ループがあって初めて計算の力をすべて活かすことができる．だがそういった力はまた，制御する必要がある．『恋はデジャ・ブ』の物語が鮮やかに描き出しているとおり，制御されていない制御構造は祝福ではなく呪いだ．ゲーテの詩『魔法使いの弟子』が思い当たるかもしれない（アメリカでは映画『ファンタジア』のミッキーマウスが出てくる部分として知っている人のほうが多いだろうか）．ループを制御する鍵は，いつ終わるか決める条件を理解することだ．フィル・コナーズは，最終的には自分のいるループを終わらせて，ハッピーエンドになった．けれどもこれは，計画どおりというよりは偶然に起こったことだ．

アルゴリズムは一般的に終了することが期待されているので，アルゴリズムの中にあるループが終了するかどうか，人はアルゴリズムを実行する前に知りたがる．終了するかどうか解明するのは退屈で複雑な作業なので，これをアルゴリズムそのものに任せてみることを考える．他のアルゴリズムが終了するかどうかを判断するアルゴリズムを探す取り組みは，計算機科学では有名な問題で，**停止性問題**と呼ばれる．この章では，この問題を説明・議論して，実際には解けないこと，つまりそんなアルゴリズムは存在しないことを示す．これはどちらかというと驚くべき事実で，アルゴリズムと計算の一般的な限界について多くのことを明らかにした．

『恋はデジャ・ブ』の物語で起こる出来事はループに見えるが，物語の脚本にループは**ない**．代わりに，繰り返される行動はすべて，詳細に書き出されている．だから物語が終わることを判定するのは難しくない．結局，映画のプロデューサーはプロジェクトを始める前に映画の長さを知る必要があるのだ．けれども物語の別のバージョンとして，事前の指示がなく即興で演技するような演劇も想像できる．その場合は終了条件のあるループを含めることが**できる**が，即興演技のために，どれだけかかるかは明らかでない．そしてもし役者（や聴衆）が疲れ切ってしまうことがなければ，終了するかどうかも，事前に知ることはできない．

11.1 制御不能

パンクスタウニーでの2日目，ラジオの同じ歌で目を覚まし，同じ状況で同じ人と会った後，フィル・コナーズは前の日をもう一度過ごしているのではないかと疑い始める．電話先の誰かに次の日に延期されて，彼は答える．

> *あの，明日が来なかったらどうします？ 今日は来なかったんですが．*
> [電話が切れる]

グラウンドホッグデイをたくさん繰り返す間，ほとんどの出来事や出会いは前の日と同じだ．けれども，そのたびにフィル・コナーズは違った反応をするので，細かいところがいくつか違う．初め，彼は新しい状況に慣れると，グラウンドホッグデイの反復を通じて情報を収集し，人々に付け込んで操ろうとする．これがよく表れているのが，プロデューサーから恋人になるリタのすべてを知ろうとするところだ．

フィル・コナーズの戦略が少なくとも基本的には成功するのは，彼と他の人々がグラウンドホッグデイを根本的に違った形で体験するからだ．重要なのは，彼がその日を繰り返していると感じるのに対し，他の人々はみな，まったく気づかないことだ．実際，彼が自分の窮状を他の人，たとえばリタや，後には精神科医と共有しようとすると，気が変になっていると思われる．これは彼にはとっては非常に有利で，なぜかというと他の人と違って，前の反復で起こったことを彼は覚えていられるからだ．

似たような状況はアルゴリズムのループでも起こる．あるものはループの反復を通じて変わらず，あるものは変わる．たとえばリストからある要素を見つけるループで（第5章を参照），リストの要素は変わらないし探している要素も変わらないが，リストの中での今の位置や今見ている要素は，要素が見つかるまであるいはリストの最後に到達するまで，反復のたびに変わる．

もっとよく見てみると，ループの本体や終了条件が世界の状態（これは単に**状態**とも呼ばれる）にアクセスしていることがわかる．第10章で説明したように，このアクセスは**変数**を通して行われる．ループ本体の命令は，変数を読むことも変数の値を変えることもある．それに対して終了条件ができるのは変数を読むことだけで，それによって条件が成り立つかどうか，ループを終えるか続けるか決める．

要素を見つけるアルゴリズムでは，探索するリストと，見つけたい要素と，リスト中の今探している位置とで，状態ができている．より具体的に議論するため，次の喩えを使う．

最近行ったハイキングで花の写真を撮り，それが何の花か知りたいとしよう．そのために植物の本で探したいと思い，その本の各ページにはある花の説明と写真があるとする．本の写真の順序には特定の意味がないとすると，知りたい花の説明があるページを見つけるために，本のすべてのページを確認しなくてはならない．知りたい花のページを間違いなく見つけるためには，その花が見つかるか残りのページがなくなるまで，それぞれのページを見ていかなくてはならない．単純なのは，最初のページから始めて，それから次のページを見る，といった方法だ．

この探索の状態は3つのものでできている．花の写真と，本と，今見ているページだ．今見ているページは，たとえば栞でわかる．この状態を終了条件が読み取って，栞が本の最後まで進んでいるか，それとも今のページの写真が自分の撮った写真と同じ花かを確認する．どちらの場合もループは終わるが，探索が成功したのは後者の場合だけだ．まだ写真が見つかっていなくて，写真を調べるページが残っている場合は，ページをめくるという命令もループに必要だ．このステップで今のページを変えるので，ループの状態を変更する．またこれは，ループで起こる唯一の状態変更でもある．

状態変更が探索アルゴリズムにとって非常に重要だということは明らかだ．ページをめくらなかったら写真を見つけることはできないからだ（たまたま最初のページになければ，だが）．

このことはフィル・コナーズにとっても明らかで，だから彼はパンクスタウニーの物事を変えて，グラウンドホッグデイの終了条件を成り立たせ，ループを出ようとする．けれども，グラウンドホッグデイのループの状態はずっと大きい——すべての人々（とパンクスタウニー・フィル）と，その考えや性格などまで含んでいる．それだけでなく，状態が何からできているのかさえも明らかではない．だから彼が最終的にループを脱け出すことができたのは，どちらかというと偶然によるものだ．

計算をグラウンドホッグデイのループに喩えるのは正しくないという反論があるかもしれない．ループを実行する計算機や操作するときの規則は完全に架空のもの——善人を生み出すための何らかの形而上学的な贖罪機関——だからだ．『恋はデジャ・ブ』の物語はたしかに架空のものだが，ループの比喩は適切だ．非常に多様な規則に従う計算機によって，実に様々な状況で計算が起こりうることも示している．実際，仮想的な世界やシナリオをシミュレーションするために計算が使われることも多い．計算の規則が論理的で一貫している限り，私たちの想像力が生み出せる計算のシナリオに限界はない．

11.2 私たちはまだそこにいる？

第１章で述べたように，アルゴリズムの記述とアルゴリズムの実行の２つはまったく違うものだ．ループとその終了の振る舞いは，この問題を前面に持ち出す．たとえば，どうしたら有限のループの記述が無限の長さの計算を生み出せるのか，疑問に思う人がいるかもしれない．この現象を理解するには，ループの実行を追ってみる方法が一番いい．これは**ループの展開**と呼ばれる（図 11.1）．本の中から花の写真を見つける例で，ループの本体はページをめくるという動作でできている．ループの本体を展開するというのは，「ページをめくる」という命令の列を作り出すことを意味する．

グラウンドホッグデイの場合，展開のしかたがわかりにくいが，考え方は適用できる．フィル・コナーズは自分の目標に向かって行動し，自分の性格に従い，

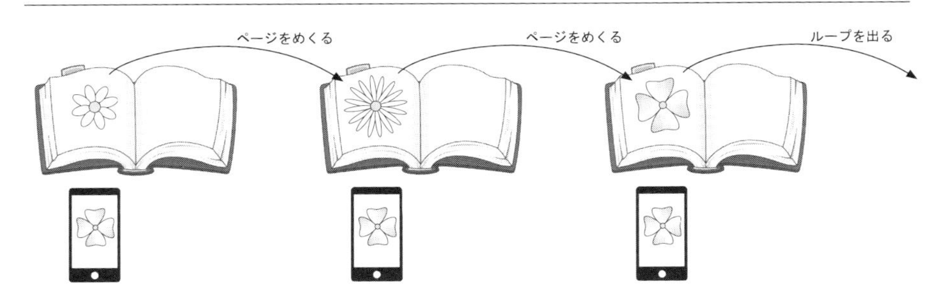

図 11.1　ループを展開するのは，本体のコピーの列を作ることを意味する．ループの反復のたびにループ本体のコピーが作られる．図は変更された状態と（変わるとしたら）どう変わるかを示している．状態が変わって終了条件が満たされることがなければ，列は無限になる．

出会いに反応し，日々を暮らしている．この振る舞いは正確に記述できないので，アルゴリズムとは呼べないが，グラウンドホッグデイのループを実行すると，日々の行動が長い列に展開されて最終的に終了条件が満たされるまで続く．終了条件を満たすように状態を変えた特定の行動を突き止めることはできない．これは本の中から写真を見つける例とは違うところで，写真の例では，状態を変えて探索アルゴリズムが終わるために，ページをめくる動作が必要だということは明らかだ．

たとえば，ページを進めるのと戻るのとを交互に繰り返すことを考えてみる．ページをめくることで状態を変えてはいるが，アルゴリズムが終了できないのは(2 ページだけの本でなければ）明らかだ．もちろんそんなことをする人はまずいないが，状態を変えるだけではアルゴリズムの終了を保証できないということを，この例は示している．むしろアルゴリズムが終了するためには，正しく変化させなくてはならない．

関連する観点は，終了するだけでなく正しい結果を生み出すアルゴリズムがほしいということだ．この例での正しさとは，探している花の載っているページ（もしあれば）で止まるか，最後のページで止まって本にその花が載っていないことがわかるか，どちらかだということを意味する．けれどもここで次のようなアルゴリズムを考えてみよう．一度に 1 ページではなく，2 ページ以上まとめてめくるのだ．この場合，本にある写真を見逃してしまうかもしれない．アルゴリズムは終了するが，最後のページまで進んでも，その花が本に載っていないと確信を持つことはできない．

グラウンドホッグデイのループの終了条件は，フィル・コナーズが善人であることだ．彼はそれを知らないので，状態を変えて条件を達成するため，最初はあらゆる行動を試してみる．これには様々な形の自殺や，パンクスタウニー・フィルの殺害まで含まれるが，どれも効果がない．ループを制御できないと気づくにつれ，彼は皮肉な態度を改めて，他人を助けて最良の日にしようとする．最後には，善人への変身が完了し，道徳的なループを出ることに成功する．さらにリタは彼の愛に応え，ハッピーエンドは完璧なものになる．

フィル・コナーズが直面する課題は，当てずっぽうに取り組んでいるので特に難しい．グラウンドホッグデイのループの終了条件が何かも知らないのに，それを満たさなくてはならない．しかも根底にある状態が何か，どうしたら変えられるかも，彼は知らない．本当に怖じ気づくような課題だ．アルゴリズムが終了するかどうか見つけ出すのは，間違いなくずっと簡単なはずだ．終了条件が何か，根底にある状態が何か，ループ本体の動作が状態をどう変える可能性があるか，私たちは見ることができるからだ．

11.3 終わりが見えない

アルゴリズムが渡されて，そのアルゴリズムが実行に値するか，つまり有限の時間で結果を出せるか，判定しなくてはいけないとしよう．どうするか？ 終わらなくなる原因はループだけだとわかっているので，最初にアルゴリズムにあるループをすべて特定しようとするだろう．それからそれぞれのループについて，ループ本体の命令と終了条件との関係を理解しようとするだろう．ループが終了するかどうかは終了条件に依存していて，終了条件はループ本体で書き換えられる値に依存しているからだ．この分析から，特定のループが終了してアルゴリズムも終了するチャンスがあるか判定することができる．アルゴリズムが確実に終了するようにするためには，アルゴリズムにあるループそれぞれについてこの分析をしなくてはならない．

終了することはアルゴリズムの重要な性質なので――実際に問題を解けるアルゴリズムとそうでないアルゴリズムを分離してくれる――，使いたいと思うどんなアルゴリズムについても，終了するかどうかわかるとうれしい．だがアルゴリズムが終了するかどうか分析するのは簡単な作業ではなく，実行するのに結構な時間がかかることもある．だからこの作業を自動化して，終了するかどうかを自動的に分析してくれるアルゴリズム，たとえば *Halts*，を作りたい．アルゴリズムを分析するアルゴリズムは他にもたくさんあるので（たとえば第8章に出てくる解析など），これはそれほど突飛な考えではないように思える．

残念ながらアルゴリズム *Halts* を構築することはできない．今の時点では難しすぎるとか，計算機科学者がこの問題を考えてきた時間や努力が十分でないとか，そういうことではない．そうではなくて，アルゴリズム *Halts* を作るのは**原理的に**不可能だとわかっているのだ．現時点で不可能だし，将来可能になることもない．この事実は**停止性問題**の非可解性といわれることが多い．停止性問題は計算機科学の主要な問題だ．1936年にアラン・チューリングが決定不能問題の例として考えついた．

けれどもなぜアルゴリズム *Halts* を作れないのだろう？ *Halts* で分析するどんなアルゴリズムも有限の記述で与えられるので，終了条件を決めるような状態に対して，有限の命令がどう影響するか調査すればいいように思える．

Halts を定義するのが実際に不可能であることを理解するために，終了するかどうかが明らかなアルゴリズム *Loop* を作ろう（図11.2）．*Loop* はパラメータとして数をとり，変数 x に設定する．*Loop* を数1に適用すると —— これは *Loop*(1) と書かれる ——，変数 x に1を設定する計算を返して止まる．repeat ループの終了条件が成り立つからだ（図11.2中央）．そうでなければ他のどんな数であっても，変数 x の設定を繰り返す．たとえば *Loop* を数2に適用すると，これは *Loop*(2) と書かれ，変数 x に2を設定する計算を返して永久にループし続ける．repeat ループの終了条件が成り立たないからだ（図11.2右）．

Halts が存在しえないことを示す戦略として，存在するという仮定を置いてから，その仮定が矛盾につながることを示す．この戦略は**背理法**と呼ばれ，数学で

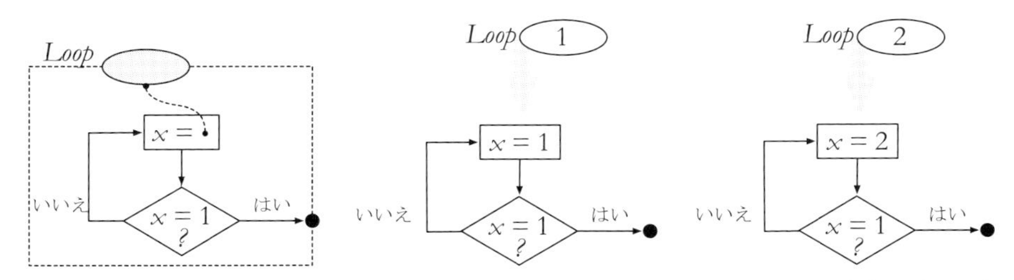

図 11.2　アルゴリズム *Loop* は数1を引数として呼ぶと止まるが，他のどんな引数で呼んでも永遠にループする．**左**：アルゴリズム *Loop* の定義．**中央**：数1への *Loop* の適用．**右**：数2への *Loop* の適用．

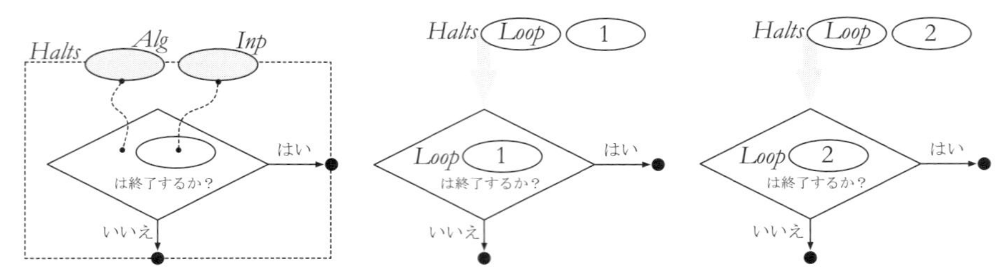

図11.3　左：アルゴリズム *Halts* の構造．2つのパラメータ，アルゴリズム (*Alg*) と入力 (*Inp*) をとり，アルゴリズムを入力に適用した *Alg*(*Inp*) が終了するか検査する．**中央**：*Halts* をアルゴリズム *Loop* と数1に適用すると，「はい」という結果になる．**右**：*Halts* をアルゴリズム *Loop* と数2に適用すると，「いいえ」という結果になる．

は広く使われている．

アルゴリズム *Halts* はどのように見えるだろうか？ アルゴリズム *Loop* で説明したように，終了するかどうかはアルゴリズムの入力に依存するので，*Halts* は2つのパラメータを持つ必要がある．1つのパラメータ，たとえば *Alg* は調べたいアルゴリズムで，もう1つのパラメータ，たとえば *Inp* はアルゴリズムを検査するときの入力だ．そうすると，アルゴリズム *Halts* は図11.3に示したような構造となる[2]．

アルゴリズム *Halts* に加えて，*Halts* が存在しうるという仮定と矛盾するような別のアルゴリズム *Selfie* を定義できる．*Selfie* はどちらかというと奇妙なやり方で *Halts* を利用する．アルゴリズムが自分自身の記述を入力として実行したときに終了するかどうかを判定するのだ．そのアルゴリズムが終了する場合，*Selfie* は終わらないループに入り，そうでなければ止まる．*Selfie* の定義を図11.4に示した．

アルゴリズムに自分自身の記述を入力として与えるのは奇妙に見えるかもしれないが，実際はそれほどおかしな考えではない．たとえば *Loop*(*Loop*) は *Loop* を自分自身に適用しているが，*Loop* が終了するのは入力が1のときだけなので，これは終了しない．もし *Halts* を自分自身に適用したら何が起こるだろう？ *Halts*(*Halts*) は終了する？ そう，*Halts* はどんなアルゴリズムであっても，それが停止するかどうかいえるという仮定なので，*Halts* 自身は終了する必要がある．

[2] もちろん，アルゴリズムの本当に大事な部分は残る．ここでは終了を判定する条件を何らかの方法で定義できると仮定しているだけで，これは後で示すとおり，実際には不可能だ．

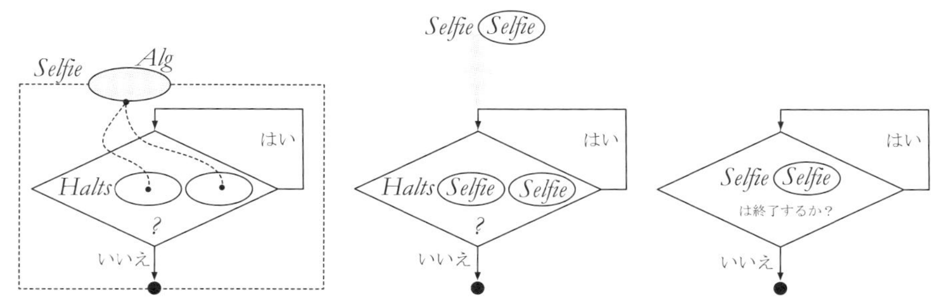

図 11.4　左：アルゴリズム *Selfie* の定義．アルゴリズム (*Alg*) をパラメータとしてとり，そのアルゴリズムを自分自身に適用して終了するか検査する．終了する場合，*Selfie* は終わらないループに入る．そうでなければ止まる．**中央**：*Selfie* を自分自身に適用して矛盾を導く．もし *Selfie* を自分自身に適用して終了するなら終わらないループに入る，つまり終了しない．もし終了しないなら止まる，つまり終了する．**右**：*Halts* の定義を展開すると，パラドックスの少し違った見方ができる．

特に自分自身に適用したときも，終了しなくてはならない．

Selfie の定義の理由は，自分自身を入力としてアルゴリズム *Selfie* を実行したときに何が起こるか考えてみればわかる．これは実際，*Halts* の存在する可能性に疑問を投げかける，逆説的な状況になる．*Selfie* の定義を自分自身に適用して展開してみると，何が起こっているのが把握できる．そのため，定義にあるパラメータ *Alg* を *Selfie* で置き換える．図 11.4 の中央の絵に示すように，*Selfie* を自分自身に適用して停止しなければループは終了する．もし *Halts*(*Selfie*,*Selfie*) が成り立てば，アルゴリズムは条件を検査するループにまた戻るし，そうでなければ停止するからだ．

結果のフローチャートは，次のように見える計算を記述している．もし *Selfie* を自分自身に適用して停止すれば永遠に動き続け，停止しなければ止まる．図 11.4 の右の絵のように *Halts* の呼び出しを定義で置き換えると，矛盾がずっと明確になる．それでは，*Selfie*(*Selfie*) は終了するのだろうか，しないのだろうか？

終了すると仮定してみよう．その場合，アルゴリズム *Halts*——アルゴリズムが特定の入力で停止するかを正しく判定するはずだ——は *Selfie*(*Selfie*) が停止するというが，*Selfie*(*Selfie*) は条件分岐で「はい」の分岐を選ぶので，終わらないループに入る．これは *Selfie*(*Selfie*) が終了するなら終了しないということを意味する．だから前提は明らかに間違いだ．それでは *Selfie*(*Selfie*) が終了しないと仮定しよう．この場合，*Halts* は成り立たないので，*Selfie*(*Selfie*) は条件分岐で「いいえ」の分岐を選び停止する．これは *Selfie*(*Selfie*) が終了しないなら終了するということを意味する．だからこれも間違いだ．

したがって *Selfie*(*Selfie*) は，停止するなら永遠に動き続けるし，停止しないなら停止する——どちらの場合も矛盾する．こんなはずはない．何を間違ったのだろうか？ 標準的な制御構造（ループと条件分岐）以外で，アルゴリズム *Selfie* を組み立てるのに使ったものは，アルゴリズムが終了するかどうかをアルゴリズム *Halts* が正しく判定できるという仮定だけだ．この仮定が矛盾につながったのだから，間違っているはずだ．言い換えると，存在すると仮定した場合に論理的に矛盾するので，アルゴリズム *Halts* は存在しえない．

このような推論は，論理パラドックスを思い出させる．たとえば，よく知られた床屋のパラドックス[3] を，次のように変えて考えてみよう．パンクスタウニー・フィルは，自分自身の影を見られないウッドチャックの影のみを，見られるとする．パンクスタウニー・フィルは自分自身の影を見られるだろうか？ 見られると仮定しよう．その場合，自分の影を見られないウッドチャックにパンクスタウニー・フィルは含まれないが，パンクスタウニー・フィルが影を見られるのはそういうウッドチャックだけだ．パンクスタウニー・フィルはその中に含まれていないので，自分自身の影を見られないことになる．けれども影を見られるウッドチャックの１匹だったはずなので，また仮定が矛盾になった．どう仮定を置いても矛盾が得られるので，与えられた条件に合うウッドチャックは存在しえないということになる．同じように，*Halts* の条件に合うアルゴリズムも存在しえない．

本の中から写真を探す例のように，特定のアルゴリズムが終了するかどうかは，かなりうまく判定できる．これはアルゴリズム *Halts* が存在しえないことと矛盾しないだろうか？ いや，特定の場合に停止性問題が解けることを示しているだけで，どんな場合でも解ける単一の方法があるということにはならない．

アルゴリズム *Halts* が存在しないということは驚きだが，深い洞察でもある．これはアルゴリズムでは**解けない**計算の問題があるということだ．言い換えると，計算機が決して解けない計算の問題がある．そういったアルゴリズムが存在しない問題は，**計算不能**あるいは**決定不能**と呼ばれる[4]．

---

[3] en.wikipedia.org/wiki/Barber_paradox を参照．

[4] 停止性問題のように「はい」か「いいえ」で答えられる問題は，**決定問題**と呼ばれる．アルゴリズムで解けない決定問題は，**決定不能**と呼ばれる．そうでなければ**決定可能**だ．与えられた入力に対する出力

どんな数学的あるいは計算的な問題も自動的に解けると思っているなら，決定不能/計算不能な問題が存在するのを知って落胆するかもしれない．けれどもそういう場合は少なくて，問題の大半はアルゴリズムが存在するのではないだろうか？ 残念ながらそうではない．実際のところ，問題の圧倒的多数が決定不能だ．この点を見抜くのは容易ではない．これには2つの異なる無限の概念が含まれているからだ[5)]．違いが見えるようにするため，どの方向にも無限に広がる2次元の格子を考えてみよう．決定可能な問題をそれぞれ格子点に置くことができる．格子点は無限に多く存在するので，決定可能な問題の数は実に多い．けれども決定不能な問題の数はもっと多い．多すぎて格子点には置けないくらいだ．あまりに多いので，決定不能な問題と一緒に平面に置いたら格子点の間のすべての空間を占めてしまうくらいだ．格子の一部，たとえば4つの格子点で囲まれた小さい四角形を考えると，4つの決定可能な問題に対して決定不能な問題は無限に多く存在して，隙間を埋めてしまうことになる．

ほとんどの問題がアルゴリズム的に解けないという事実はたしかに酔いも醒めるニュースだが，計算機科学分野の基礎となる性質についての深い洞察も与えてくれる．物理学は，空間や時間やエネルギーについての重要な限界を明らかにする．たとえばエネルギー保存についての熱力学第一法則は，エネルギーを作ったり壊したりすることはできない，変換することだけできるといっている．あるいはアインシュタインの特殊相対性理論によれば，情報や物質を光速より速く送ることはできない．同じように決定（不）可能問題についての知識も，計算の範囲と限界を示す．そして限界を知ることは，おそらく強みを知ることと同じくらい重要だ．これはブレーズ・パスカルの言葉だとされるが，「我々は自分の限界を知らなくてはならない」．

を問う問題は，**関数問題**と呼ばれる．アルゴリズムで解けない関数問題は，**計算不能**と呼ばれる．そうでなければ**計算可能**だ．

5) 「可算無限」と「非可算無限」の違いを知っているなら，決定可能な問題の数は可算で，決定不能な問題の数は非可算だ．

さらなる探求

映画『恋のデジャ・ブ』はループの別の姿を描いた．映画の決定的な特徴になっているのは，ループは終わるのかどうかという疑問だ．映画の中で主人公のフィル・コナーズは，ループを終わらせる行動の組み合わせを見つけようとする．同様に映画『オール・ユー・ニード・イズ・キル』で陸軍の広報係ビル・ケイジは，異星人の地球侵略を報道しているときに死に，何度も時間を前日に巻き戻されて，また生きることになる．『恋のデジャ・ブ』でループの反復はどれもちょうど１日だったが，『オール・ユー・ニード・イズ・キル』のビル・ケイジは繰り返しのたびに別の行動を試し，後の反復になるほど自分の死を遅らせる（この映画は『生きる．死ぬ．繰り返す．』という題名でも知られており，このほうがループのアルゴリズムがよくわかる）．これはテレビゲームを何度も何度もリプレイして，過去の過ちから学び，毎回より高いレベルに到達しようとするのに似ている．『ダークソウル』はこの現象を利用して，ゲームを遊ぶときの特徴にしている．ケン・グリムウッドの小説『リプレイ』には，人生の一部を追体験する人物が出てくる．だが追体験の時間はどんどん短くなり，終わりはいつも同じ時間で，始まる時点は終わる時点に近づいていく．しかも人々はリプレイを制御できない．これは映画『ミッション: ８ミニッツ』の主人公もそうで，シカゴへの通勤電車の乗客が８分間のループに巻き込まれ，爆弾による攻撃を防ごうとする．この物語ではループは外部から管理されたコンピュータシミュレーションなので，主人公自身は制御することができない．

ループは，反復のたびに根底にある状態の一部を変更し，ループの終了条件が満たされるまで続けることで機能する．状態のその部分だけが各々の反復を超え，ループの効果と終了に関与する．グラウンドホッグデイの場合，状態を変えられるのはフィル・コナーズ本人だけだった．他のもの（物理的な環境や他人の記憶など）は反復のたびにリセットされ，フィル・コナーズが影響を及ぼすことはできなかった．この観点で物語を分析すると，行動の影響や人の記憶などについての暗黙の前提が明らかになり，物語を理解しやすくなる．不整合や脚本の穴を発見する助けにもなる．

ループの中の行動が，終了条件を成り立たせる状態の一部に影響を与えないと，ループは終了しない．映画『トライアングル』は，本質的には１つの大きな終了しないループでできているように見える．けれども何人かの人物にドッペルゲンガーがいるので，ループの構造が入り組んでいて，間にループがいくつかあることを示している．終了しないループは，シーシュポスの物語で顕著に現れる．ギリシャ神話によればシーシュポスはゼウスに罰せられ，延々と岩を山の上に押し上げなくてはならない．シーシュポスの物語を哲学的に解釈したのはアルベール・カミュの『シーシュポスの神話』で，完全に意味を欠いた，どんな行動も効果が続かない世界で，どう生きるべきか熟考されている．

再　帰

バック・トゥ・ザ・フューチャー

これをもう一度読みなさい

自分の職場に戻って，何件か電話をかけなくてはならない．誰かに電話をかけるのはスマートフォンをちょっとクリックするだけの簡単な仕事だ．それともアシスタントアプリに，代わりに電話するよう頼んでもいい．けれどもコンピュータがなかったら，電話帳で番号を探さなくてはならない．どうやってやるか？最初のページから始めて，すべての名前を1つずつ探すようなこと，つまり電話帳をリストのように扱うことはしないだろう．おそらく代わりに電話帳のどこか真ん中あたりを開いて，探している名前と見えている名前を比べてみるだろう．運よくすぐにそのページで名前を見つけられるかもしれない．そうであれば完了だ．そうでなければ今の場所の前か後で探索を続け，まだ探していないページの範囲の真ん中あたりをまた開くことになる．言い換えると，電話番号を見つけるために**二分探索**を使うだろう．紙の辞書で単語を探すときや，図書館の棚で本を探すときにも，同じアルゴリズムを使った．

第5章で一部詳しく議論したが，このアルゴリズムは再帰的で，自分の一部として自分自身が出てくる．これは誰か他の人にアルゴリズムを説明しようとすると明らかになる．最初のステップ一巡（本を開く，名前を比べる，前後どちらを探すか判断する）を説明した後，同じステップを繰り返し説明しないといけない．たとえば「それからこの動作を繰り返す」ということもできる．繰り返す必要のあることが，「この動作」という複合語で言及されている．アルゴリズム全体に名前，たとえばBinarySearch，をつけると決めたら，アルゴリズムを繰り返すことを表すのに，この名前を使って「それからBinarySearchを繰り返す」と命令できる．このようにBinarySearchという名前を使うと，アルゴリズムを定義するときに自分自身の名前を使えるようになり，これを記述された再帰と呼ぶ．名前やシンボルや何か他の自己参照を表す仕組みを使って，定義の中で自分自身に言及する．

このアルゴリズムを実行すると，いくつかのステップ（たとえば本の特定のページを開いたり，名前を比べたり）を場合によっては何回も繰り返すことになる．この点で再帰はループに似ていて，ループもアルゴリズムのステップを繰り返すもととなる．アルゴリズムでループを使うか再帰を使うかということに違いがあるだろうか？ 計算そのものに関する限り，違いはない——再帰で記述できる計算は何であれループで表現できるし，逆も成り立つ．けれどもアルゴリズムの理解は，どう表現されているかということに影響を受ける．特に二分探索やクイックソートのような分割統治問題は，再帰を使ったほうが簡単に表現できることが多い．再帰は線形ではない，すなわちアルゴリズムが再帰的に何度も言及されるからだ．それに対して条件が満たされるまで決まった動作を繰り返す計算は，線形再帰に相当し，ループのほうがだいぶ簡単に記述できることが多い．

けれども再帰はアルゴリズムだけに記述された現象として現れるわけではない．一連の値そのものも再帰的になりうる．辞書を引いているときに『99 bottles of beers on the wall（塀の上の 99 瓶のビール）』を歌っていたら，手順の再帰的な性質が強調されるだろう．この歌には 2 つのバージョンがあって，1 つはゼロまでカウントダウンしたら止まり，1 つは 99 に戻ってすべてやり直す．マトリョーシカのように物理的に実体化した再帰は，ある時点で必ず終了するが，言語的な再帰は永遠に続くことがある．二分探索は，名前が見つかるか探索するページがなくなっていつか終了するが，終わりのない歌はその名のとおり終了しない——少なくとも，厳密にアルゴリズム的に理解する限りは．

この点を説明するための実験がある．次の文に書かれた単純な作業をできるか見てみよう．

> この文章をもう一度読みなさい．

今この文章を読んでいるなら，作業の指示に従わなかったということだ．そうでなければ，ここまでこられないはずだ．同僚の部屋を探す実りのない探索を中断したように，アルゴリズム（この場合は前述の文）の外でアルゴリズムの実行を止める決断をした．ループと同じように，再帰的な記述も終了しないことが多い．そして再帰が終了しないことをアルゴリズムで判定できないのも，ループと同じだ．

第 12 章ではタイムトラベルを比喩に使って様々な形の再帰を説明する．パラドックス——タイムトラベルや再帰に出てくる——を詳しく見てみることで，再帰的な定義の意味が何かということをよく理解できる．

12 さっさと直せばうまくいく

再帰という言葉には2つの違った意味があり，概念についての混乱のもとになりうる．再帰は，計算を記述するうえで重要な役割を演じているので，きちんと理解する必要がある．アルゴリズムにおける再帰はループで置き換えられるが，再帰はループよりも基礎にあって，なぜかというと計算だけではなくデータを定義するのにも使えるからだ．リストやツリーや文法の定義はどれも再帰を必要とする．ループで代替することはできない．これは，もし2つの概念のどちらかを選ばなくてはならないとしたら，再帰でなくてはならないということを意味する．多くのデータ構造が再帰に依存しているからだ．

再帰 (*recursion*) という言葉は，ラテン語の *recurrere*,「走って戻る」というような意味の動詞から派生しており，自己相似性や自己参照を指すのに使われる．この2つの異なる意味が，再帰の異なる概念につながっている．

自己相似性は自分自身を小さい形で含んでいる絵，たとえば部屋にテレビがあって同じ部屋を映しており，そこに部屋を映したテレビの小さいバージョンがある，といった絵に見つけることができる．それに対して自己参照は，ある概念の定義が，ふつうは名前やシンボルを通じて自分自身を参照しているときに起こる．例として**子孫**の定義を考えてみよう（これは子孫を計算するアルゴリズムの基礎として第4章で使った）．子孫とは，すべての子供と，子供の子孫のことだ．ここで，子孫が何かという定義は**子孫**という言葉を参照している．

この章では様々な形の再帰を紹介し，特に自己相似形の再帰と自己参照形の再帰との関係について説明する．映画『バック・トゥ・ザ・フューチャー』3部作とタイムトラベルの考え方を使って，再帰に関するいくつかの見方を説明する．タイムトラベルは，一連の出来事を記述するうえで，再帰のように働く仕組みと見ることができる．再帰的な定義がタイムトラベルの指示として理解できるという見解から始めて，タイムパラドックスの問題や，それが**不動点**という概念を通じて再帰的な定義を理解するのにどう関連しているかを説明する．

この章ではいくつかの再帰の特徴にも注目する．たとえばテレビのある部屋の再帰は，部屋の絵がそのまま自分自身の一部に含まれているという意味で直接的だ．さらに，この再帰は無限だ．つまりこの包含関係は永遠に続き，もしズームしてテレビの画面を絵の大きさまで拡大するのを繰り返せば，いつまでも終わらない．この章では間接的で有限の再帰の例を調べて，再帰の概念に与える影響を調査する．

最後に，ヘンゼルとグレーテルの石をたどるアルゴリズムのようなループを含むアルゴリズムが，再帰を使っても記述できることを示して，ループと再帰の密接な関係を説明する．ループを使うどんなアルゴリズムも，再帰を使って同じ結果を計算するアルゴリズムに変換できる，また逆も成り立つ，という意味でループと再帰は等価であることを示す．

12.1　そろそろ時間だ

タイムトラベルに関する多くの物語のように，映画『バック・トゥ・ザ・フューチャー』3部作もタイムトラベルを問題解決の手段として利用している．大まかなアイデアは，現在の問題の原因となっている過去の出来事を特定し，その時点に戻って出来事を変えることで，その出来事が違った展開をして問題を回避することを願うというものだ．『バック・トゥ・ザ・フューチャー』の物語では，科学者のドク・ブラウンが1985年にタイムマシンを発明し，それによってドクと友人の高校生マーティ・マクフライがたくさんの冒険をする．最初の映画でマーティは偶然1955年に戻り，両親が恋に落ちるのを邪魔してしまい，自分と兄弟の存在が脅かされる．最終的には歴史の流れ（の大半）を修復し，無事に1985年に戻る．2作目の映画で，マーティとガールフレンドのジェニファー，そしてドクは，2015年でマーティとジェニファーの子供たちの問題を正して，戻ってくる．

1985年は暗く暴力的な時代になっており，1作目からのマーティの仇敵ビフ・タネンが金持ちの権力者になっている．ビフはマーティの父親を殺し，マーティの母親と結婚している．ビフは2015年から持ってきたスポーツ年鑑でスポーツの試合結果を予測し，富を築いた．ビフは2015年にマーティからスポーツ年鑑を盗み，タイムマシンの助けを借りて1955年に旅して若い日の自分に渡した．マーティとドク・ブラウンが2015年を出発する前の状態に1985年の現実を修復するため，2人は1955年に戻ってビフからスポーツ年鑑を取り上げようとする．

ドク・ブラウン：明らかに時間の連続性が分断されて，新しい一連の事象を創造し，代替となるこの現実を生んだのだ．

マーティ：英語でお願い，ドク！

こうして時間を行ったり来たりするのはかなりややこしく，タイムマシンで計画した旅行の結果をマーティに一部説明するのに，ドク・ブラウンは右に示したような絵を黒板に描かなくてはならなかった．

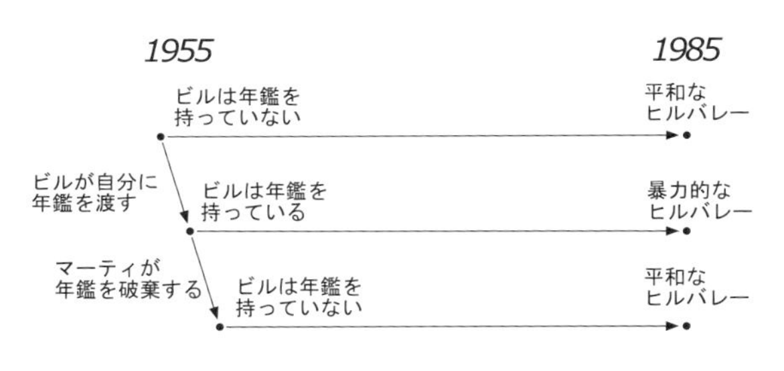

タイムトラベルの物語を理解するのが難しい原因の一部は，私たちが体験する現実では出来事が一列に並んでおり，過去も未来も1つだけだというところにある．タイムトラベルの可能性はこの見方に疑問を投げかけ，別の現実が複数存在する可能性に気づかせてくれる．だがタイムトラベルや別の現実は，私たちに完全に無縁のものでもない．まず私たちは，非常に限られたやり方ではあるが，実際に時間を旅している．カール・セーガンが書いたように，「私たちはみな，正確に1秒に1秒の速さで移動するタイムトラベラーだ」[1]．また先の計画を立てているときや過去の出来事を回想しているときも，私たちは別の現実について考えている．実際に別の現実を体験することは決してないが．

タイムトラベルは興味深いテーマだが，計算に，特に再帰に何の関係があるだろう？ これまでに説明した物語や日々の活動が示すように，計算は，計算機（人

[1] 偶然にも，カール・セーガンは，『バック・トゥ・ザ・フューチャー PART2』がタイムトラベルの科学に基づいて作られた中で一番の映画だと思っていた．“Q&A Commentary with Robert Zemeckis and Bob Gale,” *Back to the Future Part II*, Blu-Ray (2010) より．

間や機械や他の動作主体）がとる一連の行動に対応している．したがって過去に旅行して行動するのは，現在の世界の状態に至る一連の行動の途中に，行動を挿入することに対応する．目的は世界の状態を望む形に変えて，現在に特定の行動をできるようにすることだ．

たとえばマーティとジェニファーとドクが2015年から1985年に戻ったとき，マーティはジェニファーと長いキャンプ旅行に出かけたいと思っていた．だが世界は暴力的な状態になっていたので，一連の行動で現在が期待どおりの状態になるように，2人は過去に旅してビフからスポーツ年鑑を取り上げて過去を変える．けれどもタイムトラベルは過去への1ステップでは終わらない．マーティとドク・ブラウンがスポーツ年鑑を取り戻すという任務を終えた直後，タイムマシンは雷に打たれ，ドクを1885年に運んでしまう．後にマーティは，ドクが，1885年に着いた数日後に無法者のビュフォード・「狂犬」・タネンに殺されたことを知る．そのためマーティは，1955年のマーティが帰れるように1885年に金鉱にドクが隠しておいたタイムマシンを使い，ドクを追って1885年に戻る．1885年ではドクがビュフォード・タネンに撃たれるのを防ぎ，最後には何とか1985年に戻ってくる．

再帰的なアルゴリズムは，命令の列に命令を挿入するのに似ていて，またそう考えると理解しやすい．アルゴリズムの各ステップは基本的な命令か，別のアルゴリズムを実行する命令になっており，これは結果としてそのアルゴリズムの命令を現在の命令の列に挿入することになる．再帰の場合，現在のアルゴリズム自身の命令を，そのアルゴリズムが呼ばれた場所に挿入することを意味する．

アルゴリズムの各ステップを実行することで中間値や何か別の効果が生まれるので，アルゴリズムを再帰的に実行すると，その中間値や効果を呼ばれた場所で利用できる．言い換えるとアルゴリズムの再帰的な呼び出しは，命令を計算の開始時点まで戻して，必要な結果をすぐ利用できるようにしていると見ることができる．

最初の例として，マーティの行動を再帰的なアルゴリズムで記述してみよう．具体的には，いつ何をすべきかをマーティに伝えるいくつかの式を通して，*ToDo* アルゴリズムを定義できる[2)]．

[2)] セミコロンはアルゴリズムのステップを順に合成する制御構造だということを思い出してほしい．

$ToDo(1985) = ToDo(1955)$; キャンプに行く
$ToDo(1955) =$ スポーツ年鑑を取り戻す; $ToDo(1885)$; 1985年に戻る
$ToDo(1885) =$ ビュフォード・タネンからドクを助ける; 1985年に戻る

2015年へのタイムトラベルを含めるようこのアルゴリズムを拡張することもできるが，再帰に関する多くの要点を説明するにはこの3つで十分だ．まず$ToDo(1985)$の式から，1985年にとる行動は，1955年にとる行動を必要としていることがわかる．ジェニファーとキャンプに行くには世界が違う状態になる必要があるからだ．この要求は，$ToDo$アルゴリズムでは再帰を使って表現されている．$ToDo$アルゴリズムのステップの1つは，$ToDo$自身の実行となっている．次に$ToDo(1955)$の再帰的な実行は，自分自身がその一部となっている$ToDo(1985)$の式とは違う引数を使っている．これは（テレビのある部屋の絵とは違って），再帰は必ずしも正確な複製になるわけではないことを意味している．これは計算が終了するかどうかにとって重要だ．

アルゴリズムが引数1985で実行されるときに，計算がどのように展開するか考えてみよう．計算$ToDo(1985)$の最初のステップは$ToDo(1955)$の実行で，これはマーティがキャンプに行く前に1955年に戻って，ビフからスポーツ年鑑を取り戻さなくてはならないことを意味する．けれども1985年に戻る前に$ToDo(1885)$で記述されたステップをとる必要があって，つまり，さらに1885年まで戻ってドク・ブラウンを救わなくてはならない．その後マーティは1985年に戻って，ようやくガールフレンドと長いキャンプ旅行に行くことができる．

3つ目の式を注意深く調べると，何か奇妙なことが見えてくる．マーティが出発し$ToDo(1885)$の計算を開始した1955年に戻る代わりに，アルゴリズムは直接1985年に戻っている．これは映画『バック・トゥ・ザ・フューチャー』の3作目で実際に起こっていることだ．1985年に戻るためだけに1955年に戻るのは面倒なので，これはとても筋が通っている（たいていの人は乗継便よりも直行便のほうが好きだ）．

けれどもこれは，再帰の典型的な振る舞いとは異なる．再帰的な計算が完了したら，自動的に出発地点に戻って，直後から計算を続ける．この例では，1885年にジャンプするのは1955年に戻ってくることを意味するはずだ．なぜなら一般的に，再帰的な計算は計算がどのように続くかを知らないので，何か重要なことを逃さないためには出発点に戻るのが安全だからだ．ただしこの特定の場合に限っては，直後のステップで1985年に戻るので，直接ジャンプしてもいい．2回連続でジャンプするか1回にするかは効率の問題だ．『バック・トゥ・ザ・フューチャー』ではこれが本当に重要で，なぜなら，この物語でタイムトラベルを可能にしている次元転移装置が，1回のジャンプごとに大量のエネルギーを必要とするからだ．1955年のドク・ブラウンは1985年から来た車の設計について嘆く．

> *なぜ私はこんなに迂闊なのだ？ 1.21ギガワット！ トム*［トーマス・エジソン］，*どうしたらそんな電力を作り出せるというのだ？ そんなことはできない，ムリだ！*

12.2　どんなときも

ドク・ブラウンのタイムマシンを使うためには，タイムトラベルの行き先の正確な日時を指定しなくてはならない．だがタイムトラベルの目的は出来事の因果の連鎖を変えることなので，変えるべき出来事の前に着きさえすれば，正確な日時は問題にならない．変えたいと思っている出来事すべての日時が載った表があるなら，時間を明示的に指定する代わりに，意図している因果関係の変化を使って，*ToDo*アルゴリズムを違った形で表すことができる．実は，*ToDo*のように直接的なジャンプを使うアルゴリズムのスタイルはかなり古い．これはマイクロプロセッサーをプログラムする低レベルの言語のやり方，つまりコードの断片にラベルをつけて，ジャンプ命令でコードの断片を移動するやり方だ．第10章で議論した制御構造はすべて，このようなジャンプを使って実現できる．だがジャンプを用いたプログラムは理解，推測がしづらい．特にジャンプが場当たり的に使われている場合はそうだ．そのような場合，結果としてできるコードはスパゲッティコードと呼ばれることが多い．だからジャンプは，コンピュータのハードウェアで動くコードを低レベルで表現するのにはまだ使われているが，アルゴリズムを表す方法としてはほとんど引退したようなものだ．代わりに，アルゴリズムではループや再帰を使う．

明示的なジャンプが推奨されない制御構造だとすると，*ToDo*アルゴリズムをジャンプなしでどう表せるだろう？ この場合は，一連の行動にラベルをつけるのに，特定の年ではなくアルゴリズムが達成したい目的の名前を用いることができる．特定の目的でアルゴリズムを呼び出すとき，その目的に対応する式を見つけることができる．さらに再帰的な実行が終われば，自動的にスタート地点に戻ってくる．正確な年は，映画で文化的な背景の違いを際立たせるためにはとても重要だが，一連のステップを正しく実行するためにはあまり関係ない．因果関係に配慮して，行動の相対的な順序さえ決めれば十分だからだ．だからアルゴリズム *ToDo* は，新しいアルゴリズム *Goal* で次のように定義できる．

Goal(今を生きる) ＝ *Goal*(世界を修復する); キャンプに行く
Goal(世界を修復する) ＝ スポーツ年鑑を取り戻す; *Goal*(ドクを救う)
Goal(ドクを救う) ＝ ビュフォード・タネンからドクを助ける

このアルゴリズムの計算は，アルゴリズム *ToDo* と同じように展開するが，時間が明示されておらず，また2ステップで1985年に戻る．

12.3　ぎりぎり間に合う

再帰的な *ToDo* または *Goal* アルゴリズムを実行することによって生まれる計算は，世界の状態に対して効果を及ぼし，これはアルゴリズムのステップが展開するのを追うだけでは直接見えてこない．再帰的な実行と計算とのつながりをより明確に説明するため，別の例，リストの要素を数える単純なアルゴリズムを考えてみよう．具体的な喩えとして，デッキの中のカードを数えることを考えてみる．

このアルゴリズムは2つの場合を区別しなくてはならない．まずデッキが空のとき，カードは0枚だ．それからデッキが空でないとき，一番上のカードを除いた枚数に1を足せばカードの枚数になる．カードの入ったデッキをリストとして表現すれば，それに応じてアルゴリズムは，空のリストと空でないリストを区別する必要がある．後者の場合，リストの尾部（最初の要素を除いたリスト）にアルゴリズムを適用した結果に1を足す．空でないリストに対する再帰的な呼び出しは常に1を足すので，アルゴリズムはリストの要素と同じだけの1を足すことになる．アルゴリズム *Count* は，空のリストと空でないリストを扱う次の2つの式で記述できる．

$$\mathit{Count}(\ ) = 0$$
$$\mathit{Count}(\underset{..}{x} \rightarrow \underset{.....}{\mathit{rest}}) = \mathit{Count}(\underset{.....}{\mathit{rest}}) + 1$$

式の左辺の *Count* の引数の形が違うので，2つの場合を区別できる．1つ目の式の空白は，この式が要素を持たない空のリストに適用していることを示している．2つ目の式の $\underset{\cdot\cdot}{x} \rightarrow \underset{\cdots\cdots}{rest}$ というパターンは空でないリストを表現しており，x が最初の要素，$rest$ がリストの尾部を表している．この場合の定義では，リストの尾部の要素を $Count(rest)$ で数え，その結果に1を足している．このようにアルゴリズムの複数の場合分けから選択するのは，**パターンマッチ**と呼ばれる．パターンマッチは条件分岐を置き換えられることがあり，アルゴリズムで考慮すべき複数の場合を明確に分けることができる．またパターンマッチによって，アルゴリズムが使っているデータ構造の一部に直接アクセスでき，それによって定義を短くできることがある．この場合 x はリストの最初の要素を指しているが，式の右辺の定義では使われていない．けれども $rest$ はリストの尾部を指しているので，$Count$ の再帰的な呼び出しの引数として利用できる．パターンマッチの別のご利益は，再帰を，定義の再帰でない部分から明確に分離できることだ．

$Count$ の再帰的な式は，次のように仮定する文で理解できる．リストの尾部の要素の数を知っていたら，その数に1を足すだけで全体の数が得られる．誰かがデッキにあるカードの枚数を，一番上のカードを除きすでに数えていて，その枚数を書いた付箋を残していたと想像してみよう．この場合，付箋にある数に単純に1を足すことで，カード全体の枚数がわかる．

だがそんな情報はないので，リストの尾部 $rest$ に $Count$ を適用することで再帰的に計算しなくてはならない．ここにタイムトラベルとのつながりがある．様々な計算が起こるタイミングを考えてみよう．1を足したいと思ったら，$Count(rest)$ の計算はすでに終わっていなくてはならない．つまり過去のいつかに始まっていなくてはならない．同様にデッキにあるカードの枚数をすぐに計算したいと思ったら，誰か他の人に一番上のカードを除いた枚数を何分か前に数えておいてもらい，結果をすぐに使えるようにしておかなくてはならない．だからアルゴリズムの再帰的な呼び出しは，現時点で完了する計算を作るための過去への旅と見なすことができて，それによって残りの操作をすぐに実行できる．

再帰的なアルゴリズムの計算例を見るために，マーティが1885年に持っていったもの，カウボーイブーツ(B)とトランシーバ1組(W)とホバーボード(H)，を数えてみよう．$Count$ をリスト B→W→H に適用するとき，リストが空ではないので2つ目の式を使わなくてはならない．これを実行するには，リストに $x \rightarrow rest$ というパターンをマッチさせる必要があるので，x がBを指し $rest$ が W→H を指すことになる．$Count$ の定義式は $rest$ に対する $Count$ の再帰的な呼び出しに1を加えることを指示している．

$$Count(\mathrm{B}{\to}\mathrm{W}{\to}\mathrm{H}) = Count(\mathrm{W}{\to}\mathrm{H}) + 1$$

この足し算を実行するためには $Count(\mathrm{W}{\to}\mathrm{H})$ の結果が必要で，これは2だとわかるが，結果を今使いたいとすると，対応する $Count$ の計算を事前に始めておかなくてはならない．

タイミングについてより正確に理解するため，2つの数を足すといった基本的な計算ステップには1単位時間かかるものとする．これで計算にかかる時間を，この単位時間を使って表すことができる．現時点に対する計算の開始時点や終了時点は単位時間で測って表現できる．現時点を時刻0とおくと，今実行する基本的なステップは時刻 $+1$ に終わる．同様に2ステップかかる計算が今終わるとすると，時刻 -2 には開始していないといけない．

再帰的な計算がどれくらい長くかかるかは明らかではない．再帰的なステップが何回くらい起こるかによるし，これは一般的に入力次第だからだ．$Count$ の例では，再帰の回数つまり実行時間はリストの長さに依存する．ループを使うアルゴリズムのように，再帰的なアルゴリズムの実行時間は入力の大きさに対する関数として記述しなくてはならない．このことから，再帰を過去への旅と見る見方に疑問が出てくる．$Count$ の再帰的な呼び出しが時間に間に合うよう仕事を終わらせて，結果を足し算できるようにするためには，どのくらいの時間を戻ればよいだろうか？ 必要な展開と足し算をすべて実行するのに十分なだけの時間を戻らなくてはならないように見える．けれどもリストの長さがわからないので，どれだけ戻るべきかわからない．

ありがたいことに，タイムトラベルを効果的に用いるのに入力の大きさを知る必要はない．鍵となるのは，再帰的な計算を始めるには過去に1単位時間だけ戻れば十分だということだ．再帰的な計算にどれだけかかるとしても，さらに再帰する計算の実行に必要な追加の時間は，対応する再帰的な呼び出しをさらに過去に送れば得られるからだ．これがどう動くかを図12.1で説明している．

これまで示したとおり，$Count(\mathrm{B}{\to}\mathrm{W}{\to}\mathrm{H})$ の実行は $Count(\mathrm{W}{\to}\mathrm{H}) + 1$ の計算を生み出す．いったん再帰的な計算が終われば，再帰的な呼び出しの結果に1を足すのに $Count$ はちょうど1ステップかかり，最終結果の3が時刻 $+1$ で得られる．再帰的な呼び出しの結果をある時点で使えるようにするためには，計算を1単位時間早く始めれば十分だ．たとえば $Count(\mathrm{W}{\to}\mathrm{H})$ の値を現時点，時刻

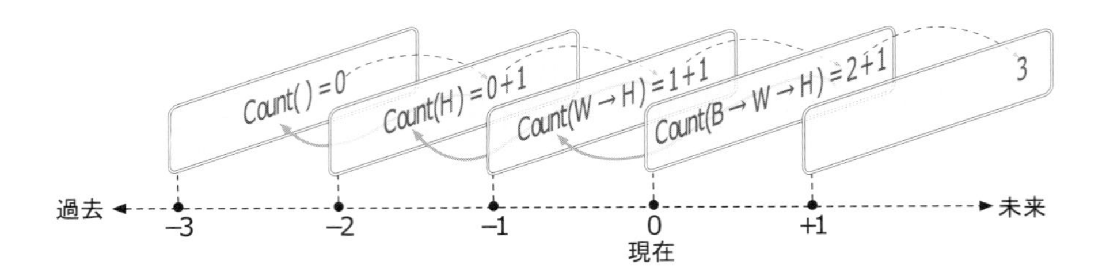

図 12.1　過去に旅しながら，リストの要素の数を再帰的に数える．空でないリストに対してアルゴリズム *Count* を実行すると，リストの尾部に対する *Count* の計算結果に 1 を足す計算が起こる．尾部の計算を 1 ステップ過去に実行すると，その結果を現在で使えて，足し算の結果は 1 ステップ未来で使える．空でないリストに対して過去に *Count* を実行すると，さらに過去で *Count* を実行することになる．

0 でほしかったら，計算を 1 単位時間だけ過去に送る必要がある．図に示したとおり，この計算は時刻 −1 で表現 $1+1$ という結果になり，1 ステップかけて時刻 0，ちょうど必要なときに 2 に評価される．ではどうしたら *Count*(W→H) が即座に $1+1$ を返せるだろうか？ これも，再帰的な呼び出し *Count*(H) を 1 ステップ過去，つまり −2 に送ることで実現できる．時刻 −2 に $0+1$ という表現が生まれ，1 ステップで評価されて 1 単位時間後の時刻 −1 に結果の 1 が利用できる．表現に出てくる 0 は，時刻 −3 に送られた *Count*( ) を呼び出した結果だ．まとめると，再帰的な計算を過去に始めることを繰り返して，元の計算を 1 単位時間だけ未来に終えることができる．これは，どれだけリストが長くなっても成り立つ．長いリストは単に，過去へのタイムトラベルを増やすだけだ．

タイムトラベルの比喩のせいで再帰が本来の姿よりも複雑に見えているかもしれないということは，気に留めておいてほしい．再帰的なアルゴリズムをコンピュータが実行するときに，時刻のトリックや空想のスケジュールは必要ない．第 4 章に出てくる二分探索や，第 6 章に出てくるクイックソートやマージソートのアルゴリズムを見ても，これは明らかだ．

タイムトラベルの比喩は，再帰の 2 つの形との関係を示している．*Goal* や *Count* のようなアルゴリズムは，自身の定義の中で自己参照を通じて再帰を利用している．この形の再帰を**記述された**再帰と呼ぶ．アルゴリズムの記述の中で再帰が起こっているからだ．一方で再帰的なアルゴリズムを実行すると，再帰的な記述がパラメータとして使われる様々な値でインスタンス化され，それに応じて一連の似たような出来事または計算ができる．この形の再帰を**展開された**再帰と呼ぶ．図 12.1 に示したように，再帰的なアルゴリズムの適用を繰り返し進めることで，記述された再帰は展開された再帰へと変化する．言い換えると，記述された再帰（つまり再帰的なアルゴリズム）を実行すると，対応する展開された再帰の計算が返り，これは次の式でまとめられる．

実行 (記述された再帰) = 展開された再帰

部屋を映すテレビのある部屋の再帰的な絵は，展開された再帰の例だ．上の関係が成り立つとしたとき，実行するとこうなるような記述された再帰があるだろうか？ ある．ビデオカメラで部屋の静止映像を撮って，それを部屋にあるテレビに映すという指示を考えることができる．この指示を実行すると，展開された再帰的な絵ができあがる．

『バック・トゥ・ザ・フューチャー』の中で，記述された再帰は *ToDo* や *Goal* のアルゴリズムに出てきた．特に過去を変えるための目的や計画は，記述された再帰の形をとっている．そして計画が実行されたら，物語が展開してお互いにかなり似通った出来事が起こる．たとえばどこかで見たカフェ/サロンやスケートボード/ホバーボードなどだ．

過去の変化を期待した目的や計画を立てるのは，タイムトラベルの映画に出てくる架空の人物だけではない．実のところ私たちはみな，もし違った行動をしていたらどうなったか？と問うことで，記述された再帰にかかわることがある．だが映画の人物と違って，そんな計画を実行することはできない．

12.4 不動点とともにパラドックスと闘う

タイムトラベルがこれほど興味深く楽しいテーマである理由の一部は，パラドックスを作ることがあるからだ．パラドックスというのはありえない状況のことで，何かが成り立つと同時に成り立たないという論理的な矛盾で特徴づけられる．よく知られた例は**祖父のパラドックス**で，タイムトラベラーが過去に戻って，自分自身の祖父を（祖父がタイムトラベラーの父か母をつくる前に）殺してしまう．これでタイムトラベラー自身が存在できなくなるので，タイムトラベルも祖父の殺害もできなくなる．祖父のパラドックスは，過去へのタイムトラベルが不可能だと主張するのに使われてきた．因果関係についての私たちの理解と矛盾する，論理的にありえない状況になるからだ．『バック・トゥ・ザ・フューチャー PART2』でドク・ブラウンは，ジェニファーが未来の自分と会う可能性があることを警告している．

> *遭遇したらタイムパラドックスを創造してしまう可能性がある．その結果起こる反応の連鎖が時空連続体の基礎構造を解体し，宇宙全体を破壊しかねない！ たしかに，それは最悪のシナリオだ．実際のところ，破壊はきわめて局所的なものになるかもしれない．我々の宇宙だけで済むかも．*

パラドックスの問題に対する1つの回答は，パラドックスの原因となるような行動は実際にはとれないという仮定だ．たとえば過去に旅することはできても，祖父を殺すことはできない．具体的には，祖父を銃で殺そうとしているとしよう．そうすると，銃を持ち続けることができないとか，銃を使おうとすると故障するとか，祖父が弾を避けるとか，当たっても怪我するだけで回復するとか，そんなことになるかもしれない．おそらく時空連続体の性質として，未来で確実に起こることと整合性のある行動だけを許すのだろう．

計算の分野で祖父のパラドックスと等価なものはあるだろうか？ ある．たとえば，再帰的なアルゴリズムの実行が終わらないのはどれも，そういったパラドックスだと考えられる．これからこの見方を，**不動点**という概念を使って詳しく説明する．

パラドックスを生み出すためには，過去へ旅するきっかけとなった再帰的な計算を特定し，その計算を消すか実行できなくすればいいように見える．実際に過去に戻らないとすると，私たちにできる最も近いことは，自分自身を削除するか，自分が動いている計算機を破壊するようなアルゴリズムを実行することだ．そんな状況では，単にアルゴリズムの実行が止まって，解決すべき現実のパラドックスはなくなってしまう．けれどもこの例は展開された再帰しか見ていない．記述された再帰にはパラドックスとなる例がたくさんある．*Count* の再帰的な定義を思い出してみると，リストの要素数はそのリストの尾部の要素数に1を足して得られるという式だった．ここにパラドックスはないが，定義を少し変えて，*Count* をリストの尾部ではなくリスト全体に再帰的に適用してみたらどうなるだろうか．

$$Count(\underset{\cdots\cdots}{list}) = Count(\underset{\cdots\cdots}{list}) + 1$$

これは要素数が要素数よりも1多いと定義しており，明らかに矛盾だ．似たような例は次の式で，数 n を自分自身より1大きいと定義しようとしている．

$$n = n + 1$$

繰り返しになるが，これは矛盾あるいはパラドックスで，この式に解はない．タイムトラベルの比喩で見ると，n もしくは $Count(\underline{list})$ の値を計算するために過去に戻ろうとすると終わらないので，1を足すところまでたどり着けない．言い換えると，過去に求められている行動を実行して，現在の行動と矛盾しないようにする方法がない．これはパラドックスで，リストの要素数が同時に2つの異なる値を持つことになる．

現実には，明らかなパラドックスは物理的な制約によって解消されることが多い．たとえばテレビのある部屋の絵に出てくる無限に見える再帰も，カメラの解像度で止まる．深く入れ子になったテレビの絵が画素と同じくらい小さくなったら再帰は止まって，画素の一部として部屋の絵を見せることはできない．同じようにアンプの出力をマイクへの（フィードバック）入力としてとるオーディオフィードバックの場合も，無限に増幅したりはしない．この場合，マイクとアンプのどちらも扱える信号の大きさに制約があるので，その物理的制約によってパラドックスは解消される．

言語には意味論があり，プログラミング言語で表されるアルゴリズムの意味論は，アルゴリズムを実行したときに行われる計算である，ということを第9章で議論した．この観点からいうと，矛盾していてパラドックスになるようなアルゴリズムの意味は定義できない，つまりアルゴリズムが求めることをする計算は存在しない．再帰的なアルゴリズムが矛盾していてパラドックスになるかどうか，どうしたらわかるだろうか？

再帰的に数を定義する例は，この問題に光を当て，理解するのを助けてくれる．ある数がその2乗に等しいと定義する次の式を考えてみよう．

$$n = n \times n$$

これは実のところ矛盾ではない．この式が成り立つ自然数が2つ存在する，つまり1と0だ．そしてこれは再帰的な定義を理解する鍵である．定義された数は式の解で，つまり変数 n を置き換えたときに矛盾せず，成り立つ式を返す．この数式の場合，たとえば $1 = 1 \times 1$ という式が得られて，これは成り立つので

1はこの式の解だ．これに対して式 $n = n + 1$ は解を持たない．同じように式 $Count(\underset{\dots}{list}) = Count(\underset{\dots}{list}) + 1$ も解を持たないが，元の式は解を持つ．この場合は，リストにある要素の数を計算する計算だ．

両辺に同じ変数を持つ式は，変換によって定義されていると見ることができる．たとえば式 $n = n + 1$ は，n が自分自身に1を加えて定義されるといっており，$n = n \times n$ は，n が自分に自分をかけて定義されるといっている．変換によって変化しない数 n はどれもその変換の**不動点**と呼ばれる．その名前が示すとおり，その値は変わりも動きもしない．

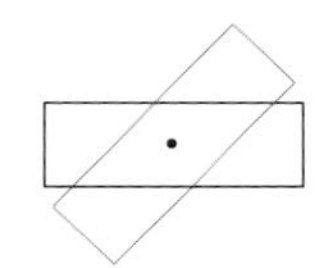

点という言葉にぴったり合う不動点の例は，幾何学的な変換にある．たとえば真ん中を中心にして絵を回転させることを考えてみよう．中心を除くすべての点は場所を変えるが，中心はその場に留まる．中心は回転変換の不動点となっている．実際のところ中心は，回転の唯一の不動点だ．あるいは絵を対角線に対して反転させることを考えてみよう．この場合，対角線上にある点はすべて反転変換の不動点となっている．さらに絵を左にずらすのは，すべての点が影響を受けるので，不動点を持たない．数の例では，「1を足す」変換に不動点はなく，「自分自身をかける」変換には2つの不動点1と0がある．

$Count$ を定義する式に対応する変換は何だろうか？ まず変更後の定義 $Count(\underset{\dots}{list}) = Count(\underset{\dots}{list}) + 1$ は定義 $n = n + 1$ によく似ており，違うのはパラメータがあることだ．この定義が対応する変換は，$\underset{\dots}{list}$ への $Count$ の適用が，この適用に1を足すことで定義されるといっている．この変換は，n についての式の変換と同じように不動点を持たない．それに対して元の定義 $Count(\underset{\cdot}{x} \rightarrow \underset{\dots}{rest}) = Count(\underset{\dots}{rest}) + 1$ による変換がいっているのは，$\underset{\dots}{list}$ への $Count$ の適用は，$\underset{\dots}{list}$ の最初の要素を削除したものに $Count$ を適用して1を足すことで定義されるということだ．この変換（と空のリストについての場合を定義した式）には不動点があり，リストの要素を数える関数だとわかる．

再帰的な式の意味は，その根底にある変換の不動点だ．もしそんな不動点が存在するなら，ということだが[3]．再帰的な式がアルゴリズムを記述するのに対し，固定点は変換で変わらない計算を記述しており，多くの場合に適用できる．変換はアルゴリズムの引数に合わせて変化することが多く，再帰的な呼び出しの

[3] 状況はこれよりもう少し複雑だが，比喩は有効だ．

結果を変更することがある．*Count* の場合は，引数リストの最初の要素が削除されると結果が1増える．*Goal* の場合は，再帰的な式が違った目的で *Goal* を実行し，それぞれの場合に応じた他の行動を追加する．

タイムトラベルの観点から見ると，再帰的なアルゴリズムの不動点は，過去の影響が現在の影響と独立している計算を記述している．不動点が再帰に関係している理由はこれだ．再帰的なアルゴリズムが成功するためには，タイムトラベラーのように，正しく振る舞いパラドックスを避けなくてはならない．再帰的なアルゴリズムが不動点を持つなら，意味のある計算だということだし，そうでなければパラドックスになる．だがタイムトラベルのパラドックスとは違い，このパラドックスは宇宙を破壊したりしない．単に望むものを計算しないというだけだ．再帰的なアルゴリズムの意味を不動点として理解するのは簡単ではない．第13章では，再帰的なアルゴリズムの記述を理解する別の方法を紹介する．

12.5　ループすべきかループせざるべきか

再帰はループと等価な制御構造だ．つまりアルゴリズムに出てくるどんなループも再帰で置き換えられるし，逆もまた成り立つ．どちらがより自然に感じられるかは例によって変わるが，この印象はどちらかの制御構造を予め見たことからくる先入観によることが多い．たとえば，ヘンゼルとグレーテルの石をたどるアルゴリズムをループと見ないためには，どうしたらよいだろうか？

> まだ訪れていない石を見つけてそちらに進むのを，家に着くまで繰り返す．

これは明らかに repeat ループの例で実に明快で単純なアルゴリズムの記述だが，次に示す等価な再帰版，*FindHomeFrom* は少し長いだけだ[4]．

$$\begin{aligned} \mathit{FindHomeFrom}(\text{家}) &= \text{何もしない} \\ \mathit{FindHomeFrom}(\text{森}) &= \mathit{FindHomeFrom}(\text{まだたどっていない次の石}) \end{aligned}$$

ここで紹介した他の再帰的なアルゴリズムのように，*FindHomeFrom* は複数の式で与えられ，考慮すべきケースがパラメータによって区別されている．この場

[4] アルゴリズムの名前を明示的に示す必要があるので，再帰的な記述のほうが長くなる．

合，パラメータはアルゴリズムが帰り道を見つける場所を表現しており，2つのケースはヘンゼルとグレーテルがすでに家にいるかまだ森の中なのかを表している．

この再帰的なアルゴリズムは，ほぼ間違いなく，ループ版のアルゴリズムより少しだけ正確だ．ヘンゼルとグレーテルの父親が2人を裏庭に連れていく場合でも終了するからだ．その場合，2人は家を出発していないので，ヘンゼルは石を落とさない．だがループのアルゴリズムは石を見つけるよう2人に命令し，計算は終わらなくなる．これはループそのものの問題というよりは，アルゴリズムをrepeatループで記述したことによるものだ．このアルゴリズムの場合，「家にいない間，まだたどっていない石を見つけ，そこに向かう」というwhileループのほうが，ループの本体を実行する前に終了条件を確認するので，適している．

再帰的な定式化は，再帰を使ってループをどう表現できるかのよい説明になる．まず終了条件の2つの結果（家に着いたか，まだ森にいるか）は，式のパラメータとして明示的に表現されている．それからループの本体は，パラメータが終了しない場合（ここではまだ森の中にいる場合）を表現している式の一部になっている．さらにループの続きは，引数を適切に（ここではまだたどっていない次の石の場所に）変更して，アルゴリズムを再帰的に実行することとして表現されている．

グラウンドホッグデイのループの再帰版を，第10章では条件分岐を使って見せた．式とパターンマッチを使うと，グラウンドホッグデイのループを次のようにも表せる．

$$
\begin{aligned}
\mathit{GroundhogDay}(\text{はい}) &= \text{何もしない}\\
\mathit{GroundhogDay}(\text{いいえ}) &= \text{1日を過ごす};\ \mathit{GroundhogDay}(\text{善人か？})
\end{aligned}
$$

“**repeat** 1日を過ごす **until** 善人である（善人になるまで1日を過ごすことを繰り返す）”というループに比べると，これは複雑に見える．けれども，ループのほうが常に再帰より簡単にプログラムできると結論づけるのは間違いだろう．再帰は特に，部分問題に分解できるような問題に向いている（第6章の分割統治アルゴリズムを参照）．そういった問題に対する再帰的なアルゴリズムは，ループベースのアルゴリズムより単純明快になる．クイックソートのようなアルゴリズムを再帰**なしで**実装しようとするのは，この点を正しく理解するのに役立つ練習だ．

12.6　再帰の多くの顔

再帰は不可解で使いづらいものとして描かれることが多いが，それは不当な評判であり残念なことだ．再帰についての混乱の多くは，再帰の別の側面とそれらの関連についてよく考えれば解消できる．次のようなたくさんの分類に従って，様々な形の再帰を区別することができる．**生成的**再帰と**構造的**再帰という区別もあるが，再帰の概念そのものの基礎を理解するうえで，それほど重要ではない．さらに**線形**再帰と**非線形**再帰という区別もある（第13章を参照）．

- 実行：展開された 対 記述された
- 終了：有限 対 無限
- 範囲：直接的 対 間接的

展開された再帰と記述された再帰の違いや，両者が計算を通じてどう関連しているかについては，すでに議論した．記述された再帰を実行すると展開された再帰が生まれ，これは再帰的な状況を理解するのにも役立つということを思い出そう．一方で展開された再帰に出会ったときには，実行するとそのように展開される，記述された再帰について考えてみることができる．記述された再帰は，状況の特徴を簡潔に与えてくれることが多く，特に再帰が無限のときはそうだ．他方で記述された再帰を与えられたら，定義を実行して展開されたバージョンを見てみると役に立つことが多い．再帰が複雑な形をしていて複数の再帰が含まれるようなときは，特にそうだ．テレビの描かれた絵の例で，2台目のカメラと2台目のテレビを追加して，それぞれが投影する映像とテレビの映像もカメラが記録できたら，どのような結果になるだろうか．記述された再帰からどのように展開された再帰が生まれるか知ることは，再帰を理解するのに役立つ．

有限の再帰とは，終了する再帰のことだ．有限の再帰か無限の再帰かという区別に意味があるのは，展開された再帰だけだ．だが有限の再帰を生み出すために，記述された再帰に必要なものが何か，問うことはできる．条件の1つは，再帰の記述の中に再帰を引き起こさない部分を含まなくてはならないということだ．たとえば *Goal*(ドクを救う) や *Count*( ) がそうだ．このような式は**基底**と呼ばれる．再帰を終わらせるうえで基底は常に必要だが，再帰のしかたによっては基底に到達しないこともあるので，終了することが保証されるわけではない．定義 $Count(\underset{\dots\dots}{list}) = Count(\underset{\dots\dots}{list}) + 1$ を思い出そう．これを空でないリストに適用すると，空リストに対する基底があっても，決して終了しない．

そもそも無限の再帰は役に立つのだろうか？ 終了しない再帰の計算は何の結果も生まず，したがって意味がないように見える．そのような計算単体で考えればそうかもしれないが，他の計算の構成要素として，無限の再帰はなかなか役に立つ．計算がランダムな数を無限に生み出し続けるとしよう．これはシミュレーションを実装するのに役に立つ．無限に出力される数の有限の部分を使う限り，計算はうまくいき，無限の部分は単純に無視できる．別の例として，次にある1の無限リストの定義を見てみよう．これは，リストの最初の要素が1で，後に1のリストが続くことをいっている．

$$Ones = 1 \rightarrow Ones$$

この定義を実行すると，1の無限の列ができる．

$$1 \rightarrow 1 \rightarrow 1 \rightarrow 1 \rightarrow 1 \rightarrow 1 \rightarrow \cdots$$

テレビのある部屋の絵のように，このリストは自分自身を一部として含んでいる．式を見れば，展開したリストと同じようにそのことがわかる．1の無限リストは1で始まり，その後に1のリストが続くが，こちらも無限だ．

自己包含的な見方は，再帰の結果である自己相似性を説明する手助けにもなる．$Ones$で計算されるリストを1行に書き，$1 \rightarrow Ones$で計算されるリストをその下の行に書いたら，2つのリストはまったく同じだとわかる．どちらのリストも無限なので，2行目のリストに追加の要素はない．

無限の再帰は終わりのない歌（『99 bottles of beer on the wall』や似た歌）のような音楽にも出てくるし，M・C・エッシャーの描いた『描く手』，『版画の画廊』のような絵にも出てくる[5)]．『描く手』では手が別の手を描いていて，その手がまた最初の手を描いている．基底はなく，再帰は終わらない．同様に『版画の画廊』にも終了しない再帰がある．画廊のある街の絵で，その画廊にいる人が見ている絵に同じ街が出てきて，そこにある画廊の中の人も絵を見ている．

エッシャーの2つの絵は，直接的な再帰と間接的な再帰の違いを説明してくれる．『描く手』に出てくる再帰は間接的で，自分自身を描く代わりに，それぞれの手は別の手——自分を描く手——を描いている．それに対して『版画の画廊』

5) en.wikipedia.org/wiki/Drawing_Hands や en.wikipedia.org/wiki/Print_Gallery_(M._C._Escher) を参照．

の絵には版画の画廊がある街が書いてあって，その画廊にいる人が見ているのはその絵なので，直接的に自分自身を含んでいる．『描く手』を見ると，間接的な再帰は終了を保証しないこともわかる．この状況は基底のときと似ている．基底は終了のためには必要だが，終了する保証はない．

間接的な再帰の有名な例は，数が2で割り切れるかを決めるアルゴリズム *Even* と *Odd* の定義だ．*Even* の定義は，0は偶数であり，その他の数は前の数が奇数なら偶数だといっている．2つ目の式で *Even* の定義にアルゴリズム *Odd* が出てくる．*Odd* の定義は，0は奇数ではなく，その他の数は前の数が偶数なら奇数だといっている．2つ目の式で *Odd* の定義にアルゴリズム *Even* が出てくる．

$$
\begin{aligned}
Even(0) &= \text{はい} & \qquad Odd(0) &= \text{いいえ} \\
Even(n) &= Odd(n-1) & \qquad Odd(n) &= Even(n-1)
\end{aligned}
$$

だから *Even* は，*Odd* を通じて間接的に，自分自身を再帰的に参照している(逆も成り立つ)．

$$
Even(2) = Odd(2-1) = Odd(1) = Even(1-1) = Even(0) = \text{はい}
$$

$Even(2)$ の呼び出しは $Even(0)$ の呼び出しに還元されるが，間接的に *Odd* を経由する必要がある．*Even* と *Odd* の定義は，それぞれがお互いを定義しているという点で『描く手』と似ている．だが重要な違いは，絵の再帰が無限なのに対して，アルゴリズムの再帰は有限（どんな計算もどちらかの基底で必ず終了する）ということだ[6]．

直接的な再帰の別の例は，次のような辞書型の再帰の定義だ[7]．

再帰 [名]，**再帰**を参照.

このふざけた定義は，再帰の定義に不可欠な構成要素をいくつか含んでいる．特に，定義の中で定義しているものを使っていることと，名前の助けがあって実現していることがそうだ．この「定義」が終了せず意味がないことで，再帰的な定義が引き起こすことのある不思議な感覚がもたらされる．第13章では，再帰的な定義を解明し理解するための2つの方法を提示する．

---

[6] アルゴリズムを負でない数に適用する限りは．

[7] David Hunter, *Essentials of Discrete Mathematics* (2011) より．

最新作

1日の仕事を終えて家に帰る．夕食の前に最近の裁縫プロジェクトの時間だ．自分で選んだキルトの模様が，様々な布を必要なだけ細かく飾っている．プロジェクトを始めたのは数週間前なので，布を買い，大半の端切れを切り取り，アイロンをかけ，すでにいくつかのキルトのかたまりを縫い合わせ始めている．

キルトの模様とその作り方はアルゴリズムだ．キルトを作るにはたくさんの作業が必要で，1回では終わらないことが多いので，アルゴリズムの実行は何度も中断されて後で続きをすることになる．キルトを作るときには細心の注意が必要となるにもかかわらず，キルティングを中断して後で再開するのは驚くほど簡単だ．キルティングの処理の状態は，それぞれの段階で，その時点の結果に完全に表現されているからだ．布がなかったら，次にすることは布を買うことだし，布は揃っているが端切れがなかったら，次に布を切らなくてはならない．鳥小屋を作ったり折り紙を折ったり，他のものづくりのプロジェクトでも状況は同じようなものだが，計算の状態を表現するにはもう少し頑張って作業しなくてはならない．たとえば箱に入った大事な野球カードを数えているときに，電話が鳴って中断したとする．続けて数えるためには，数えたカードをまだ数えていないカードと選り分けて，すでに数えたカードの枚数を覚えておかなくてはならない．

作業の中断を助けるだけでなく，中間結果はアルゴリズムが生成する計算の説明としても機能する．計算ステップの経過を追い，それまでに何が行われたかのトレースを残してくれる．トレースは一連の計算状態という形で与えられ，最初は単純なもの（たとえばキルティングでは布の集まり，折り紙では1枚の紙）で，それから徐々に最終結果により近いものになっていく．計算を定義するアルゴリズムに記述されているように変化させることで，それぞれの近似値が最終結果に近づいていく．最初のもの，途中のステップ，最終結果を合わせたものが，計算のトレースだ．砂の上の足跡が，ある場所から別の場所に人がどう移動したかの説明となるように，計算のトレースは最初のものが最終結果にどう変換されるかの説明となる．

トレースを作るのは，再帰的な記述を理解するのにも効果的なアプローチだ．キルトの模様のほとんどは再帰的でないが，たとえばシェルピンスキの三角形を用いた模様のように，魅力的な再帰的模様もある．このキルトは根底にある

再帰をよく表している．上向きの三角形は，主に明るい色の三角形3つでできており，上下逆向きの暗い色の三角形を囲んでいる．そして上下逆向きの三角形は，上向きの三角形を囲む3つの上下逆向きの三角形でできている．小さい上向きの三角形もさらに上下逆向きの三角形を囲む3つの上向きの三角形でできている，という具合だ．エッシャーの『描く手』や *Even* と *Odd* のアルゴリズムに出てくる，間接的な再帰と似ていることに注意してほしい（第12章を参照）．

トレースには様々な種類がある．いくつかの場合では，アルゴリズムとトレースが完全に切り離されている．たとえば組み立て説明書には，何をすべきか説明する番号のついたステップがあり，それとは別に対応する番号のついた一連の絵があって，そのステップの結果何ができるかを図示している．けれども絵に命令が直接含まれているようなトレースもある．どちらのトレースにも長所と短所があり，特に再帰的なアルゴリズムに関してはそうだ．再帰的なアルゴリズムを実行するにあたっての課題の1つは，様々な実行と様々なパラメータをすべて追いかけることだ．たとえば *Count*(B→W→H) を実行すると *Count* をもう3回実行することになり，パラメータのリストはすべて異なる．命令をトレースの一部として含めるアプローチだと，これはとてもうまくいき，追加で何かする必要がない．トレースの個々のステップは計算の表現だけで，計算を続けるための情報をすべて含んでいる．けれどもトレースの中に命令があると混乱しやすいし，この方法が生むトレースは冗長で大量のスナップショットを含むため，非常に巨大になる．それに対して命令とトレースを切り離すアプローチだと，アルゴリズムとトレースの対応を管理する必要があるが，生まれるトレースは簡潔になる．

アルゴリズムの意味は，生み出す計算をすべて集めることで与えられる[1)]．トレースによって計算が具体的になるので，アルゴリズムを理解するのに役立つ．だからトレースを作り出す方法は，アルゴリズムと計算との関係を解明するうえで重要な道具だ．

1) アルゴリズムを定義するのは，単に結果を集めたものではないことに注意してほしい．同じ問題を解くための別のアルゴリズムは，どのように問題を解くかで区別できるからだ．

13 解釈の問題

第12章の焦点は，再帰とは何か，再帰の形，再帰とループの関係を説明することだった．*ToDo* アルゴリズムや *Count* アルゴリズムにより，記述された再帰を実行すると展開された再帰が返ることを示し，自己参照と自己相似性をつなぐのが計算であることを明らかにした．けれども再帰的な計算がどう機能するのか，まだ詳しく見ていない．

この章では，再帰的なアルゴリズムがどう実行されるかを説明する．興味深い側面は，再帰によって，アルゴリズムを実行すると同じアルゴリズムを何度も実行することになることだ．再帰的なアルゴリズムの動的な振る舞いは，2つの方法で説明できる．

まず，**置換**を使うことで，再帰的な定義から計算のトレースを組み立てることができる．引数をパラメータで置き換えるのは，アルゴリズムを実行するときに必ず起こる基本的な動作だ．再帰的なアルゴリズムを実行するうえで，アルゴリズムの呼び出しをその定義で置き換えるのに，さらに置換が利用される．このやり方だと，置換によって記述された再帰が除去されてトレースに変わり，再帰的なアルゴリズムを説明することができる．

それから，**インタプリタ**の概念が，再帰的なアルゴリズムを説明するうえで別のアプローチを提供する．インタプリタは特別な種類の計算機で，スタックというデータ型（第4章を参照）を使い，再帰的な呼び出し（と再帰的でない呼び出し）や，再帰的なアルゴリズムを実行した結果として複数生まれる引数のコピーを追いかける．インタプリタの操作は置換よりも複雑だが，再帰的なアルゴリズムの実行について別の見方を提示する．さらにインタプリタは，置換が生成する計算のトレースよりも単純なトレースを生み出すことができる．トレースに命令が含まれず，データだけだからだ．この2つのモデルは，再帰がどのように動作するか説明するだけでなく，再帰の別の側面，線形の再帰と非線形の再帰の違いを説明する助けとなる．

13.1　歴史を書き換える

問題解決の道具としてのアルゴリズムが興味を引くのは，関連する問題をいくつも解けるときだけだ（第2章を参照）．あるアルゴリズムが，家から職場までの最短経路を見つけるといった1つの問題しか解けなかったら，アルゴリズムを1回実行してその経路を覚え，アルゴリズムは忘れてしまえばいい．それに対してアルゴリズムがパラメータ化されていて，様々な場所の間の最短経路を見つけられるなら，多くの状況に適用できるのでとても役に立つ．

アルゴリズムが実行されるとき，結果として生まれる計算はパラメータを**置換**する入力値に従って動作する．第2章の起床のアルゴリズムは，「起床時間に起きる」という命令でできていた．アルゴリズムを実行するためには，午前6:30といった具体的な時刻の値を（たとえばアラームを設定することで）与える必要がある．そうするとパラメータ起床時間を午前6:30で置き換えて，「午前6:30に起きる」という命令が得られる．

置換の仕組みは，すべてのアルゴリズムとパラメータに適用できる．コーヒーを淹れるためにカップに入れた水，道を見つけるための石，天気予報のための天候などだ．もちろんパラメータの置換は再帰的なアルゴリズムにも適用できる．たとえばクイックソートやマージソートは，入力としてソートしたいリストを必要とする．二分探索には2つのパラメータ，見つけたいものと，探索対象のデータ構造（ツリーや配列）がある．そしてアルゴリズム *Count*（第12章を参照）はパラメータとして，数えたいリストを入力にとる．

さらに別の種類の置換が，再帰的なアルゴリズムを実行するとき，つまりアルゴリズムの定義でアルゴリズム自身の名前を置換するときに出てくる．たとえば，マーティが1885年に向かう旅に持っていったものの数を，*Count* がどう計算するか説明するときだ．空でないリストに対して $Count$ のアルゴリズムがすることを定義した式を，もう一度見てみよう．

$$Count(x \to rest) \;=\; Count(rest) + 1$$

まずパラメータから引数のリストへの置換がある．リスト $\mathrm{B}\to\mathrm{W}\to\mathrm{H}$ に $Count$ を適用するのは，$Count$ のパラメータをリストで置換することを意味する．$Count$ のパラメータは，2つの部分から成るパターンとして式の中で定義されているので，リストをこのパターンにマッチさせる処理は，x から B への置換と $rest$ から $\mathrm{W}\to\mathrm{H}$ への置換という2つの置換を生み出す．置換が影響するのは式の右辺，アルゴリズムのステップを定義する側で，この場合は $rest$ に対するアルゴリズム $Count$ の実行と，結果の数に1を足すところだ．これは次のような式になる．

$$Count(\mathrm{B}\to\mathrm{W}\to\mathrm{H}) \;=\; Count(\mathrm{W}\to\mathrm{H}) + 1$$

この式は，アルゴリズムの定義を特定の例で具体化したものとして理解することもできるが，アルゴリズムの呼び出しを定義によって置換したものと見ることもできる．

第8章で触れた導出の概念を用いると，これはもっとはっきりする．思い出してほしい．非終端文法記号が右辺によってどう展開されるかを示すために，矢印が使われていた．そういった一連の展開は，言語の文法規則を使って文字列や構文木を導出するのに使うことができる．同じように，再帰的なアルゴリズムを定義する式を，計算を導出する規則として見ることができる．矢印の記法を使って，前述の式を次のように書き換えられる．

$$Count(\mathrm{B}\to\mathrm{W}\to\mathrm{H}) \;\xrightarrow{Count_2}\; Count(\mathrm{W}\to\mathrm{H}) + 1$$

矢印の記法によって，$Count(\mathrm{W}\to\mathrm{H}) + 1$ はアルゴリズム $Count$ の呼び出しを定義によって**置換**した結果である，ということが強調されている．矢印の上にある $Count_2$ のラベルは，$Count$ の2つ目の式を置換に使ったことを示している．結果には $Count$ の呼び出しが含まれているので，この方法を再度適用して，定義で置き換えることができる．確認すると，新しい引数のリスト $\mathrm{W}\to\mathrm{H}$ でパラメータを置き換えることになる．引数のリストは空でないので，ふたたび2つ目の式を使わなくてはならない．

$$Count(\mathrm{B}\to\mathrm{W}\to\mathrm{H}) \xrightarrow{Count_2} Count(\mathrm{W}\to\mathrm{H}) + 1 \xrightarrow{Count_2} Count(\mathrm{H}) + 1 + 1$$

この最後のステップを見ると，一般的に置換が起きるとき，文脈はその置換によって影響を受けないということがわかる．言い換えると，置換が置き換えるのは大きな表現の一部であり，変化はあくまでも局所的だということだ．これは電球を交換するのとよく似ている．古い電球が削除され，その場所に新しい電球が挿入され，照明本体や周りの他の部品は変わらない．例では $Count(\mathrm{W}\to\mathrm{H})$ から $Count(\mathrm{H}) + 1$ への置換は「$+ 1$」という文脈で起こっている．展開を完了させて，再帰的な $Count$ の出現をすべて除去するためには，もう 2 ステップの置換が必要だ．

$$\begin{aligned} Count(\mathrm{B}\to\mathrm{W}\to\mathrm{H}) &\xrightarrow{Count_2} Count(\mathrm{W}\to\mathrm{H}) + 1 \\ &\xrightarrow{Count_2} Count(\mathrm{H}) + 1 + 1 \\ &\xrightarrow{Count_2} Count(\ ) + 1 + 1 + 1 \\ &\xrightarrow{Count_1} 0 + 1 + 1 + 1 \end{aligned}$$

最後のステップの置換では，空リストに適用する $Count$ の最初の規則を用いていることに注意してほしい．これで，すべての再帰を除去して算術的な表現が得られたので，評価して結果を得ることができる．

同じ方法をアルゴリズム $ToDo$ と $Goal$ に適用して，再帰的なタイムトラベルアルゴリズムの実行をトレースし，一連の行動を得ることができる．

$Goal$(今を生きる)
$\xrightarrow{Goal_1}$ $Goal$(世界を修復する); キャンプに行く
$\xrightarrow{Goal_2}$ スポーツ年鑑を取り戻す; $Goal$(ドクを救う); キャンプに行く
$\xrightarrow{Goal_3}$ スポーツ年鑑を取り戻す; ビュフォード・タネンからドクを助ける; キャンプに行く

こうした例から，記述された再帰に出てくる神秘的にも見える自己参照が，名前を定義で繰り返し置換することによって解消できることがわかる．定義の置換を繰り返すのは，部屋にテレビがあってその部屋が映っているという，再帰的な絵の場合でもうまくいく（図 13.1）．

置換を繰り返して，記述された再帰を展開された再帰に変換する方法の，最初の何ステップかはこうなる．

図 13.1　再帰的な絵の定義．絵には名前がついており，絵にその名前が出てくるので自分自身を参照していることになる．こういった自己参照的な定義の意味は，縮小コピーした絵で名前を繰り返し置換し，1ステップずつ再帰を展開することで得られる．

もちろんこの置換処理は終わらない．再帰が無限で基底がないからだ．この状況は1の無限リストの定義と似ている．

$$Ones = 1 \rightarrow Ones$$

この定義を実行すると，置換によって成長し続けるリストが生成される．ステップごとに，リストに新しい1が追加される．

$$Ones \xrightarrow{Ones} 1 \rightarrow Ones \xrightarrow{Ones} 1 \rightarrow 1 \rightarrow Ones \xrightarrow{Ones} 1 \rightarrow 1 \rightarrow 1 \rightarrow Ones \cdots$$

名前を定義で繰り返し置換する処理は**書き換え**とも呼ばれる．だからマーティのタイムトラベルを計算と見ると，実は歴史を書き換えていることになるのだ．

13.2　もっと小さな足跡

置換は，計算のトレースを生み出す単純な仕組みで，トレースは基本的に，中間結果や状態の一連のスナップショットだ．再帰的でないアルゴリズムでも再帰的なアルゴリズムでも，置換は同じように機能するが，再帰的なアルゴリズムでは特に有用だ．自己参照を除去して，記述された再帰を対応する展開された再帰へとシステマティックに変換してくれるからだ．私たちが計算の結果だけに興味があって中間のステップに興味がなければ，置換は余計なことをしていることになるが，置換のトレースの価値は，実行された計算を説明できるところにある．

置換のトレースは何かを明らかにしてくれるかもしれないが，大きくなりすぎると，要点がわからなくなる可能性もある．挿入ソートのアルゴリズム（第6章を参照）をもう一度考えてみよう．アルゴリズム *Isort* の再帰的な定義を以下に示す．これは要素が未ソートのリストとすでにソート済みのリスト，2つのリストを使う．

$$
\begin{aligned}
&\mathit{Isort}(\ ,\mathit{list}) &&= \mathit{list}\\
&\mathit{Isort}(x\rightarrow \mathit{rest}, \mathit{list}) &&= \mathit{Isort}(\mathit{rest}, \mathit{Insert}(x, \mathit{list}))\\
\\
&\mathit{Insert}(w,\ ) &&= w\\
&\mathit{Insert}(w, x\rightarrow \mathit{rest}) &&= \textbf{if } w \leq x \textbf{ then } w\rightarrow x\rightarrow \mathit{rest} \textbf{ else } x\rightarrow \mathit{Insert}(w, \mathit{rest})
\end{aligned}
$$

アルゴリズム *Isort* には2つの引数がある．*Isort* は最初のリストを走査して，リストの各要素について補助アルゴリズム *Insert* を実行する．ソートしたいリストの要素がなければ，それ以上のソートは不要で，2つ目のパラメータ *list* が最終結果になる．そうでなければアルゴリズム *Insert* が，要素 *w* を未ソートのリストからソート済みリストの正しい位置へ移動させる．もしソート済みリストが空なら，*w* だけで結果のソート済みリストになる．そうでなければ *Insert* は，*w* を挿入したいリストの最初の要素 (*x*) と比較する．*w* が *x* より小さいか *x* と等しければ，正しい位置が見つかったので，*w* はリストの先頭に置かれる．そうでなければ *Insert* は *x* をそのままにして，残りのリスト *rest* に *w* を挿入しようとする．もちろんこれがうまく動作するのは，挿入先のリストがすでにソートされているときだけだが，*Insert* アルゴリズムのみを使ってリストが構築されているので，これは実際に成り立つ．

図 13.2 に示すように，ソート済みリストを実際に構築するには何ステップもかかり，条件分岐が存在したり，中間のリストが条件分岐の選択肢に一時的に2回出てきたりするため，*Insert* アルゴリズムの様々な実行による効果は一部わかりにくいところもある．置換によって生まれるトレースは正確で，アルゴリズムが何をしているか間違いなく表す一方，すべての詳細を一つひとつ見たり，データと命令とを区別したりするには大変な注意と集中が必要だ．

置換によるアプローチで混乱を招きやすい別の側面は，多くの場合に様々な置換が可能で，一般的にどれを選んでも結果は変わらないが，トレースの大きさやわかりやすさが変わるということだ．たとえば図 13.2 で最初の置換は

$$
\begin{aligned}
Isort(\text{B}{\to}\text{W}{\to}\text{H},\ ) &\xrightarrow{Isort_2} Isort(\text{W}{\to}\text{H},\ Insert(\text{B},\ ))\\
&\xrightarrow{Insert_1} Isort(\text{W}{\to}\text{H},\ \text{B})\\
&\xrightarrow{Isort_2} Isort(\text{H},\ Insert(\text{W},\ \text{B}))\\
&\xrightarrow{Insert_2} Isort(\text{H},\ \textbf{if}\ \text{W} \le \text{B}\ \textbf{then}\ \text{W}{\to}\text{B}\ \textbf{else}\ \text{B}{\to}Insert(\text{W},\ ))\\
&\xrightarrow{\textbf{else}} Isort(\text{H},\ \text{B}{\to}Insert(\text{W},\ ))\\
&\xrightarrow{Insert_1} Isort(\text{H},\ \text{B}{\to}\text{W})\\
&\xrightarrow{Isort_2} Isort(\ ,\ Insert(\text{H},\ \text{B}{\to}\text{W}))\\
&\xrightarrow{Isort_1} Insert(\text{H},\ \text{B}{\to}\text{W})\\
&\xrightarrow{Insert_2} \textbf{if}\ \text{H} \le \text{B}\ \textbf{then}\ \text{H}{\to}\text{B}{\to}\text{W}\ \textbf{else}\ \text{B}{\to}Insert(\text{H},\text{W})\\
&\xrightarrow{\textbf{else}} \text{B}{\to}Insert(\text{H},\text{W})\\
&\xrightarrow{Insert_2} \text{B}{\to}(\textbf{if}\ \text{H} \le \text{W}\ \textbf{then}\ \text{H}{\to}\text{W}\ \textbf{else}\ \text{W}{\to}Insert(\text{H},\ \underset{\cdots\cdots}{rest}))\\
&\xrightarrow{\textbf{then}} \text{B}{\to}\text{H}{\to}\text{W}
\end{aligned}
$$

図 13.2　挿入ソートの実行の置換トレース．

$Isort(\text{W}{\to}\text{H}, Insert(\text{B},\ ))$ を返し，これには 2 つの置換が適用できる．*Insert* の最初の式か *Isort* の 2 つ目の式だ．

第 6 章では，様々なソートアルゴリズムを説明するためにデータだけのトレースを提示した．要素が移動するたび，未ソートのリストとソート済みのリストだけを見せている（図 6.2 の挿入ソートの説明を参照）．この例についても同じ方法で可視化するなら，図 13.2 のトレースよりもずっと短くてずっと簡潔なトレースが得られる．

未ソートのリスト		ソート済みリスト
B→W→H	|	
W→H	|	B
H	|	B→W
	|	B→H→W

データだけのトレースはアルゴリズムにある命令をまったく含んでいないので，ずっと簡単に見える（これはインタプリタの典型的な動作を明らかにしている．アルゴリズムやプログラムの記述と操作するデータを別に保持しているのだ）．またデータだけのトレースは，2 つのリストに対する *Insert* の効果だけを表しており，*Insert* が 2 つ目のリストの中でどのように要素を動かすかという詳

現在の命令	スタック	世界の状態
① $ToDo(1955)$	-	年: 1985, ビフは年鑑を持っている, 暴力的な 1985 年
④ 年鑑を破棄する	②	年: 1955, ビフは年鑑を持っている, 暴力的な 1985 年
⑤ $ToDo(1885)$	②	年: 1955, ドクが危機にある 1885 年
⑦ ドクを救う	⑥ ②	年: 1885, ドクが危機にある 1885 年
⑧ 戻る	⑥ ②	年: 1885
⑥ 戻る	②	年: 1955
② キャンプに行く	-	年: 1985

図 13.3 $ToDo(1985)$ の解釈．現在の命令が再帰的な呼び出しなら，その後の数字をスタックに覚えておいて，呼び出しが完了した後に続きを計算できるようにする．続きの計算は 戻る 命令に会うたびに起こる．ジャンプした戻った後，アドレスはスタックから削除される．

細には触れていない．さらにプログラムは一度だけ表現されて，まったく変更されない．アルゴリズムが解釈されるとき，データだけのトレースはデータだけをその変化に応じて提示する．

置換のトレースというアプローチがデータの進化と計算の進行の追跡という二重の義務を負う一方，インタプリタはどちらの作業にもスタックを使う．特に再帰的なアルゴリズムでは，インタプリタは個々の再帰的な呼び出しの出発点を追跡して，呼び出しが完了した後に戻って計算を続けられるようにしなくてはならない．アルゴリズムの再帰的な実行にはそれぞれの引数があるので，インタプリタは複数のバージョンのパラメータを管理できるようにする必要もある．

プログラムのアドレスやパラメータの値をスタックに保持することで，どちらの要求も満たすことができる．これがどのように機能するのか，アルゴリズム $ToDo$ を実行することで見ていこう．再帰的な呼び出しから戻るジャンプを簡単にするために，アルゴリズム中の位置に印をつける必要があり，そのために数字を使う．アルゴリズム $ToDo$ のパラメータは定義でまったく使われていないので，無視して位置だけをスタックに保持すればいい．アルゴリズムの命令の間の位置を数字で印をつけて，少し違ったやり方で提示する．

$ToDo(1985)$ = ① $ToDo(1955)$ ② キャンプに行く ③ 戻る
$ToDo(1955)$ = ④ スポーツ年鑑を破棄する ⑤ $ToDo(1885)$ ⑥ 戻る
$ToDo(1885)$ = ⑦ ドクを救う ⑧ 戻る

インタプリタは $ToDo(1985)$ のように引数に適用したアルゴリズムを実行し，

一つひとつ命令に従いジャンプして戻るアドレスをスタックに持つ．命令がアルゴリズムの再帰的な実行だったときは，その命令が指す再帰的な呼び出しへインタプリタがジャンプする前に，その命令の後のアドレスがスタックの一番上に追加される．例の場合は最初の命令がそういうジャンプになっていて，後のアドレス② がスタックに追加され，④ が次の命令になる．

これを図 13.3 の最初の 2 行に示した．この図は，現在の命令やスタックが，アルゴリズムの実行を通じてどう変わっていくかを描いている．2 列目はスタックを表しており，スタックの上が表の左，スタックの下が表の右になっている．図には，たとえば現在の年やスポーツ年鑑の有無など，世界の一部が命令の実行を通じて変わっていく様子も載せている．このスポーツ年鑑の有無という事実は，1955 年にマーティが破棄すると変わる．ドク・ブラウンが危機に直面しているという事実は，現在のアルゴリズムを実行したことによるものではないということに注意してほしい．だがその事実を変えることが，アルゴリズムの次のステップの一部だ．1885 年に旅した後，これによって別の戻り先アドレス⑥がスタックに追加され，ドク・ブラウンを救うという行動が，危機にあるという事実を変える．アルゴリズムの次の命令は，アルゴリズムが出発した場所，再帰的なジャンプをしたときに戻ることだ．ジャンプの戻り先はスタックに最後に追加されたアドレスなので，これはスタックの一番上にある．したがって戻る命令を実行すると，次の命令はアドレス⑥にある命令になり，これは別の戻る命令なので，スタックから戻り先のアドレスを取り出す．これによって次の命令の戻り先アドレスが明らかになる．これは②で，マーティとジェニファーがようやくキャンプに行く時点だ．

ToDo の例を見ると，アルゴリズムの呼び出しが入れ子になると戻り先のアドレスがスタックに保持されるが，パラメータの値をスタックに保持する必要はないということがわかる．インタプリタのこの側面を説明するために，パラメータを保持する必要のあるアルゴリズム *Isort* を，もう一度考えてみる．だが戻り先のアドレスを保持する必要はない．アルゴリズムの各ステップは単一の式で，*ToDo* のときのようにいくつか連なっているわけではないからだ．

マーティの持ち物のリストをソートするため，インタプリタは *Isort*(B→W→H,) の呼び出しを空のスタックで評価し始める．引数を *Isort* のパラメータのパターンにマッチさせると**束縛**することになる．束縛というのは，パターンで使われているパラメータの名前を値と関連づけることだ．こうした束縛はスタック上に追

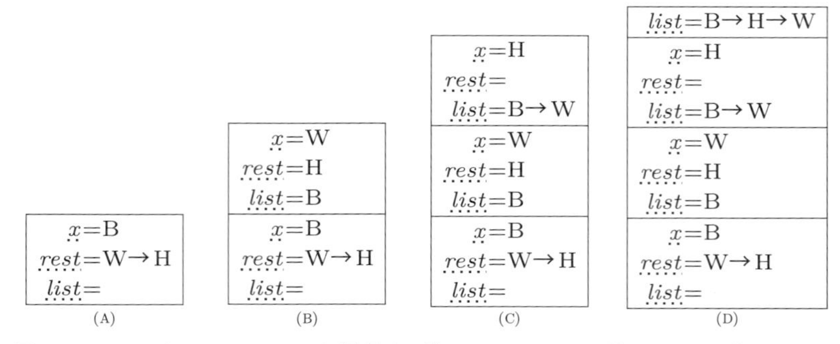

図 13.4　*Isort*(B→W→H,)を解釈する際の，スタックの値のスナップショット．

加され，図 13.4A に示すようなスタックになる．*Isort* のアルゴリズムは２つの入力をとるのに，空でない最初の入力に適用するとスタック上の３つのパラメータが束縛されるのは，変に見えるかもしれない．これは，最初の引数をマッチさせるパターン *x*→*rest* に２つのパラメータがあるためで，この２つのパラメータは，引数のリストを最初の要素と尾部のリストとに分割するためのものだ．最初の式が生み出すのは，１つのパラメータに対する束縛だけになる．最初の入力は空リストだとわかっていて，名前で参照する必要がないからだ．

パターンマッチはスタック上にパラメータの束縛を生み出し，その後にアルゴリズムは *Isort*(*rest*, *Insert*(*x*, *list*)) を計算するよう命令する．置換による方法のように，インタプリタには進める道が２つある．外側の *Isort* を呼ぶか，最初に入れ子になった *Insert* を呼ぶかだ．たいていのプログラミング言語はアルゴリズムを実行する前に引数を評価する[2)]．この戦略に従うと，インタプリタは *Isort* の呼び出しをさらに評価する前に *Insert*(*x*, *list*) を評価する．*x* と *list* の値はスタックから取得できて，*Insert*(B,) を評価することになる．この評価は別のスタックで実行できて，結果としてリスト B が生まれる．これは *Isort* の呼び出しの評価が *Isort*(*rest*, B) になることを意味する．

インタプリタは *Isort*(*rest*, B) を図 13.4A に示すスタックで評価する．まず *rest* の値をスタックから取得し，これはインタプリタが実際には *Isort*(W→H, B) の呼び出しを評価することを意味する．それからパターンマッチが *Isort* のパラメータに対する新しい束縛を生み出し，図 13.4B のようにスタック上に追加する．

2) パラメータに引数を渡すこのやり方は，**値呼び**と呼ばれる．

パラメータ $\underset{\cdots}{x}$，$\underset{\cdots\cdots}{rest}$，$\underset{\cdots\cdots}{list}$ がスタックに二度出てくるのは目を引く．これは *Isort* の再帰的な呼び出しがパラメータに対して別の引数で行われ，それを別の場所で保持する必要があるからだ．*Isort* の入れ子の呼び出しがインタプリタによって処理されると，パラメータの束縛はスタックから削除され，以前の *Isort* の呼び出しが自分自身の引数にアクセスして計算を続けることができる[3]．

だが *Isort* の呼び出しが完了する前に，*Isort* の２つ目の式がふたたび実行され，*Isort*(*rest*, *Insert*(*x*, *list*)) の評価が起こる．スタック上にまた束縛ができる．けれどもそれぞれのパラメータ名に対して複数の束縛が使えるなら，どれを使うべきで，どうやって見つけたらよいだろうか．ここでふたたびスタックが出てくる．最新の *Isort* の呼び出しに対応したパラメータの値は，一番最近スタックに追加されたので，スタックの一番上にある．だから結果の呼び出しは *Isort*(H, *Insert*(W, B)) となる．*Insert*(W, B) は B→W になるので，次に評価する *Isort* の呼び出しは *Isort*(H, B→W) になり，これはふたたび *Isort* の２つ目の式を引き起こし，*Isort*(*rest*, *Insert*(*x*, *list*)) を図 13.4C に示したスタックでまた呼び出すことになる．

スタックの一番上のパラメータに対する引数を見つけて，この呼び出しは *Isort*(, *Insert*(H,B→W)) を評価することになり，*Insert*(H, B→W) を評価した後に，*Isort*(, B→H→W) という結果になる．ここで *Isort* の最初の引数が空リストなので，*Isort* の最初の式を使ってインタプリタは *list* を評価できる．図 13.4D に示したスタックの文脈で評価は起こる．

この時点でスタックにある *list* の値が，最終結果として返る．最後に，それぞれの *Isort* の呼び出しがスタックから自身のパラメータを削除して終了となり，空のスタックが残る．それぞれの（再帰的な）呼び出しとともにスタックが成長し，呼び出しが完了した後に縮小する様子を見ることができる．

以前に見た，挿入ソートに対する２つのリストのトレースは，図 13.4 のスタックからシステマティックに再構築することができる．実際，入れ子になった *Isort* の呼び出しをすべて表現したスタック（図 13.4D）で，この目的には十分だ．特に，スタックにある束縛のまとまりそれぞれが，トレースの１ステップを生み出す．*Isort* の入力となる空でないリストは，*Isort* が呼ばれて２つのパラメータ *x* と *rest* に対する束縛を作るときに，２つに分割されることを思い出そう．これ

---

[3] この例だと，パラメータの値は実のところもう不要なので，*Isort* の計算も完了する．

は，最初の 3 つの *Isort* の呼び出しの入力となるリストは *x*→*rest* で与えられ，出力のリストは *list* で与えられることを意味する．入力のリストが空となる最後の *Isort* の呼び出しについて，入力のリストは空リストなのでパラメータで表現されず，出力のリストは *list* で与えられる．だからスタックの一番下の要素はリスト B→W→H と空リストのペアを返し，2 つ目の要素は W→H と B を返し，3 つ目は H と B→W を返し，一番上の要素は空リスト（パラメータに束縛されていない入力のリスト）と B→H→W を返す．

置換と解釈はアルゴリズム，特に再帰的なアルゴリズムの実行を理解するための 2 つの方法だ．置換は単純で，トレースを 1 ステップごとに書き換えるだけで動くが，解釈は補助的なスタックを用いる．置換はコードとデータを混ぜるが，解釈は 2 つをきれいに分けるので，単純なトレースを抽出するのが簡単になる．無限の再帰の場合，置換は何か役立つものを生み出すが，解釈は終了しない．

13.3 ドッペルゲンガーがより多くを成す

マーティがふたたび 1955 年に行ったとき（ドクと一緒に 2015 年から暴力的な 1985 年に戻ってきた後），彼は 1955 年に 2 回存在している．マーティが行った過去は，以前に（最初の映画で偶然に）行った過去と同じだからだ．2 人のマーティは互いに干渉せず，別々のことをする．1 人目のマーティは両親が恋に落ちるようにしようとするし，2 人目のマーティはビフからスポーツ年鑑を取り戻そうとする．同じように，ビフが 2015 年から 1955 年に旅して若い自分にスポーツ年鑑を渡そうとしたとき，ビフは 1955 年に 2 回存在している．2 人のマーティとは違って，2 人のビフは交流する．年とったビフは若いビフにスポーツ年鑑を渡す．幸いなことに，宇宙の崩壊をもたらすような時空パラドックスは起こらない[4]．しかもマーティが 1985 年から 1955 年に行くのに使ったタイムマシンは，年とったビフが 2015 年から 1955 年に行くのに使ったタイムマシンと同じものだ．だから年とったビフが若いビフにスポーツ年鑑を渡すのをマーティが見るとき，タイムマシンのコピーが 2 つ，1955 年に存在するはずだ．実際には 3 つのタイムマシンが，1955 年に同時に存在するはずだ．1 人目のマーティも 1955 年にタイムマシンで来たからだ．

---

[4] おそらくこれは，若いビフが，スポーツ年鑑をくれた老人が年をとった自分だと気づかないためだろう．

過去へのタイムトラベルによって，タイムトラベルするものや人は複数存在してしまうことが避けられない，少なくとも過去の同じ時点への旅が複数ある場合にはそうなるということを，これは表している．再帰とともに起こる状況もこれとよく似ている．*Count* の２つ目の式では *Count* の再帰が１回だけ起こり，実行すると過去のどの時点でも１つしか作らない．再帰的な呼び出しはそれぞれ，呼び出しが発生した時点から１単位時間だけ過去に旅するからだ．定義されたものが定義の中で１回だけ言及される，この形の再帰は**線形再帰**と呼ばれる．アルゴリズムの線形再帰では，過去のアルゴリズム呼び出しは独立して起こる．線形再帰は簡単にループに変換でき，一般的に並行に実行する機会はない．

それに対して，定義されたものが定義の中で２回以上言及される場合は，**非線形再帰**と呼ばれる．すべての呼び出しが同時に起こるので，対応する処理も過去の同じ時点で始まり，並行して起こる．これは，計算機（コンピュータや人間）が実際に並列に呼び出しを実行**しなくてはならない**，というわけではない．単に，並列に実行**することもできる**というだけだ．そしてこれは，よい設計の分割統治アルゴリズムが持つすばらしい側面だ．問題を素早く分割して，わずかなステップで解けるようにするだけでなく，多くの計算機で並列実行することもできるようになる．

クイックソートとマージソートは，そういったアルゴリズムの２つの例だ（第６章を参照）．クイックソートの定義は次のようなものだ．１つ目の式は空リストはすでにソート済みだといっている．２つ目の式がいっているのは，空でないリストをソートするためには，リストの尾部 ($rest$) から x より小さい要素をすべてとり，ソートして x の前に置き，同様に x 以上の要素すべてをソートしたものを x の後に置く必要があるということだ．

$$
\begin{aligned}
Qsort(\,) &= \\
Qsort(x \rightarrow rest) &= Qsort(Smaller(rest, x)) \rightarrow x \rightarrow Qsort(Larger(rest, x))
\end{aligned}
$$

２つ目の式で，*Qsort* の非線形再帰が明らかになっていることに注意してほしい．x によってリストの尾部がだいたい同じ大きさの２つのリストに分けられるとき，クイックソートの性能は最高になる．最悪の場合，リストがすでに（ほとんど）ソートされているときはそうならないが，平均するとクイックソートの性能はとてもよい．

クイックソートやマージソートを何人かのグループで実行するのは，とても楽しい．クイックソートを実行するには，全員がキューに並び，最初の人がソートを始める．つまり2つ目の式を適用し，リストのすべての要素を，最初の要素より小さいかどうかで2つのリストに分ける．最初の要素を持ったまま，それぞれの部分リストをキューにいる新しい人に渡し，その人が渡されたリストのクイックソートを実行し，場合によってはキューにいる新しい人に部分リストのソートをお願いすることになる．空リストを渡された人は，最初の式の定義に従い，その場で完了にして空リストを返すことができる[5)]．誰かが自分のリストのソートを終えたら，そのリストを渡してくれた人にソート済みのリストを返す．そうして全員がソート済みのリストを受け取って，小さな要素のリストを $\underset{..}{x}$ の前に，大きな要素のリストを $\underset{..}{x}$ の後に置いて，自分のソート済みリストを作る．リストの要素が1個だけのときに再帰を止めるとしたら，1人が1つの要素を担当するので，ソートするのにリストの要素と同じ数の人が必要だ．この方法は，ただリストをソートするだけのためにリソースを無駄遣いしているように見えるかもしれない．けれども減り続ける計算コストや増える計算力とともに，これは分割統治の力を示し，多くの手で簡単な仕事をする様子がわかる．

5) 実際には，長さ1のリストはソート済みでそのまま返すこともできるので，そこで再帰を止められる．

さらなる探求

再帰的なアルゴリズムは問題解決にあたって，最初に同じ問題を小さな入力で解こうとする．『バック・トゥ・ザ・フューチャー』のタイムトラベルでは，過去の問題を解決することが，現在で先に進む前提条件となる様子を示した．同じ状況は映画『12 モンキーズ』や『デジャヴ』に出てきており，タイムトラベルが現在の問題を解決するために使われ，最初に関連する過去の問題を解決している．似たような前提で視点を変えているのが映画『ターミネーター』で，今の現実を変えて異なる未来を作り出すために，ロボットが現在に送り込まれる．未来から現在へのタイムトラベルは，映画『LOOPER/ルーパー』の基礎にもなっている．

タイムパラドックスの問題は，タイムトラベルの物語では回避されることがよくある．一貫性のない物語は，あまり満足のいくものではないからだ．パラドックスや定義されていない再帰を扱おうとしているのは，スティーブン・キングの『11/22/63』で，ジョン・F・ケネディの暗殺を防ぐために教師がタイムポータルを通って過去に戻り，それによって現在の現実が崩壊する．似たようなあらすじは，グレゴリー・ベンフォードの『タイムスケープ』にも出てくる．

不動点を通して再帰的な定義を理解するというアイデアは，ロバート・ハインラインの『輪廻の蛇』で劇的に描かれている．女性が，未来から来た，男性になった自分と恋に落ちる物語だ．彼女は妊娠し，赤ん坊の女の子は誘拐されて過去に連れていかれ，成長して物語の最初に出てくる女性になる．女性が自分の母親であり父親であるという，物語の因果関係の制約の不動点となる事実から，おかしな出来事すべての辻褄が合うということは興味深い見方だ．この物語は映画『プリデスティネーション』になった．映画『タイム・クライムス』では，主人公のドッペルゲンガーを作り出すことで不動点が得られる．

再帰的な定義を実行すると，入れ子の構造に展開される．シェルピンスキの三角形のキルトや，マトリョーシカや，入れ子のテレビの絵を見れば，これは明らかだ．けれどもこれは物語にも出てくる．おそらく最も古い例の1つは『千夜一夜物語』だ．『アラビアンナイト』としても知られている．語り手は女王シェヘラザードの物語を語り，シェヘラザードが人々の物語を語り，その人々が別の人々の物語を語り……，と続く．ダグラス・ホフスタッターの『ゲーデル，エッシャー，バッハ――あるいは不思議の環』には，入れ子になった物語を語る会話があり，これはとりわけ，再帰のスタックモデルの説明になっている．この本には再帰の素材がたくさんあり，M・C・エッシャーの絵もいくつか載っている．

デイヴィッド・ミッチェルの本『クラウド・アトラス』は，互いに入れ子になったいくつかの物語でできている．入れ子になった物語は映画『インセプション』でも中心的な役割を果たしており，人々のグループが他人の夢に潜入して夢を操作し，他人の心からアイデアを盗む．困難な任務のせいで，再帰的に夢を操作しなくてはならない．つまりひとたび犠牲者の夢の中に入ったら，夢の中のその人を操作しなくてはならない．

相互再帰は，リチャード・クーパーの『ワールド・アパート』に，2つの物語として出てくる．1つはある夫婦のいる世界を考え出す地球の既婚の教師の話で，もう1つは地球の既婚の教師の物語を考え出す別の惑星の既婚の男の話だ．似たような物語は映画『ザ・フレーム』でも展開する．これは泥棒についてのテレビ番組を観ている救急救命士の話で，その泥棒は救急救命士の人生についてのテレビ番組を観ている．相互再帰はルイス・キャロルの『鏡の国のアリス』にも出てきていて，アリスと一角獣が出会い，互いに相手を空想上の生き物だと考える．

型と抽象化

ハリー・ポッター

夕食の時間

キルトの作業を終えたら，夕食の支度をする時間だ．何を出すかに合わせてディナーテーブルに食器を置かなくてはならない．スープを用意しているならスプーンを使うし，スパゲッティならフォーク（も）だし，肉ならナイフとフォークが必要だ．料理の特性が変わると，必要な食器の機能も変わる．スプーンの形は液体を運ぶのに適しているし，フォークの歯はスパゲッティの麺を絡めるのに適しているし，ナイフの刃は肉を切り分けるのに適している．スプーン，フォーク，ナイフをいつ使うかという規則は，言語の重要な側面をいくつか説明する．

まず，規則は食器の**型**（種類）について述べている．つまり，個々のスプーン，フォーク，ナイフを区別しない．ぜんぶまとめて分類され，その任意の要素について規則は述べている．このことは重要で，なぜかというとできるだけ少ない規則で経済的に記述できるからだ．キッチンの引き出しにあるフォークをまとめて説明するのに**フォーク**という単語が使えなかったとしよう．代わりにそれぞれのフォークに，尖ったやつとか，鋭いやつとか，つんつんしたやつとか，名前をつける．スパゲッティを食べるのにフォークが必要だという規則を表すのに，それぞれのフォークについて言及しなくてはならない．スプーンやナイフや皿についても同じように話さなくてはならないとしたら，名前を考え出してすべて覚えておくのはとても大変だし，規則はかなり複雑になるだろう．もしこれが滑稽に聞こえるとしたら，それは実際に滑稽だからだ——そして言語を実用的なものにするのに型がどれだけ重要かわかる．**スープ**，**スパゲッティ**，**肉**といった単語は一般的な食べ物の分類を指しており，特定の日時に特定の場所で作られた特定の料理を指しているわけではないので，規則における型として使われている．**食べ物**という単語も型だということに気づいているかもしれない．**食べ物**は**スープ**，**スパゲッティ**，**肉**といった型を含む，より上位の型だ．型と個々の対象が階層的な分類を作っており，汎化を通じて言語を実用的にしているということがわかる．型は言語の強力な道具で，実用的な推論を支援する知識を体系化している．

次に，規則は食べ物と食器のように，異なる型の間の関係を表している．規則は型で表現される対象についての知識を働かせる．特に対象についての推論を助け，その対象の振る舞いについての結論を引き出せるようになる．スパゲッティを食べるのにフォークを使うという規則は，この目的でフォークを使うとうまくいくが，スプーンを使うとうまくいかないだろうということを示している．規則は，対象どうしの相互作用について得られた事前の認識を符号化しており，型を使うことでその認識を簡潔に表現することができる．

さらに，規則は予言的だ．どういうことかというと，料理ができる前でも食器を選んでテーブルに置くことができて，しかも選んだ食器が適切だと確信をもっていえる（これは，規則に違反すると腹を空かせることになる，ということも意味する）．アルゴリズムがより効率的になるので，これは重要だ．料理を作っている途中であってもテーブルの準備ができるということだ．規則は過去の食事の経験を反映しているので，スープを飲むたびにフォークやナイフが役に立たないことを知る必要はない．

スープを飲むのにフォークやナイフを使うのは間違いだ．この洞察は，適切な食器についての規則から導き出せる．規則は，個々のスプーンやフォークやスープのどれを使うかに関係なく，対象の型について述べており，そういった規則に反する行動は型エラーと呼ばれる．型エラーには２種類ある．１つは失敗するとその場で結論づけられるようなものだ．たとえばスープを飲むのにフォークを使うのはそういう失敗だ．こういうエラーは意図した行動，たとえば食べること，ができなくなるという意味で現実的だ．アルゴリズムは行き詰まって，何も進められず，中止しなくてはならない．もう１つは必ずしも失敗はしないが，それでもやはり間違いあるいは思慮不足と見なされる状況を作るエラーだ．たとえば水を飲むのにスプーンを使うことは可能だが，ふつうそんなことをする人はほとんどいない．おそらく効率が悪いし，満足いく体験にもならないからだ．同じように，水を飲むのにストローを使うのはよくあることだが，ワインに使うのはどちらかというと変だ．繰り返すと，これは行動を続けられなくなるような間違いではないが，それでも馬鹿だとは思われる．

計算において操作は値に適用される．計算を組み立てる型ベースの規則は構造を強制できるので，アルゴリズムを理解したり，アルゴリズムの振る舞いを予測したり，実行時のエラーを特定したりするのに役立つ．電話用ジャックやコンセントが，機器が壊れたり人が怪我したりしないため様々な形をしているように，アルゴリズムにおける型の規則も計算が悪い結果にならないようにしている．第14章では，ハリー・ポッターと仲間たちの冒険を通して，型の持つ魔法のような力を調べていく．

14 魔法の型

この本に出てくる物語の中でも，ハリー・ポッターの話は最も広く知られているものかもしれない．多くの要素の中でもその人気を支えているのは，魔法についての物語で，物理的な宇宙とは異なる法則に従っているということだ．だからこうした物語では，魔法で何ができて何ができないかという規則を作り，それがふつうの自然法則とどう関係するかを示さなくてはならない．この最後の観点はハリー・ポッターの冒険では特に重要だ，魔術師や魔法使いが出てくる他の多くの物語のようにどこか遠い場所や時代ではなく，現代のイングランドを舞台にしているからだ．

ハリー・ポッターの本に出てくる魔法が何でもできて法則に支配されていなかったら，物語はすぐに無意味なものになってしまうだろう．次に何が起こるか，特定の出来事の原因は何か，といったことを合理的に予想できないと，読者は読み続ける意欲をなくしてしまう．自然法則を踏まえた規則や魔法の「法則」，私たちの生活の他の秩序は，出来事とその原因を理解するうえで重要だ．未来の計画を立てるためにも不可欠である．こうした規則は汎用的でなくてはならず，個別のものではなく型について述べる必要がある．法則の力というのは，個別の場合をいくつも表現できるところにあるからだ．型は対象を特徴づけるだけでなく，行動も分類する．たとえばテレポーテーション，電車に乗ること，ヘンゼルとグレーテルが森の中を歩くこと，これらはどれも移動の例だ．移動についての単純な法則は，何かを移動することでその位置が変わるということだ．これはどんな移動，どんな対象についても成り立つので，個別のものではなく型についての法則だ．

計算に関しては，計算の正しさについて述べる法則は**型付け規則**と呼ばれる．型付け規則はアルゴリズムが許容できる入力や出力を制限し，それによってアルゴリズムを実行するときの誤りを見つけ出せる．さらに型は細かい粒度，つまりアルゴリズムのステップごとの操作や引数といったレベルで作用するので，型付け規則はアルゴリズムの**型エラー**を見つけるためにも使うことができる．これはとても重要な作業なのでアルゴリズムそのものによって実行され，**型チェッカー**と呼ばれる．アルゴリズムがどの型付け規則にも違反していないときは**型が正しい**といわれ，実行時に特定のエラーが発生しないことが保証される．型と型付け規則は，アルゴリズムが意図したとおりに振る舞うことを保証するうえでとても役に立ち，信頼できるアルゴリズムを作るガイドラインとなりうる．

14.1 魔法の型と型の魔法

魔法の最も魅力的な側面は，おそらく不可能を可能にすることだろう．ものや人が自然法則の下で合理的な範囲を超えて変わっていくのは，心を惹きつけ想像力を刺激する．ハリー・ポッターの本は，もちろんそういう例に満ちている．だが使われている魔法は，多くの制約の支配下にあり，多くの法則に従っている．魔法の力を制限する１つの理由は，それによって物語がより神秘的で興味をそそるものになるからだ．論理的に思いつくものすべてがハリー・ポッターの世界で実現可能なわけではないので，ハリー・ポッターと仲間たちが，様々な冒険でどうやって特定の試練を克服するか，読者はあれこれ考えなくてはならない．ハリーたちが特定の問題を解決するのに，いつも何かすごい呪文を使えたら，物語は退屈なものになってしまうだろう．魔法は万能ではないので，ハリー・ポッターの本のかなりの部分は，魔法の規則を可能性や限界も含めて説明するのに割かれている．

魔法の世界を理解するために，関連する概念を分類してみる．たとえば魔法を使える人は魔法使い（あるいは魔女）と呼ばれ，魔法を使えない普通の人はマグルと呼ばれる．魔法使いはさらに，オーラー，アリスマンサー，カース，ブレーカー，ハーボロジストなど他にもたくさんの専門家に分けられる．魔法を使う行動は呪文と呼ばれ，さらにチャーム，カース，トランスフィギュレーションといったカテゴリーに分類できる．それぞれのカテゴリーにつけられた名前は恣意的なもので，重要ではない．大切なのは，1つのカテゴリーにあるものすべてが，共通の性質を持っていたり共通の振る舞いをしたりすることだ．そして個々の魔法のカテゴリーの意味と同じくらい大事なのは，その間の関係だ．たとえば呪文を唱えられるのは魔法使いだけだが，呪文は魔法使いにもマグルにも同じように作用する．ハリー・ポッターに出てくる魔法はかなり複雑だ．効率よく呪文を唱えるために，魔法使いは杖を使って呪文を唱えなくてはならないことが多い．けれども熟練した魔法使いは，杖なしに言葉ではない呪文を唱えることができる．呪文の効果にはふつう時間的な制約があり，カウンターの呪文で防御されることもある．魔法はポーションの中に保存することもでき，これによってマグルでもポーションを使えば魔法を使うことができる．魔法が些細なことではないということは，若い魔法使いや魔女が，魔法学校に7年間通って学科を修了しなくてはならないことからもわかる．

特定の性質や能力に従って人やものを異なるカテゴリーに分類するのは，もちろん魔法だけにあてはまることではない．人生のほとんどあらゆる場面で起こる．分類は科学のいたるところにあり，日々世界を理解するうえでの基礎となる要素だ．論理的に考えるとき，私たちはいつも無意識に使っている．夕食の食器を選んだり天気に合う服を選んだりするような，どちらかというとありふれた作業から，哲学的で政治的な考えを分類したり推論したりするような抽象的な領域まで，幅広い例がある．分類の過程そのものが，計算機科学ではシステマティックに研究されている．計算の理解が大きく深められ，より信頼できるソフトウェアを実際に作り出せるようになるからだ．

計算機械科学では，特定の振る舞いをするものの種類は**型**と呼ばれる．型についてはすでに様々なやり方で見てきた．第4章では，ものの集まりをソートしたり更新したりするための様々な**データ型**（セット，スタック，キュー）を見た．そういったデータ型はそれぞれ，要素を挿入したり取り出したり，削除したりするのに独自のやり方をしている．たとえばスタックは，入れた順序とは逆にものを取り出し (last in, first out)，キューは入れた順序で取り出す (first in, first out)．このように，個々のデータ型は，集まった要素を操作するための固有の振る舞いをカプセル化する．データ型の振る舞いによって，特定の計算作業がしやすくなっている．たとえば第13章では，インタプリタがどのように働いて，アルゴリズムが再帰的に呼び出されたときの異なる引数をどう追跡するか，スタックを使って説明した．

型の別の使い方は，アルゴリズムに求められている，あるいは期待されている入力や出力を記述することだ．たとえば2つの数を足すアルゴリズムの型は，次のように書ける．

(数値, 数値) → 数値

アルゴリズムの引数の型は矢印の左側に，結果の型は矢印の右に書かれている．したがってこの型は，このアルゴリズムが数のペアをとり，結果として数を返すと述べている．引き算や足し算など数に対する二項演算のアルゴリズムはどれも，足し算と同じ型になることに注意してほしい．これにより型が特定のアルゴリズムや計算に縛られていないことがわかり，これは型がものの種類の記述だということと一致している．この場合，型は幅広い計算を記述している．

別の例として，第2章に出てきた起床のアルゴリズムを考えてみよう．アルゴリズムには，いつアラームを鳴らすかを告げるパラメータ 起床時間 があった．このパラメータには時間の入力，つまり時と分を示す数のペアが必要だ．さらに2つの数は何でもいいわけではない．時の値は0から23まで[1]，分の値は0から59までの数でなくてはならない．この範囲を超える数は無意味で，アルゴリズムは期待どおりに動作しないだろう．したがって，起床のアルゴリズムの型は次のように記述できる．

(時, 分) → アラーム

ここで“時”と“分”は説明したとおり数の部分集合にあたる型で，“アラーム”はアラームの動作を表す型だ．アラームの動作は特定の時間に特定の音を出すことである．“分”という型に0から59までの数が含まれるように，“アラーム”という型には，1日の中の1分につき1つで $24 \times 60 = 1{,}440$ 通りの動作がありうる．アラームの音を設定できるなら，アルゴリズムには別のパラメータが必要で，型にも反映しなくてはならない．結果の型“アラーム”も，より汎用的で様々な音を含むことになる．

アルゴリズムの型は，アルゴリズムについて何かを教えてくれることがわか

[1] もし目覚まし時計が12時間形式だったら，午前/午後を示す指標が追加で必要となる．

る．型はアルゴリズムのすることを正確に教えてはくれないが，機能を絞り込む．アルゴリズムを選ぶには，これで十分であることが多い．特定の時間にアラームを鳴らす問題に足し算のアルゴリズムを使う人は，間違いなくいないだろう．足し算や起床のアルゴリズムの詳細を見なくても，型が違うのでどっちがどっちかわかる．アルゴリズムの型にある矢印は，引数の型（左側）と結果の型（右側）とを分けている．これは，対応する計算が，ある入力の型を別の結果の型に変換しているということを表している．結果の型は，足し算の場合であれば値だし，起床のアルゴリズムの場合は作用だ．

呪文もまた変換なので，呪文の効果を明らかにするのにも型を適用できる．たとえばハリー・ポッターの本では，ウィンガーディアム・レヴィオーサという呪文を使って，ものを浮かべることができる．魔法使いは杖を動かし，ものに向けて，「ウィンガーディアム・レヴィオーサ」と唱える．“もの”と“浮遊”という型が，それぞれ任意のものと浮いているものを指すとすると，呪文の型は次のように書ける．

(杖, 詠唱, もの) → 浮遊

型は，アルゴリズムや計算の性質について述べたり推測したりするのに役立つ記法だ．引数と結果を分ける矢印は，この記法の非常に重要な部分の１つで，もう１つは**型パラメータ**だ．例として，第６章で議論したソートアルゴリズムを考えてみよう．ソートアルゴリズムには入力としてリストが必要で，結果として同じもののリストができる．さらにリストの中身は，何らかの方法で比較できなくてはならない．つまり２つのものがあったら，等しいか，どちらかが大きいかを決定できなくてはならない．数は比較できるので，数のリストをソートするどんなソートアルゴリズムであっても，次の型は正しい．

リスト(数値) → リスト(数値)

数のリストの型を“リスト(数値)”と書くのは，“数値”を置き換えると別の型が得られることを示している．たとえば文字情報もソートすることができるので，ソートアルゴリズムには“リスト(文字列) → リスト(文字列)”という型もある．ソートアルゴリズムがたくさんの関連する型を持てることを表すために，“数値”や“文字列”といった特定の型を型パラメータで置き換えて，後から特定の型に置換できる．これで，ソートアルゴリズムの型を次のテンプレートで表せる．ここで 比較できるもの は，比較できる要素の型であれば何でもいい[2]．

リスト(比較できるもの) → リスト(比較できるもの)

“リスト(数値) → リスト(数値)”のような特定の型はどれも，この型テンプレートの型パラメータ 比較できるもの を要素の型で置換して得られる．

アルゴリズムの名前にコロンとともに型をつけると，そのアルゴリズムがその型を持つということを主張できる．たとえばソートアルゴリズム *Qsort* がこの型を持つと主張するには，次のように書くだろう．

Qsort : リスト(比較できるもの) → リスト(比較できるもの)

第12章の *Count* アルゴリズムも入力としてリストをとるが，要素が比較できる必要はなく，結果として数を返す．したがって *Count* の型は次のように書ける．ここで 何でも は任意の型を表す型パラメータだ．

Count : リスト(何でも) → 数値

あるものの型を知ることで，それが何をするものか，それによって何ができるかわかる．アルゴリズムの型を知ることで，適切なアルゴリズムを選択して適用することができる．型の情報は様々な形で役立つ．

まず，特定のアルゴリズムを実行したいとすると，どんな引数を与えなくてはいけないかを入力の型が教えてくれる．たとえば呪文を使うには詠唱と杖が必要で，ポーションを使うには飲まなくてはならない．呪文を飲んだり，ポーションに対して詠唱したり杖を振ったりするのは意味がない．同様に *Qsort* のようなソートアルゴリズムをリストに適用することはできるが，時間の値に適用するのは意味がない．必要な型の引数がないと，アルゴリズムは実行できない．

それから，ものの型はどんなアルゴリズムが使えるかを教えてくれる．たとえばリストが与えられたら，リストの要素の数を数えられることがわかる．リストの要素が比較できるものであれば，リストをソートできることもわかる．ものは，ウィンガーディアム・レヴィオーサの呪文で浮かべることができる．特定の型のものは，その型を引数の型とするアルゴリズムで変換できる．

---

[2] このように記述できる型は，多くの異なる形態をとるので，多相と呼ばれる．すべての異なる形態が1つのパラメータで記述できるので，この種類の多相はパラメータ多相と呼ばれる．

さらに，特定の型の何かを計算しなくてはならないとき，この作業にだいたいどの計算が使えそうか，アルゴリズムの結果の型が教えてくれる．利用できる引数の型と合わせれば，適用できるアルゴリズムはさらに絞り込める．たとえばものを浮かべるために，ウィンガーディアム・レヴィオーサの呪文は正しい選択のように見える．ほしい型のものは，同じ型を結果に持つアルゴリズムでしか作ることができない．

型が汎用的な性質を持ち，どこでも使われているのは，知識を効率よく体系化する力があるからだ．型によって，個別の例を抽象化し，汎用的なレベルで状況を推測することができる．たとえば魔女か魔法使いだけがほうきで空を飛べると知っていれば，ハリー・ポッターはほうきで空を飛べるかもしれないが，ハリーの叔母であるマグルのペチュニアは飛べないと推論できる．あるいはハリーが見えないマントを使うとき，覆ったものは何でも見えなくなるという性質に頼っている．魔法のない日々の生活にも，数多くの例がある．汎用的な性質によって特定の道具を選ぶ（ドライバー，傘，時計，ミキサーなど）ときもそうだし，特定のやり取り（ものがぶつかる，電子機器をつなぐ，顧客，患者，親といった様々な役割をどう演じるかなど）の結果を予測するときもそうだ．

14.2　規則を支配する

特定のものについての情報を効率よく導き出せるようになることに加えて，型はものの相互作用を推論できるようにしたり，それによって世界を予測する方法を提供してくれたりする．これを実現するのは型付け規則と呼ばれる規則一式で，異なる型のものどうしが相互に作用するかどうか，するとしたらどのようにするかが記述されている．たとえば脆いものが固い床に落ちたら，壊れるだろう．この場合，予想を導き出す規則にはいくつかの型が含まれる．脆いものの型，壊れたものの型，速い動きの型，固い面の型だ．脆いものの型に属する何かが速い動きで固い面にぶつかると，壊れたものの型に属することになる，ということを規則は述べている．この汎用的な規則を使って予想を立てることができる，数多くの異なるシナリオがあり，それにはあらゆる脆いもの（卵，グラス，アイスクリームのコーン），あらゆる固い面（舗装された道路，レンガの壁，車寄せ），あらゆる速い動き（落とす，投げる）が含まれる．規則は，たくさんの事実の集まりを１つの簡潔な記述に圧縮する．該当する性質を表現するのに個々の名前ではなく型を使うことで，圧縮は可能になる．

型付け規則は，ある条件の下でのものの型を記述する．規則を適用するために満たさなくてはならない条件は**前提**と呼ばれ，前提から規則によって導き出せる型についての文は**結論**と呼ばれる．脆いものが壊れる規則には3つの前提がある，つまり，それが脆いこと，落ちること，着地する面が固いことだ．規則の結論は，そのものが壊れることだ．結論だけで前提を持たない型付け規則は**公理**と呼ばれ，無条件で正しいことを指す．“ハリー・ポッターは魔法使いだ”，“3は数だ”，“薄いグラスは脆い”などがその例だ．

型を特定してものに型を割り当てるのは設計の問題で，特定の状況や目的によって決まる．たとえばマグルと魔法使いとの区別は，ハリー・ポッターの物語という文脈では重要だが，魔法が存在しない文脈では役に立たない．日々の生活におけるたいていの規則は，もともと自然界で生き残るために考え出されたもので，致命的な間違いを避けるためにある．新しい技術と文化の下で，現代生活のすべての領域を効率よく航海していくためには，エレベーターや携帯電話を操作する方法だったり健康保険の契約や適用をする方法だったり，新しい規則が必要だ．こうした例から，型と型付け規則の設計は，特定の目的に従って今も進行中の過程だということがわかる．

計算の最も重要で基本的な型付け規則は適用規則だ．これはアルゴリズムの型，適用する引数の型，生み出される結果の型を関連づける．この規則が要求するのは，アルゴリズムを適用できるのはアルゴリズムの入力の型と一致する型の引数だけだということだ．この場合，アルゴリズムがもたらす結果の型は，アルゴリズムの出力の型と一致する．型付け規則は，前提を横線の上に，結論を下に書いて示すことが多い．この方式だと，アルゴリズムの引数に対する適用規則は次のようになる．

$$\frac{Alg : \text{入力} \rightarrow \text{出力} \qquad Arg : \text{入力}}{Alg(Arg) : \text{出力}}$$

規則の最初の前提では，アルゴリズムが入力と出力の型を持つことを要求されている．この要求は『ハリー・ポッターと死の秘宝』に出てくる元素変容についてのガンプの法則と密接に関係しており，これは何もないところから食べ物を作り出すことはできないといっている．違う場所から召喚するか，大きさを拡大することしかできない．適用規則はアルゴリズムの基本的な性質を反映している．

つまり，出力を変えるには入力を変えなくてはならないということだ．

規則の前提がすべて満たされたときだけ結論を導くことができる．たとえば卵を車寄せに落とすのは脆いものが壊れる規則を満たしているので，卵が壊れるという結果は保証されている．さらにいうと6と30は正しい時と分で，起床のアルゴリズムの引数の型は“(時, 分)”なので，このアルゴリズムを2つの引数に適用して，結果がアラームという型の正しい振る舞いになるという結論を導くことができる．型付け規則は，*Alg*を特定のアルゴリズムで*Arg*を引数で置換し，“入力”と“出力”の型を一致させることで適用できる．起床のアルゴリズムにアルゴリズムの型付け規則を適用すると次のようになる．

$$\frac{\mathit{WakeUp} : (\text{時}, \text{分}) \to \text{アラーム} \qquad (6, 30) : (\text{時}, \text{分})}{\mathit{WakeUp}(6, 30) : \text{アラーム}}$$

同様に*L*が数のリストなら，*Qsort*のリスト(数値) → リスト(数値)という型の規則を使い，*L*に*Qsort*を適用すると数のリストができるという結論を導ける．

$$\frac{\mathit{Qsort} : \text{リスト}(\text{数値}) \to \text{リスト}(\text{数値}) \qquad L : \text{リスト}(\text{数値})}{\mathit{Qsort}(L) : \text{リスト}(\text{数値})}$$

ある状況に置かれたものの型からその状況の帰結を予測する能力は，推論の仕組みとして強力なので，理性的な人々はスープを飲むのにスプーンを使うし，シャワーを浴びる前に服を脱ぐ．型と型付け規則によって，似たものや出来事を簡潔に表現でき，処理が効率的になっている．そしてこれは日々の状況の推論だけでなく，ハリー・ポッターの魔法の世界や計算の世界でも機能する．

ハリー・ポッターに出てくる魔法の力は，自然界の多くの法則を書き換える．だから魔法使いは日常的なものについて違った推論をして，それに従って行動することがある．たとえば魔法使いは，ロン・ウェズリーの母が料理や掃除に魔法を使うように，マグルがしなくてはならない退屈な仕事の多くをしないで済む．魔法使いにとって，これを手でやるのは意味がない．別の例として，魔法使いの社会ではふつうの車の運転が敬遠される．魔法での移動，テレポーテーションやフルーパウダーやポートキー，あとはもちろん空を飛ぶことに比べると経済的でないからだ．

アルゴリズムの型は計算の結果を予測するし，計算の結果を推論するのにも使える．リストをソートする仕事があって，やり方がわからないとしよう．3つの開いていない封筒A，B，Cを渡されて，それぞれに違ったアルゴリズムが入っている．どのアルゴリズムがどの封筒に入っているかはわからないが，どれかがソートアルゴリズムだということはわかっている．ヒントとして，それぞれのアルゴリズムの型が封筒の外側に書かれている．書かれているのは次のとおりだ．

封筒 A:　(時, 分) → アラーム
封筒 B:　リスト(何でも) → 数値
封筒 C:　リスト(比較できるもの) → リスト(比較できるもの)

どれを選ぶべきだろうか？

14.3　規則を適用できないとき

型と型付け規則を適用できると，とても効率的な推論の枠組みが得られる．けれども規則を適用できないような状況もよくある．前提の1つ以上が満たされないときは規則を適用できず，これは結論が正しくないことを意味する．たとえば，ハンマーを車寄せに落としても脆いものという前提を満たさないし，卵をおがくずの入った箱に落としても固い面という前提を満たさない．だからどちらの場合も，ものが壊れるという結論は導けない．同じように，ロン・ウェズリーがウィンガーディアム・レヴィオーサの呪文を唱えて羽根を浮かべようとしても，呪文の詠唱が間違っているので羽根は動かない．

> *「ウィンガーディアム・レヴィオーサ！」長い腕を風車のように揺らし，ロンは叫んだ．「間違えてる」ハリーはハーマイオニーが怒るのを聞いた．「ウィン，ガー，ディアム・レヴィ，オー，サ，『ガー』をはっきりと長く言うの」*

浮遊の呪文についての前提が1つ満たされていないので，規則は適用できず，羽根が浮かぶという結論も成り立たない．

型付け規則が適用できない状況に出会ったからといって，規則が間違っていることを意味するわけではない．規則を適用できる範囲は限られていて，現在の状況の振る舞いを予測するには使えないというだけだ．しかも，規則を適用できないからその規則の結論が絶対に成り立たない，ということにもならない．規則の範囲ではない別の要因で成り立つこともある．たとえば「雨が降っていたら，車寄せは濡れている」という規則は，晴れているときには適用できない．けれどもスプリンクラーが動いていれば，車寄せは濡れているかもしれない．あるいはハリー・ポッターの例をとれば，ロンがウィンガーディアム・レヴィオーサの呪文を正しく唱えられなくても，誰か他の人が同時に呪文を使っていたら羽根は浮かぶかもしれない．落ちたハンマーも，もともと柄が折れていたら壊れるかもしれない．したがって規則を適用できないときは，どちらの結論も導けない．

だから型付け規則を適用できなくても，大したことではないように見えるかもしれない．けれどもこれは，特定の結論が成り立つと保証することがどれだけ重要かによる．羽根が浮かぶか，落ちたものが壊れるかは単なる好奇心の問題だが，結論が本当に大事な状況もたくさんある．間違った結論で遊ぶ「有名な最期の言葉」という冗談を考えてみよう．「赤いワイヤは切っても安全だ」とか「可愛い犬だ」とか「これは食べても大丈夫なキノコだ」とか，そういうやつだ．計算にとっても，正しい型にすることが同じように重要だ．致命的になることはめったにないが，間違った型の値を走査すると，たいていの場合で計算が失敗する．なぜかを説明しよう．アルゴリズムはステップごとに１つ以上の値を変える．この過程で適用された操作は，引数が特定の型であることに依存している．そういう値に対してのみ，意味のあることをするように定義されているからだ．起床の時間をソートすることはできないし，リストの平方根を計算することもできないということを思い出してほしい．アルゴリズムのどのステップであっても，期待していない型の値に遭遇したら，何をすべきかわからず行き詰まってしまう．結果として計算は正常に完了せず，意味のある結果を返すことができない．簡単にいうと，計算が成功するかどうかは，正しい型の値を操作に与えるかどうかにかかっている．

したがって，型付け規則は計算の決定的な要素だ．間違った値で操作が行き詰まったりせず，計算全体が正常に完了することを保証してくれるからだ[3]．型付け規則で「ハリー・ポッターは呪文を飲んだ」といった意味のない文を特定できるように，$Qsort$(午前 6:30) といったアルゴリズムの無理な適用も見つけ出すことができる．アルゴリズムは多くのステップでできていて，そこで操作や他のアルゴリズムを値に適用しているので，型付け規則はアルゴリズムの定義の間違い

[3] だが型付け規則の力には限界がある．たとえばアルゴリズムが終了するのを保証することはできない．

を特定するのに使えて，正しい型のアルゴリズムを構築するのに非常に役立ち，その過程は**型主導プログラミング**と呼ばれることもある．

型付け規則は，値に対して無理に操作を適用して行き詰まるのを防ぐだけでなく，ある文脈で意味を成さないような適用も防いでくれる．たとえば身長と年齢はどちらも数として表現されるが，この2つを足し合わせるのは意味がない．この場合，足し算に意味がないのは，2つの数は異なるものの表現で（第3章を参照），2つの数の和は何の表現にもならないからだ[4]．ハリー・ポッターにも例が見つかる．たとえばクィディッチのゲームで，2つのチームは，ボール，クアッフル，を相手のチームのゴールポストの1つに投げ入れて，得点しようとする．これはテレポーテーションの呪文を使えば簡単だが，そうすると試合がどちらかというと退屈になり，優れたクィディッチのチームを決めるという試合の目的の根幹を揺るがす．だから試合の選手が，ほうきで空を飛ぶ以外の魔法を使うのは禁止されている．こうした制約は試合やゲームでは一般的だ．トランプで同じ柄のカードを出したりチェスでビショップを斜めに動かしたりするよう要求するのは，違う柄のカードを出したりビショップをまっすぐ動かすのが不可能だからではない．ゲームの目的に適う特定の文脈における制約だ．計算と並行してこうした表現を追いかけ，表現された値の組み合わせの規則に則って操作されていることを保証するのに，型を使うことができる．

アルゴリズムの型付け規則に違反することは**型エラー**と呼ばれる．これは操作と値の組み合わせが食い違っていることを示している．型エラーのないアルゴリズムは**型が正しい**と呼ばれる．アルゴリズムの型エラーは様々な種類の効果をもたらす．まず計算が行き詰まることがあり，そうすると計算が途中で終わってエラーを報告するかもしれない．数を0で割ろうとするのは，こうした効果をもたらす典型例だ．『ハリーポッターと秘密の部屋』では，ロンの杖が壊れて呪文がみな機能しなくなる．たとえばマルフォイに投げかけた「ナメクジ食らえ」という呪文は失敗し，ネズミをゴブレットに変えようという試みは，毛と尻尾のついたカップという結果に終わる．実際に出てきたものは驚きかもしれないが，ロンの魔法が成功しないことは予想できた．ロンの壊れた杖は魔法の型付け規則の前提に反しているからだ．それから型エラーは，目に見える効果をすぐにもたらさ

[4] これはすべて文脈による．ふつうは身長と身長をかけるのは意味がないというかもしれないが，身長の2乗は，体重を割っていわゆる BMI(body mass index) を計算するのに実際使われている．

ないことがある．つまり計算は続いて最後には終わる．けれども意味のない値で計算しているので，最終的には間違った結果を生み出す．人の年齢と身長を足すのはそういう例だ．

最終的な結果を待たずに計算を突然中断するのはよくないように見えるかもしれないが，計算が続いて意味のない結果になるのはもっと悪い．この場合の問題は，結果が間違っていることに気づかず，間違った結果に基づいて大事な決断をしてしまうかもしれないということだ．この例は，ハリー・ポッターがフルーパウダーで移動しようとして，「ダイアゴン横丁」ではなく「ダイアゴ横丁」と間違って発音し，結局代わりにノクターン横丁に着いたことだ．移動は中断されず，フルーパウダーも機能したが，間違った結果になった．ハリーにとっては，移動が中断されたほうがよかっただろう．危うく誘拐されそうになり，着いた倉庫の暗い戸棚に逃げ込む破目になったからだ．

14.4　法の執行

型の正しさは，アルゴリズムが正しく機能するための重要な前提なので，アルゴリズムを使って自動的に正しさをチェックするのはいい考えだ．そういうアルゴリズムは**型チェッカー**と呼ばれる．型チェッカーは，アルゴリズムのステップが制御構造や変数や値についての型付け規則に従っているかを判定する．また，アルゴリズムにある型エラーを特定し，間違った計算を防ぐ．

アルゴリズムにおける型は２つの異なるやり方でチェックできる．１つはアルゴリズムを実行している間に型をチェックすることだ．このアプローチは**動的型チェック**と呼ばれる．アルゴリズムの動的な振る舞いが成り立つときに起こるからだ． 操作が実行される直前，アルゴリズムの型が適用する操作の要求する型にマッチするか判定する．このアプローチの問題は，型エラーが検出されても何の助けにもならないことだ．ほとんどの場合で，できるのは計算を中止することだけで，これはかなりイライラする．意図していた計算のほとんどが終わって，最終結果が得られる直前に中止された場合などは特にそうだ．計算が型エラーに遭遇することなく正常に完了して，失敗するような計算にリソースを無駄遣いしないか，予めわかるほうがずっといい．

別のアプローチはアルゴリズムを実行せずに検査し，すべてのステップが型付け規則に則っているかチェックする．そして型エラーがなかったときだけ，アルゴリズムを実行する．この場合，アルゴリズムが型エラーで中止しないと確信できる．このアプローチは**静的型チェック**と呼ばれる．アルゴリズムを実行するという動的な振る舞いなしに起こって，必要なのはアルゴリズムの静的な記述だけだからだ．静的型チェックは，壊れた杖で魔法を使おうとしないようロンに言うようなものだ．

静的型チェックのさらなる利点は，アルゴリズムのチェックが1回だけで済むことだ．その後は，それ以上の型チェックなしに様々な引数で何度も実行できる．しかも，動的型チェックではループの中の操作を何度も——実際，ループの繰り返しの数だけ——チェックしなくてはならないが，静的型チェックはどの操作も一度だけチェックすればよく，アルゴリズムを高速に実行できる．それに対して動的型チェックは，アルゴリズムを実行するたびにしなくてはならない．

だが動的型チェックは，アルゴリズムが処理する値を考慮するので，一般的により正確だという利点がある．静的型チェックはパラメータの型しかわからないが，動的型チェックは具体的な値がわかる．静的型チェックはロンに壊れた杖をまったく使わせないのに対して，動的型チェックは呪文を試させて，状況に応じて成功したり失敗したりする．たとえばロンがネズミをカップに変身させようとするとき，部分的には成功して，カップに尻尾が残る．

アルゴリズムの正確な型の振る舞いを判定することは，終了するかどうかを判定することと同じように，決定不能な問題だ（第11章を参照）．たとえば，条件分岐の「then」だけが型エラーを含んでいるアルゴリズムを考えてみよう．このアルゴリズムは，条件分岐の条件が成り立ってそちらの分岐が選ばれたときだけ，型エラーとなる．問題は，条件の値を明らかにするために必要な計算はどれだけ複雑でもいいということだ（たとえば条件が変数になっていて，その値は何らかのループで計算されるなど）．そういう計算が終了するかもはっきりしないので（停止性問題を解くことはできないので），条件が成り立つか事前に知ることはできず，プログラムが型エラーになるかはわからない．

アルゴリズムの振る舞いを予測する本質的な難しさを扱うために，静的型チェックはアルゴリズムにある型を近似する．計算が終わらなくなるのを避けるため，静的型チェックは，型エラーになりうるものを必要以上に注意し報告する．条件分岐の場合でいうと，静的型チェックは条件の値を計算できないので，どちらの分岐にも型エラーがないことを要求する．だから型エラーのある分岐が片方だけであっても，型エラーを報告する．実行したら型エラーにはならないかもしれないとしても，アルゴリズムは型が正しくないと警告し，実行しない．これは静的型チェックにおいて，安全のために支払わなくてはならない対価だ．実行したら実際にはエラーにならないアルゴリズムでも拒否されることがある．

静的型チェックは正確性のために即時性を犠牲にしている．エラーはもしかしたら起こらないかもしれないが，起こるかもしれない．失敗する危険を冒せないくらい重要な計算であれば，アルゴリズムの潜在的なエラーは実行する前に修正したほうがいい．静的型チェックの用心深いアプローチは計算に固有のものではない．チェックが事前にされる領域は他にもたくさんある．飛行機に乗るならパイロットは，十分な燃料が積んであるか，重要なシステムがすべて機能しているか間違いなく確認する．成功するフライトの規則に対する静的型チェックが期待されているのだ．離陸の後にシステムをチェックするという代替案を考えてみよう．その時点で問題を特定するのは遅すぎる．あるいは医療措置や処方を受けようとしているなら，医者は患者を傷つけないように，どんな禁忌も処置の前に特定しなくてはならない．静的型チェックは「安全第一」という格言に従っている．静的型付けによれば，ロンは「ナメクジ食らえ」の呪文を使うべきではない．壊れた杖のせいで魔法を適用する規則が使えず，呪文を実行している間に間違いが起こることを暗示しているからだ．反対に動的型付けは型付け規則をそれほど強制しないアプローチであり，どんな計算の機会も実行に移し，アルゴリズムを実行している間にエラーに遭遇する危険を冒している．これはロンがやったことだ．彼はいちかばちかやってみて，うまくいかなかった．

14.5　コードを組み立てる

型付け規則の違反は，何かが間違っていることのしるしだ．型エラーは，おそらくアルゴリズムが正しく動かないだろうということを示している．前向きに見れば，アルゴリズムのすべての部分が型付け規則を満たしていれば，ある種の間違いは起こりえず，アルゴリズムはある程度まで正しい．もちろん，アルゴリズムが間違った結果を生み出す可能性はある．たとえば2つの数を足すアルゴリズムが必要なとき，これは“(数値, 数値) → 数値”という型になるが，うっかり数を引くアルゴリズムを作ってしまうことはあり，そうするとアルゴリズムの型は正しいが，計算する値は正しくない．それでもなお，型が正しいプログラムでは多くのエラーが排除され，アルゴリズムのステップが一定のレベルの整合性を保っていると信頼することができる．

不正な，あるいは意味のない計算の盾となることは型と型付け規則の重要な役割だが，利点はそれだけではない．型はアルゴリズムのステップの説明にもなる．アルゴリズムの各ステップの詳細を理解しなくても，型を見れば何が計算されているか概要をつかむことができる．型によって計算を区別できることは，正しいアルゴリズムの入った封筒を選ぶ作業で説明した．たくさんの計算を型で要約できることから，いくつかの例を見るだけでは拾い出せないような洞察が得られる．だから型と型付け規則には，説明に関する価値もあるのだ．

説明のため，クィディッチの試合をまた見てみよう．実際の試合を観なくても，一般的なルールと個別の選手の役割を述べることで説明できる．実際に『ハリー・ポッターと賢者の石』でハリーは，そうやってオリバー・ウッドからクィディッチを習った．試合のルールは，試合の中での正しい行動を制限し，どう得点をつけるか定義している．大事な見方は，試合のルールが，選手（たとえば「シーカー」）や何種類かのもの（たとえば「クアッフル」）に対する型や型付け規則になっているということだ．試合の例を見るのも役には立つが，試合を理解するためには十分でない．特にたくさんの試合を観た後でも，ルールを知らない人を驚かせるのは簡単だ．たとえばシーカーがゴールデン・スニッチを捕まえると，クィディッチの試合はその場で終了する．これまで観た試合では起こらなかったかもしれないが，そうであれば初めて知った人は驚くだろう．他の試合やゲームにも驚くような特別ルールがある．たとえばサッカーのオフサイド・ルールやチェスのアンパッサンがそうだ．例を見るだけでゲームを理解するのは難しいし，すべてのルールが実行されるにはとても長い時間がかかる．

同じように，入力が対応する出力に変換されるのを見るだけでは，アルゴリズムが何をしているか理解するのはかなり難しい．型は，アルゴリズムの作用を正確に記述するには十分でないが，アルゴリズムの振る舞いを高いレベルで説明し，その一部（個々のステップや制御構造）がどのように協調して働くか理解する手助けとなる．

型はある領域のものを構造化し，型付け規則はそれらを意味のあるやり方で結びつける方法を説明する．計算機科学では型と型付け規則が，アルゴリズムの別の部分どうしの意味ある相互作用を保証する．だから小さなシステムから大きなシステムを組み立てるうえで，重要な道具となる．これを第 15 章では探っていく．

1日の終わりに

計算についての長い1日が終わろうとしている．起きたことを思い出し，いくつかの出来事を日記につける．朝起きたことは他の日とまったく変わらなかった．日記で触れるに値するほどの特別なことは何もなかった．ふだんより少し長く歯を磨くことや歯磨き粉がなくなったこと —— これらはこの先何年も覚えておくようなことではない．1日に起こったことの大半もそうだ．毎日朝食をとるし平日はいつも通勤する．「今日もふだんの平日とだいたい同じだった」というような書き出しは，標準的な起床と朝食のルーチンを示唆する．特に**平日**という名前は，朝起きて，朝食をとって，通勤して，といった，ふだんの平日に起こるあらゆるルーチンの詳細な記述全体を指している．

(長い) 説明に (短い) 名前をつけて説明を参照するのに使うのは，抽象化の一形態だ．様々な都市を同じ種類の地図上の点で表現するように，**平日**という名前は，曜日の違いを無視してみな同じだと見なす．けれども地図上の点は，それぞれ別の場所であって同一ではない．同じように**平日**が指すのもそれぞれ別のときで，互いに同一ではない．時空間で別の位置にあることで，参照の際に文脈や追加の意味が与えられる．たとえばある都市が海のそばにあるとか，特定の高速道路で行けるとか，ある平日が選挙日になるとか，休日の後だとか，そういうことだ．

多くの状況で有効ではあるが，ただの名前やシンボルは，表現として抽象的すぎることがある．別の参照に追加の情報を付与するため，パラメータを使って名前やシンボルを拡張できる．たとえば都市を表す点は，大きい都市と小さい都市を区別できるように，大きさや色でパラメータ化することがある．あるいは州の首都を区別するためにシンボルの形を変えたりすることもある．同じように1日を参照する名前もパラメータ化できる．実のところ，そもそも**平日** (workday) という名前が，働かない日，休日との区別になっている．

パラメータの潜在能力は，短縮して参照されるときに完全に活かされる．たとえば手帳に，大事な会議や病院の予約の予定を追加したいとする．**平日**のように**会議**や**医者の予約**といった用語は，そういった出来事で起こる多くの典型的なことを表している．大事な会議があると書くだけでなく，誰と会うか，会議の目的は何かといったことも加えるだろうし，医者の予約であれば，どんな理由でどんな種類の医者にかかるか書くだろう．この情報は抽象化のパラメータとして表現されて，その記述で使われるだろう．誕生日ケーキへの名前や年齢のデコレーションをパン屋が勧めるように，抽象的な**会議**は誰 と 目的 というパラメータで拡張されて，抽象的な会議の説明で言及される．「ジルと採用の会議」と書くとき，パラメータは「ジル」と「採用」で置き換えられており，この説明はこの特定の会議のために書かれたかのように読める．

抽象化によってパターンが特定され，再利用できる．パラメータを通すことで，抽象化を特定の状況に柔軟に適合させて，簡潔な形式で多くの情報を運ぶことができる．名前を抽象的な概念に紐づけてパラメータを特定することは，抽象的な概念の正しい使い方を定めるインターフェースを定義することだ．計算機科学者が日々の基本的な活動としてやっているのは，計算について記述したり論理的に考えたりできるように，抽象的な概念を特定し，作り出し，使うことだ．計算機科学は，抽象的な概念の性質を研究し，その定義を形式化し，使うことで，プログラマやソフトウェアエンジニアがよりよいソフトウェアを作れるようにしようとする．

この本の最終章では，抽象化とは何か，計算においてどんな役割を担っているかを説明する．抽象化は自然言語でも計算機科学でも重要な役割を担っているので，計算について多くを説明することになっても驚くにはあたらない．

15 鳥の目
——細部の抽象化

この本の計算の例はどれもどちらかというと小さいもので，概念や原則を説明するにはいいが，規模が大きくなっても対応できるだろうか？ 拡張性についての疑問は，様々な場所で起こる．

まず，アルゴリズムが大きな入力に対して動作するかという疑問がある．この問題には，アルゴリズムの実行時間複雑性や空間複雑性を分析することで対処する．これについてはこの本の第I部，特に第2，4，5，6，7章で議論した．うまく拡張できるアルゴリズム（経路をたどる，コーヒーを作る，探索する，ソートする）もあるが，そうでないアルゴリズム（限られた予算で最適な昼食を選ぶ）もある．第7章で説明したように，指数実行時間のアルゴリズムだと問題を解くのは事実上不可能だ．

それから，大きなソフトウェアシステムをどうやって作り，理解し，維持するかという疑問がある．小さなプログラムを設計したり書いたりするのは比較的簡単だが，大きなソフトウェアシステムを生み出すのはソフトウェアエンジニアにとって，いまだに難しい挑戦だ．

問題が何かを見極めるために，自分が住んでいる都市や国の地図を思い浮かべてみよう．適切な縮尺は何だろう？ ルイス・キャロルが最後の小説『シルヴィーとブルーノ 完結編』で説明しているように，1分の1の縮尺は役に立たない．地図を広げたら「国全体を覆って，日の光も遮ってしまう！」からだ．だから役に立つ地図はどれも，地図が表現するものよりもだいぶ小さくなくてはならないし，そのためたくさんの細部を省略しなくてはならない．地図を作るうえで大事な疑問は，どのくらい小さければ管理できて，どのくらい大きければ細部を十分に表現できるかということだ．さらにいうなら，細部のどれを無視してどれをとっておくべきだろうか？ 後者の疑問に対する答えは，地図が使われる文脈によることが多い．道路や駐車場を見たいときもあれば，自転車道路やコーヒーショップに関心を持っている状況もある．これは，個別のニーズに合わせて地図を調整できるようにする必要があることを意味する．

どんな説明であっても，述べている対象よりも短いときは，どのくらい汎化すればちょうどいいかを見つけ出して，調整の手段を提供しなくてはならないという課題に直面する．そういった説明は**抽象化**と呼ばれる．計算機科学の多くは，どうすれば抽象化を定義して効率的に使えるかという疑問に関連している．中でも最も目立つのは，アルゴリズムは多くの異なる計算の抽象化であり，アルゴリズムを実行するときにどんな計算が展開するかをパラメータが決めているということだ．アルゴリズムは表現を操作するが，表現もまた，アルゴリズムが利用する細部を保存して他を無視するような抽象化だ．アルゴリズムの抽象化のレベルと引数は関連している．アルゴリズムの正しい汎化のレベルを見つけるのは，汎用性と効率性のトレードオフになることが多い．より広範囲の入力を扱うためには，より高いレベルで入力を抽象化する必要があり，アルゴリズムが利用する細部は少なくなる．

アルゴリズムは言語で表現され，計算機が実行する．これらの概念もみな抽象化を使っている．また何より，アルゴリズムが実現する個々の計算の抽象化には，実行時間複雑性や空間複雑性の抽象化も必要だ．アルゴリズムの効率性は，入力の大きさや種類に依存せず有効に評価できる必要があるからだ．

この章では，計算機科学の主要な概念すべてに抽象化が浸透していることを説明する．最初に，この本で使われている物語に対する抽象的概念を検討することで，抽象的概念を定義・使用するときの課題について議論する．それから，アルゴリズム，表現，実行時間，計算機，言語をどう抽象化するか説明する．

15.1 手短に言うと

この本では様々な物語に触れている．おとぎ話，探偵の話，冒険の話，ミュージカルのファンタジー，ロマンティック・コメディ，SFコメディ，ファンタジー小説だ．どの物語もかなり異なっているが，共通するものもいくつかある．たとえば中心に据えられている主人公たちはみな，試練に直面してそれを克服し，最後には幸せになる．1つを除くすべてが本になっていて，1つを除くすべてに魔法や超自然的な力が出てくる．こうした簡単な説明は個々の物語の細部を省いているが，それでも，たとえばスポーツの報道と物語を区別できるような情報を含んでいる．しかし，どこまでの細部を説明するかと，どれだけ多くの例にあてはまるかとの間には，明確なトレードオフが存在する．また詳細になればなるほど説明も長くなるので，提供する詳細な情報の量と，説明を理解するのにかかる時間との間にも，トレードオフがあるように見える．この問題は特定の説明に対応する名前，たとえば探偵小説を導入することで対処できる．探偵小説の主人公は犯罪を捜査する探偵だ．キャッチフレーズや映画の予告編，その他の要約が重要なのは，特定の物語に何を期待すべきかという情報を効率的に伝えてくれて，より速く決断できるようになるからだ．たとえば探偵小説が嫌いなら，『バスカヴィル家の犬』を読んでも面白くないだろうと予測することができる．

集めた物語に対して，どのように要約文を作り出せばいいだろう？ 2つの物語を比べて，共通の側面をすべて覚えておくところから始めることもできる．それからその結果を3つ目の物語にあるものと比べて，3つの物語すべてにあるものをとっておく，と続けていく．この過程は，ステップを追うごとに特定の物語にあてはまらない側面を取り除き，すべてに共通するものだけ残す．このように特徴的な細部を除去することは抽象化と呼ばれ，「細部の抽象化」といわれることもある[1)]．

計算機科学では，抽象化 (abstraction) の結果の説明も**抽象的概念** (abstraction) と呼ばれ，抽象的概念の例は**インスタンス**と呼ばれる．過程と結果の両方に同じ名前 (abstraction) を使うのは混乱のもとだ．**汎化**といった類義語を使ってはどうだろう？ これはちょうどいいように見える．汎化も特定のインスタンスを多く集めたものにマッチする要約だからだ．けれども計算機科学における抽象化という用語は，汎化以上のものを意味している．説明を要約するだけでなく，名前がつけられ，インスタンスの具体的な値で決まる1つ以上のパラメータ

---

1) 抽象化 (*abstraction*) という言葉はもともと，「引き離す」という意味のラテン語の動詞 *abstrahere* からきている．

を持つことが多い．この名前とパラメータは，抽象的概念のインターフェースと呼ばれる．インターフェースは抽象的概念を使うための仕組みを提供し，パラメータがインスタンスの鍵となる要素を抽象的概念に結びつける．汎化はもっぱらインスタンスによって進むが，インターフェースを定義する必要性によって，抽象化はどの細部を省くか決めることも含む，より慎重な過程となっている．たとえば「主人公たちがどのように試練を乗り越えるか」という汎化に“物語”という名前をつけて，パラメータ 主人公 と 試練 を指定することで，汎化から抽象的概念に高めることができる．

物語(主人公, 試練)＝ 主人公 (たち)が 試練 という問題をどのように解決するか

アルゴリズムのパラメータのように，“物語”という抽象的概念のパラメータは説明の中にあり，“物語”を適用する引数で置換して使う（主人公 (たち)とすることで，主人公が１人でも複数人でも説明が合うようにしている．また「を克服する」を「という問題を解決する」と置き換えることで，後の例が読みやすくなる)．

ヘンゼルとグレーテルの物語での主人公はヘンゼルとグレーテルで，試練は帰り道を見つけることだ．“物語”という抽象的概念をパラメータに対応する値に適用して，これを表現することができる．

物語(ヘンゼルとグレーテル, 帰り道を見つける)

この適用は，２人の主人公ヘンゼルとグレーテルが，帰り道を見つける問題を解決する物語を指している．

ここまでにできたことを振り返ってみる価値はある．ヘンゼルとグレーテルの物語の要点を誰かに急いで説明したいとしよう．まず“物語”という抽象的概念を使って，物語であるということができる．もちろんこれがうまくいくのは，物語が何かを他の人が知っている，つまり物語という抽象的概念を理解しているときだけだ．その場合，抽象的概念に触れることで，他の人の中で物語が何かという説明が呼び起される．それからパラメータ 主人公 と 試練 で表現される役割を埋める細部を話せば，物語一般の説明が特定の物語の説明になる．

技術的には，“物語”という抽象的概念を適用することで，抽象的概念の名前を定義で置き換え，定義にある２つのパラメータを「ヘンゼルとグレーテル」，「帰

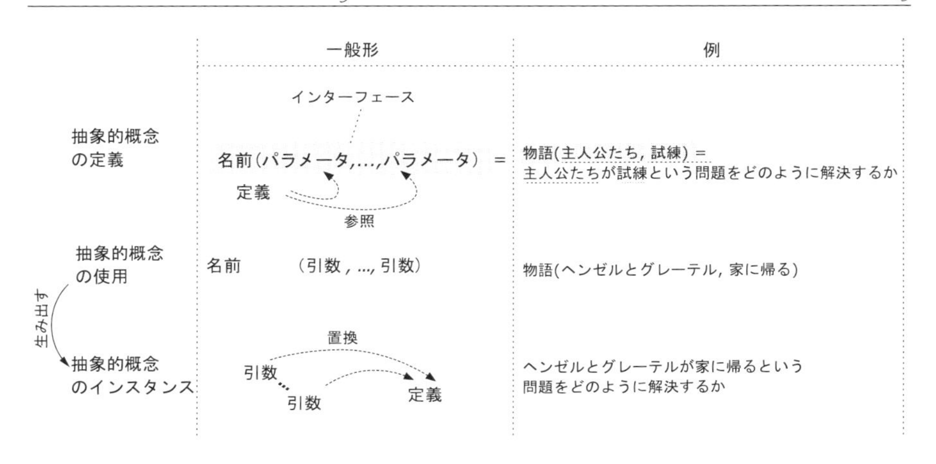

図 15.1　抽象的概念の定義と利用．抽象的概念の定義は，名前を紐づけ，定義で参照するパラメータを特定する．名前とパラメータは抽象的概念のインターフェースで，抽象的概念をどう使うべきか規定する．名前と，パラメータに引数を与えることとを通じて使う．それによって，抽象的概念の定義にあるパラメータが引数で置換され，抽象的概念のインスタンスが生まれる．

り道を見つける」という値で置換することになる（第2章を参照）．この置換は次のインスタンスになる．

> ヘンゼルとグレーテルが帰り道を見つけるという問題をどのように解決するか

インスタンスと抽象的概念との関係を図 15.1 で説明している．

“物語”という抽象的概念を使って，いったんヘンゼルとグレーテルの物語の要約が得られれば，名前をつけることでさらに簡潔に参照したいと思うかもしれない．この場合，物語の名前はたまたま主人公の名前と同じになっている．

> ヘンゼルとグレーテル = 物語(ヘンゼルとグレーテル, 帰り道を見つける)

この式は，“ヘンゼルとグレーテル”はヘンゼルとグレーテルが帰り道を見つけるという問題を解く物語だといっている．物語の名前と主人公の名前が一致するのは純粋に偶然だが，実際には結構よくある．そうでない例をここに示す．

> 恋はデジャ・ブ = 物語(フィル・コナーズ, はてしなく繰り返す1日から脱け出す)

繰り返すと，抽象的概念を適用することで表現されるインスタンスは，名前を定義で置き換えて，パラメータを値で置換することで得られる．

恋はデジャ・ブ ＝ フィル・コナーズがはてしなく繰り返す１日から脱け出すという問題をどのように解決するか

ヘンゼルとグレーテルの物語では，帰り道を見つけることだけが２人の直面した試練ではなかった．物語で他に目立つのは，２人を食べようとする魔女から逃げなくてはならないところだ．だからこの物語は次のようにも書ける．

物語(ヘンゼルとグレーテル, 魔女から逃げる)

この説明は同じ“物語”という抽象的概念を使っている．２つ目のパラメータに対する引数が変わっているだけだ．これにより，抽象化に関する疑問がいくつか出てくる．まず抽象化の曖昧さをどう考えたらよいか？ ヘンゼルとグレーテルの物語は，別々のやり方で，“物語”という抽象的概念のインスタンスと見なすことができて．どちらももう一方より正確だとはいえない．抽象的概念の定義に欠陥があるということを意味するのか？ それから“物語”という抽象的概念は，ある特定の試練の細部を**抽象化**しただけのものではない．（少なくともいくつかの試練が出てくる物語については）その試練に**注目**もしている．たとえば“物語”という抽象的概念でヘンゼルとグレーテルを説明することによって，少なくとも１つの試練は触れられないままとなる．これにより，物語に出てくる複数の試練を説明できるような抽象的概念“物語”を定義できるか，という疑問が湧いてくる．これは難しいことではないが，そういう抽象的概念ではどこまで詳細化するのが正しいだろうか？

15.2 いつなのか言って

抽象的概念をどのくらい汎化すれば，十分なインスタンスをカバーできるだろう？ 細部を省略しすぎて正確さに欠けるのはいつだろう？ 抽象的概念を作るときはいつも，どのくらい汎化すべきか，どのくらい細部を残すべきか決めなくてはならない．たとえばこの本に出てくる物語を説明するのに，“物語”という抽象的概念の代わりに「一連の出来事」という説明を使うこともできる．これは正しいが，大事な側面をいくつか省いているし，正確さに欠ける．一方で，たとえば「おとぎ話」や「コメディ」といった，もっと具体的な抽象的概念を使うこともできる．だがこれは，“物語”という抽象的概念より詳細な情報を得られるものの，すべての物語に適用するには汎化が足りない．実際，“物語”という間違いなく汎用的な抽象的概念でも，主人公が問題解決に失敗する物語をカバーするには汎化が足りない．「解決する」または「解決しない」と置換される別のパラメータを追加することで，この不足に対処することができる．このように，“物語”を汎化するのがよい考えかどうかは，抽象的概念の使い方による．「解決しない」場合が絶対に出てこないなら，さらに汎化する必要はなくて，現在の，より単純な定義が望ましい．だが抽象的概念を使う文脈は変わる可能性があり，だから選んだ汎化のレベルが適切か，確信を持つことはできない．

正しい汎化のレベルを見つけること以外の，抽象的概念を定義する際の問題は，説明でどこまで細部を書くべきか，どれだけ多くのパラメータを使うべきかを決めることだ．たとえば“物語”という抽象的概念に，主人公がどうやって試練を乗り越えたかを反映するパラメータを追加することができる．抽象的概念にパラメータを追加すると表現力が高まる．別のインスタンスの間の細かい違いを露わにする仕組みを持っているからだ．一方で，抽象的概念のインターフェースは複雑になり，抽象的概念を使うときに多くの引数が必要になる．複雑なインターフェースだと抽象的概念が使いにくくなるだけでなく，抽象的概念の適用方法がわかりにくくなる．多くの引数で，多くの場所にあるパラメータを置換しなくてはならないからだ．これは，簡単でわかりやすい要約を提供するという，抽象的概念を使う主な理由の妨げになる．

インターフェースの複雑さと抽象的概念の正確さとのバランスをとることは，ソフトウェア工学の核となる問題の１つだ．“物語”という抽象的概念のインスタンスを通して，プログラマの苦境を描くことができる．

> ソフトウェア工学 = 物語(プログラマ, 正しい抽象化のレベルを見つける)

もちろんプログラマには他にも多くの試練があり，いくつかは“物語”という抽象的概念を使って，同じようにきちんと要約できる．ここに，どのプログラマも共感できる戦いがある．

> 正しいソフトウェア = 物語(プログラマ, バグを見つけて除去する)

正しい抽象化のレベルを見つけることは，“物語”という抽象的概念の論点でもある．ヘンゼルとグレーテルを，“物語”という抽象的概念のインスタンスとして定義する方法は２つある．１つの試練に着目したインスタンスを選ぶのは，もう１つの試練を無視することになる．けれども両方のインスタンスを使って，ヘンゼルとグレーテルの物語をより包括的に説明したいとしたらどうだろう？これは様々なやり方でできる．まず，単純に両方のインスタンスを並べて言及することができる．

物語(ヘンゼルとグレーテル, 帰り道を見つける)と
物語(ヘンゼルとグレーテル, 魔女から逃げる)

これは少し格好悪い．特に主人公に何度も言及するところや，“物語”という抽象的概念が冗長に見えるところがそうだ．置換を実行して次のインスタンスを生成してみると，これは明らかだ．

ヘンゼルとグレーテルが帰り道を見つけるという問題をどのように解決するか，とヘンゼルとグレーテルが魔女から逃げるという問題をどのように解決するか

代わりに，２つの試練を統合して１つの引数にして，試練 のパラメータを置換することができる．

物語(ヘンゼルとグレーテル, 帰り道を見つけて魔女から逃げる)

これはわりとうまくいく．主人公についても同じことをしていたことに気づいたかもしれない．ヘンゼルとグレーテルは一緒にまとめられて，１つの文の塊として 主人公 のパラメータを置換している．けれども１人のあるいは複数人の主人公を使える柔軟性はただで手に入るわけではないこともわかる．“物語”という抽象的概念の定義にある 主人公(たち)は，主語が１人でも複数人でも文法的に正しくなくてはならない（複数の試練を許容するためには，“問題(たち)”としなくてはならない）．“物語”という抽象的概念が，どちらの場合も文法的に正しいインスタンスを生み出せたらすばらしい．

“物語”という抽象的概念の最初のパラメータを主人公のリストにすることで，これは実現できる．それから，パラメータが１人の主人公か２人のリストかに

よって，少しだけ違う定義を使う[2)].

物語(主人公, 試練) = 主人公 が 試練 という問題をどのように解決するか

物語($主人公_1$→$主人公_2$, 試練) = $主人公_1$ と $主人公_2$ が 試練 という問題をどのように解決するか

ここで“物語”を，フィル・コナーズのような１人の主人公に適用すると，主語が１人の１つ目の定義が選ばれて，ヘンゼル → グレーテルのような２人の主人公に適用すると，主語が複数の２つ目の定義が選ばれる．この場合，２つ目の定義はリストを２つの要素に分解して，間に“と”を挿入する．

“物語”という抽象的概念は，日本語の文章を作る手段を提供しているように見える．第８章では，文法とはまさにそういう仕組みだということを説明した．それでは物語を要約するため，代わりに文法を定義できないだろうか？ できる．“物語”の最後の定義に対応する実現可能な文法がここにある[3)]．等号の代わりに矢印を使ったり，点線を使ってパラメータを示す代わりに点線の箱を使って非終端記号を示したり，細かい記法の違いを除けば，２つの仕組みは基本的に同じように動作し，パラメータ（非終端記号）を値（終端記号）で置換する．

物語 → 主人公 が 試練 という問題をどのように解決するか
物語 → 主人公たち が 試練 という問題をどのように解決するか
主人公たち → 主人公 と 主人公

第８章の表8.1は，文法と式とアルゴリズムを比較している．これは様々な形式化の一部を構成する共通の役割を示しており，文法や式やアルゴリズムが，抽象的概念を記述するための，異なるが似た仕組みだということを強調している．

今までの議論で，抽象的概念の設計は一本道の作業ではないということを示した．新しい利用法に出会うことで要求の変化に気づき，抽象的概念の定義を変えなくてはならなくなる．そういう変化によって，より汎用的な抽象的概念になったり，あるいは異なる細部が見えたりする．たとえば新しいパラメータが追加さ

2) この定義をさらに拡張して，何人の主人公のリストでも動くようにすることができる．だがそういう定義はちょっと複雑になるだろう．

3) 簡潔にするために，非終端記号 主人公 と 試練 を展開する規則は省略した．

れたり，型が変わったりと，インターフェースが変わる場合もある．主人公のパラメータが単一の値からリストに変わるのもその例だ．抽象的概念のインターフェースが変わると，それまでその抽象的概念を使っていたものはすべて，新しいインターフェースに合わせて変えなくてはならない．これは大仕事になることがあり，波及効果で他のインターフェースが変わる原因になるかもしれない．だからソフトウェアエンジニアはできる限りインターフェースの変更を避けようとするし，最終手段と考えることが多い．

15.3 抽象化の続き

主人公のリストを使う，物語の最後の定義を考えてみよう．式が扱えるのは1つか2つの要素を含むリストだけだが，第10章や第12章で見せたようにループや再帰を使えば，任意の数のリストを扱えるよう簡単に拡張できる．別々の式を使って異なる場合を区別することやリスト処理の考え方は，“物語”という抽象的概念が，実は物語の短い説明を生成するアルゴリズムかもしれないということを示している．結局のところ，これには目に見える以上のものがあり，アルゴリズムと抽象化の関係をこれからより詳しく議論する．

計算機科学で抽象化の重要性を考えると，中心的概念の1つであるアルゴリズムそのものが抽象的概念の例だということは驚くにあたらない．アルゴリズムは，石をたどったり，リストをソートしたり，図15.2のようにいくつもの似た計算の共通性を記述する[4]．個々の計算は，様々な引数でパラメータを置換して，アルゴリズムが実行されるときに起こる．

“物語”という抽象的概念は事後の汎化で，つまり既存の物語をいくつも見た後に要約の説明が作られる．これはアルゴリズムでもときどき起こることがある．たとえばある料理を何度も作って，できあがりを改善するために材料を変えたりやり方を修正したりした後，将来も繰り返し同じように料理できるようにするため，レシピを書こうと考えるかもしれない．だがその他の多くの場合，アルゴリズムは未解決の問題に対する解決策で，どんな計算も実行されないうちに作られる．そしてこれはアルゴリズムという抽象的概念がこれだけ強力である理由だ．

[4] 抽象化を円錐で可視化すること自体が，抽象的概念を上部に，元となった概念を下部に置く抽象化である．

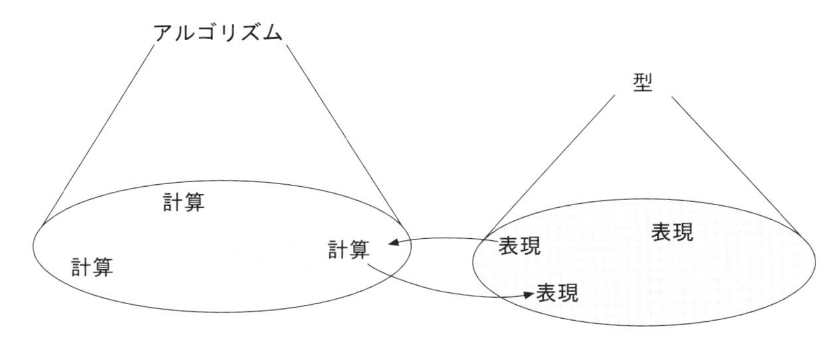

図 15.2　アルゴリズムは個々の計算の抽象的概念だ．それぞれのアルゴリズムは表現を変換する．型は個々の表現を抽象化する．“入力”がアルゴリズムが受け入れる表現の型で，“出力”がそれによって生み出される表現の型なら，アルゴリズムの型は“入力 → 出力”だ．

すでに起こった計算を記述するだけでなく，アルゴリズムは必要に応じて完全に新しい計算を生み出すことができる．アルゴリズムには，これまで出会ったことのない新しい問題を解く力がある．“物語”という抽象的概念の文脈でいうと，何人かの任意の主人公と特定の問題について考えて，新しい物語が始まるのだ．

次の比喩はこの点をさらに説明している．単純な道路網を考えて，2つの道が作られ，都市 A と B，C と D をそれぞれ結んでいるとする．2つの道は互いに交差して，交差点も作られる．すると新しくつながりができて，A から C，B から D などに行けるようになる．道路網は作られた目的の移動に役立つだけでなく，予期していなかった他の多くの移動にも役立つ可能性がある．

アルゴリズムが抽象的概念だという見方は，2通りの理解ができる．まず，アルゴリズムの設計と使用は抽象化の利益をすべて享受するだけでなく，コストもすべて負担する．特に抽象化の正しいレベルを見つける問題は，アルゴリズムの設計と関係がある．アルゴリズムの性能は，その汎用性によって影響を受けるからだ．たとえばマージソートは線形対数時間かかる．マージソートはどんな要素のリストでも動いて，要素が互いに比較できるだけでいい．だからこれは想像できるソート方法の中で一番汎用的で，広く適用できる．だがソートしたいリストの要素が小さな領域から引っ張ってきたものなら，バケットソートが使えて（第6章を参照），これはもっと早く線形時間で走る．したがって，汎用性と正確性の潜在的なトレードオフだけでなく，アルゴリズムにも汎用性と効率性のトレードオフがある．

それから，抽象的概念の設計にあたって，アルゴリズム的な要素を使うことができる．“物語”という抽象的概念は，このいい例で，この概念そのものの目的は物語の説明を生み出すことだ．だがよい設計の抽象的概念は，パラメータを使うことで個々の物語の鍵となる側面を明らかにするので，主人公のリストや試練をもっと柔軟に扱いたいことに気づける．特に違う数の要素を持つリストを区別するのは，特別な物語の説明を生み出すのに役立つとわかる．

アルゴリズムの実行は関数の振る舞いと同等なので，アルゴリズムは**関数抽象**とも呼ばれる．けれどもアルゴリズムだけが関数抽象の例ではない．『ハリー・ポッター』に出てくる呪文は，魔法の関数抽象だ．魔法使いが実行すると，呪文は魔法をもたらす．実行するたび，誰にあるいは何に向けられるかによって，またどのくらいうまく呪文が唱えられるかによって，もたらされる効果は異なる．アルゴリズムが何らかの言語によって表され，その言語を理解する計算機のみが実行できるのと同じように，呪文は詠唱や杖の動きなど魔法の言語で表され，呪文の唱え方を知っている熟練した魔法使いのみが実行できる．アルゴリズムが呪文と違うのは，実行がずっと簡単だということだ．ポーションの効果を解き放つのは魔法使いではない．誰でも，マグルであってもできる．

多くの仕組みもまた関数抽象だ．たとえば電卓は算術演算の抽象化だ．ポーションが魔法使い以外でも魔法を使えるようにしているように，電卓は，計算するのに必要なスキルを持たない人でも計算できるようにしている．処理が速くなるので，スキルを持っている人も計算の機会が広がる．別の例はコーヒーメーカーや目覚まし時計で，特定の機能を確実に実行するためにカスタマイズされた機械だ．運搬用車両の歴史は，抽象化された方法（この場合は移動）の効率性を機械がどう強化しているか，そしてより多くの人が使えるようにするため，時にインターフェースを単純化していることを示している．馬車には馬が必要で，どちらかというと遅かった．自動車は大きな改良だが，運転技術が必要だ．オートマ，シートベルト，カーナビ——どれも移動手段としての自動車を，より使いやすく，より安全にしている．数年後に自動運転車が到来したら，さらに使いやすくなることが期待できる．

15.4 万能の型

アルゴリズムと機械（と呪文とポーション）は，ある形態の機能性をカプセル化した関数抽象の例だ．計算で変換される表現は抽象化の支配下にあり，**データ抽象**と呼ばれる．実際に，表現はもともと抽象的な概念だ．何かを表す記号（第3章を参照）のある特徴を明らかにして，それによって他の特徴を積極的に無視している特徴を抽象化しているからだ．

ヘンゼルとグレーテルが石をたどって帰り道を探すとき，石の大きさや色は関係ない．場所の表現として石を使うことで作られる抽象的概念は，大きさや色の違いを無視し，代わりに月の光を反射する特徴だけに焦点を当てる．ハリー・ポッターが魔法使いだというときは，ハリーが魔法を使えるということを強調している．反対に，ハリーの年齢や眼鏡をかけていること，その他の興味深い情報は気にしていない．ハリー・ポッターを魔法使いと呼ぶことで，そういった細部をすべて抽象化している．シャーロック・ホームズが探偵だと，あるいはダン・ブラウンが科学者だと指摘するときも同じことがいえる．そういう用語に関連する共通の特徴だけを強調して，その人についての他のことはすべて一時的に無視している．

魔法使い，**探偵**，**科学者**といった用語は，もちろん型だ．そういう型の一員なら誰でも一般的にそうだと思われるような特性を含む意味を付与する．“物語”という抽象的概念における，**主人公**や**試練**の概念もまた型だ．“物語”という抽象的概念が意味をもたらすうえで必要となる特定のイメージを引き起こすからだ．**主人公**は**魔法使い**や**探偵**よりも，詳細な情報が少ないので，より汎用的な型であるように見える．後者の2つを前者で置き換えられることも，この見方を支持する．だがこれは話の一部に過ぎない．たとえばヴォルデモート卿を取り上げてみよう．彼は魔法使いだが，主人公ではない．むしろ『ハリー・ポッター』シリーズの主要な敵役だ．主人公のハリー・ポッターも敵役のヴォルデモートも魔法使いなので，**魔法使い**のほうが汎用的な型のように見える．主人公と敵役を区別するような細部を無視しているからだ．したがって**主人公**と**魔法使い**どちらも，もう一方より抽象的だとは一般的に考えられない．これはそれほど驚くことではない．これらの型は，物語と魔法という違う分野からきているからだ．

1つの分野の中では，型を階層構造に置くことでもっと明確に配置することができる．たとえば，ハリー・ポッター，ドラコ・マルフォイ，セブルス・スネイプはみなホグワーツの一員だが，ハリーとドラコだけがホグワーツの生徒だ．ホグワーツの生徒であれば，明らかにホグワーツの一員でもある．これは**ホグワーツの一員**という型は**ホグワーツの生徒**という型よりも汎用的だということを意味する．さらに，ハリーはグリフィンドールの寮生だがドラコはそうでないので，**ホグワーツの生徒**という型は，**グリフィンドールの寮生**よりも汎用的な抽象的概念だ．同じように魔法は呪文よりも抽象的で，呪文はテレポーテーションの呪文や守護霊の呪文よりも抽象的だ．

プログラミング言語に出てくる型は，データ抽象の一番わかりやすい形態だろう．数の2と6は違うが，共通するものもたくさんある．2で割れるし，他の数を足すこともできる．だから違いを無視して他の数と一緒に数値型という同じグループに入れることができる．特に型は，アルゴリズムのパラメータを特徴づけるために使えるので，型チェッカーとともにアルゴリズムの整合性をチェックするのにも使うことができる（第14章を参照）．だからデータ抽象は関数抽象とともに利用される．アルゴリズムはパラメータを使って個々の値を抽象化するからだ．だが多くの場合，パラメータは思いつくもの何ででも置換できるわけではなく，アルゴリズムで操作できる表現を引数として要求する．たとえば2をかけるパラメータは数でなくてはならず，ここはデータ抽象としての型の出番だ．数値型は，たとえば偶数型のような特別な数値の型よりは汎用的なものとも見なせる．

数値のような（単純な）型だけでなく，データ抽象は特にデータ型にあてはまる（第4章を参照）．データ型は，提供する操作とその特性のみで定義される．表現の細部は無視され，つまり抽象化されており，これはデータ型がそれを実装するデータ構造よりも抽象的だということを意味する．たとえばスタックはリストや配列で実装できるが，そういった構造の細部や違いは，スタックを実装するために使うときには見えない．

うまく選んだデータ抽象は，計算を助けるような表現の特徴を強調する．さらにそういった抽象的概念は，計算を妨げうる特徴を無視したり隠したりする．

15.5　抽象化の時間

第2章で説明したように，アルゴリズムの実行時間は，フィットネス・トラッカーで直近の6マイル走のタイムを測るようにはいかない．何秒（あるいは何分，何時間）かかったかは計算機に依存するので，あまり役に立つ情報ではないからだ．速い計算機で走らせるか，遅い計算機で走らせるかによって，同じアルゴリズムでも実行時間は変わってくる．自分の6マイル走のタイムを友人と比べるのは意味がある．2つの計算機，つまりランナーの相対的な性能がわかるからだ．だが走るアルゴリズムそのものの効率性について，タイムが持つ意味は何もない．自分も友人も同じアルゴリズムを実行しているからだ．

したがって具体的な時間を抽象化して，かかったステップ数でアルゴリズムの複雑性を計測するのが，いい考えだ．そういう計測方法は計算機の速度にもよらないし，技術の進歩の影響も受けない．走っている間の歩幅がほぼ一定だとしよう．そうすると6マイル走にかかる歩数は環境によらず常に同じになる．固定の歩幅の歩数を使うことでランナーの特徴は抽象化され，それによって走ることを，より強固に特徴化できる．実際，歩数を与えれば6マイルの別の言い方になる．走る距離は時間よりも複雑性のよい指標だ．ランナーによって変わる速さや，同じランナーでも変わる時間を抽象化するからだ．

だがステップ数や操作の数は，時間よりは抽象的だが，アルゴリズムの複雑性を測るにはまだ具体的すぎる．この数はアルゴリズムの入力によって変わるものだからだ．たとえばリストが長くなるほど，最小値を見つけたりソートしたりする時間は長くなる．同様に6マイル走を走り切るには，5マイル走よりも多くの歩数がかかる．目的はアルゴリズムの一般的な複雑性を明らかにすることであって，特定の入力に対する性能ではないということを思い出そう．だからどの入力に対してステップ数を記録すべきかは明らかでない．いくつかの例に対するステップ数を記載した表を思い浮かべるかもしれないが，どの例を取り上げるべきかは明らかでない．

したがってアルゴリズムに対する時間の抽象化はさらに進んで，実際にかかるステップ数を無視してしまう．代わりに入力が大きくなるにつれてステップ数がどれだけ増えるかを記録する．たとえば入力の大きさが倍になったときにアルゴリズムのステップ数が2倍になったら，同じ割合で増えている．第2章で説明したように，このような実行時間の振る舞いは**線形**と呼ばれる．こうなるのは，リストの最小値を見つけるときや走るときだ[5)]．実行時間が入力に対して2より大きい割合で増えるとしても，アルゴリズムの複雑性は線形と考えられる．入力の大きさとかかるステップ数との関係が，定数をかけることで表せるからだ．これはヘンゼルとグレーテルが帰り道を見つけるのにかかる歩数についてあてはまる．石は何歩かごとに散らばっているので実行時間は2より大きい割合で増え

5) ランナーが最後に疲れて，走れる距離に限界ができるということは，ここでは無視する．

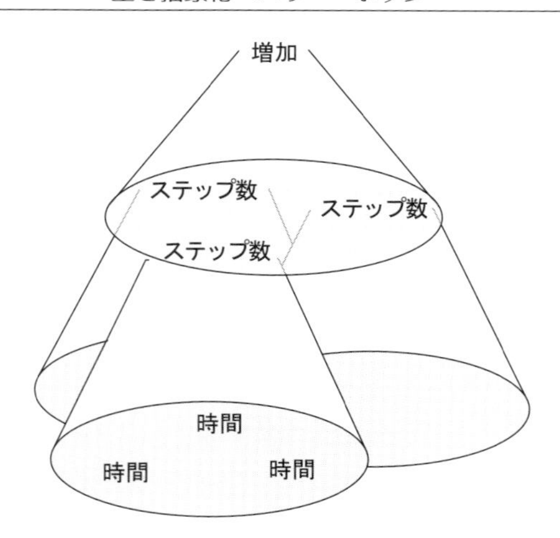

図 15.3　時間の抽象化．速さの異なる計算機を抽象化するために，実行時間のものさしとして，アルゴリズムの実行に必要なステップ数を使う．入力が変わると必要なステップ数が変わることを抽象化するために，アルゴリズムの実行時間を，入力が増えるとどれくらい速く実行時間が増えるかという観点で計測する．

る．線形アルゴリズムの実行時間の概念はこの係数も抽象化するので，ヘンゼルとグレーテルのアルゴリズムはやはり線形だと考えられる．

実行時間を抽象化する最も重要な 2 つの恩恵は，どの問題が手に負えるか，特定の問題に対してどのアルゴリズムを選ぶべきか，わかることだ．たとえば指数実行時間のアルゴリズムはとても小さな入力に対してしか動作しないので，指数実行時間のアルゴリズムしか知られていない問題は，手に負えないと考えられる（第 7 章を参照）．一方で同じ問題を解くのに複数のアルゴリズムがあったら，実行時間複雑性のよいものを選ばなくてはならない．一般的には 2 次の挿入ソートよりも線形対数のマージソートを選ぶだろう（第 6 章を参照）．図 15.3 に時間の抽象化をまとめている．

15.6　機械の中の言語

アルゴリズムだけでは計算を生み出すことはできない．第 2 章で説明したように，アルゴリズムが書かれた言語を理解する計算機によって実行しなくてはならない．アルゴリズムで使われる命令は，どれも計算機が処理できる範囲に収まっていなくてはならない．

言語を通じてアルゴリズムを特定の計算機に結びつけるのは，いくつかの理由で問題がある．まず別々に設計された計算機が理解する言語は異なることが多く，ある計算機が理解・実行できる言語で書かれたアルゴリズムは，他の計算機が理解・実行できないかもしれない．たとえばヘンゼルとグレーテルが，石を使って帰り道を見つけるアルゴリズムを書き下すのにドイツ語を使ったら，フランスやイギリスで育った子供は，ドイツ語を教えてもらわないと実行できない．それから，時間が経つと計算機が使う言語が変わる．古い時代遅れの形式の言語でも確実に理解できる人間にとって，これは問題にならないが，命令の1つが少し変わっただけでもアルゴリズム全体の実行に失敗する機械にとっては，間違いなく問題だ．アルゴリズムと計算機を結びつける言語が不安定なせいで，アルゴリズムを共有するのが難しくなっているように見える．幸い，新しいコンピュータが市場に投入されるたびにソフトウェアを書き換える必要はない．2つの形態の抽象化がこれに貢献しているといえる．**言語翻訳**と**抽象機械**だ．

抽象機械の考えを説明するために，車を運転するアルゴリズムを考えてみよう．特定の1種類の車の運転を習っただけだとしても，様々な違う車の運転ができる．獲得した運転のスキルは特定のモデルや型式には結びついていない，もっと抽象的なもので，たとえばハンドル，アクセル，ブレーキといった概念で記述できる．抽象的な車のモデルは様々な実際の車で具体化され，それぞれ細部は異なるが，運転の共通言語を使ってそれぞれの機能を使えるようにしている．

抽象化はすべての種類の機械に適用できる．たとえばコーヒーメーカー，フレンチプレス，エスプレッソマシンの細部を抽象化すると，コーヒーを作るための機械は，お湯と挽いたコーヒーをある程度の時間混ぜて，それから粉と液体を分離できる必要がある，といえる．コーヒーを作るためのアルゴリズムは，このコーヒーを作る抽象的概念の観点で記述できて，この抽象的概念は様々なコーヒーを作る機械でインスタンス化できるくらい具体的だ．もちろん，機械の抽象化には限界がある．コーヒーメーカーを運転のアルゴリズムを実行するためには使えないし，車を使ってコーヒーを作ることもできない．それでも抽象機械は，特定の計算機の構造から言語を分離するためには重要なやり方だ（図15.4）．

計算で最も有名な機械の抽象化は**チューリングマシン**で，これは有名なイギリスの数学者で計算機科学の先駆者であるアラン・チューリングにちなんで名づけられた．チューリングは1936年にこれを発明し，計算とアルゴリズムの概念を定式化するために利用した．チューリングマシンはセルに分割されたテープでで

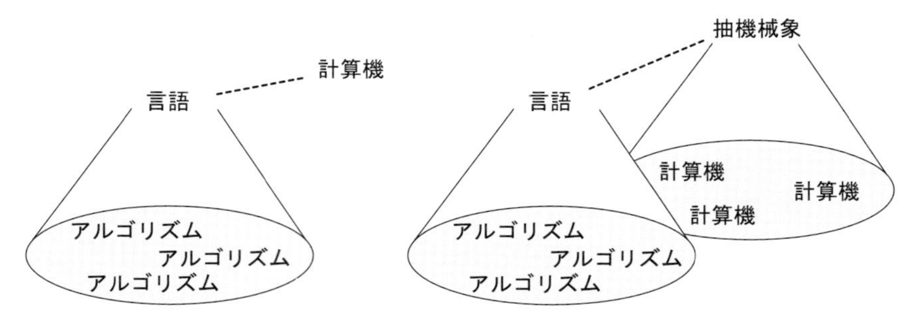

図 15.4 抽象機械は具体的な計算機の抽象的概念だ．より単純で汎用的なインターフェースを提供することにより，抽象機械はアルゴリズムの言語を特定の計算機の構造から独立させ，その言語を実行できる計算機の範囲を広げている．

きており，それぞれのセルにはシンボルがある．テープを前後に移動する読み書きのためのヘッドを通じて，テープにアクセスする．機械は常に何らかの状態にあり，プログラムによって制御され，規則一式が与えられる．規則というのは，何のシンボルが今見えていて何の状態にあるかによって，どのシンボルをテープの現在のセルに書き込むべきか，どの方向にテープを動かすべきか，どの新しい状態になるべきか，を記述したものだ．チューリングマシンは停止性問題の非可解性の証明に使われてきた（第 11 章を参照）．どんなプログラムもチューリングマシンのプログラムに翻訳することができ，これはチューリングマシンが現在存在するすべてのコンピュータの抽象化だということを意味する．この洞察が重要なのは，チューリングマシンに対して証明できる一般的な性質はどれも，既存の他の計算機すべてにあてはまるということだ．

特定の計算機を抽象化する別の戦略は，言語翻訳を使うことだ．たとえば石をたどるアルゴリズムをドイツ語からフランス語や英語に翻訳することができ，それによって言語の障壁が取り除かれ，より広範囲の人々が使えるようになる．もちろんコンピュータ言語でも同じことができる．実際，今日書かれるほとんどすべてのプログラムは，機械が実行する前に何かしらのやり方で翻訳される．これは，今日使われているプログラミング言語のほとんどすべてをコンピュータは直接理解せず，どのアルゴリズムも翻訳しなくてはいけないことを意味する．プログラミング言語は個別のコンピュータを抽象化し，広い範囲のコンピュータを 1 つの言語でプログラミングできる，統一されたアクセス方法を提供している．したがってプログラミング言語はコンピュータの抽象化であり，アルゴリズムの設計を個別のコンピュータから独立させている．もし新しいコンピュータが作られたら，既存のアルゴリズムを新しいコンピュータで走らせるのに必要なのは，そのコンピュータに合わせて変更したコードを生み出すよう，翻訳器を適合させることだ．翻訳という抽象的概念によって，プログラミング言語の設計は実行するコンピュータから大きく独立した．

“翻訳”という抽象的概念を定義するには様々なやり方がある．どんな抽象的概念でもそうだが，どの細部を抽象化して，どの細部をインターフェースのパラメータとして表に出すかということだ．次の定義では翻訳したいプログラムや，プログラムを与える言語や，翻訳した後の言語を抽象化している．

翻訳(プログラム, 翻訳元, 翻訳先)
＝「プログラム を 翻訳元 から 翻訳先 に翻訳する」

「...に**翻訳**する」にカギ括弧をつけていることに注意してほしい．翻訳は洗練されたアルゴリズムなので，長く複雑すぎてここには書けない．たとえば自然言語の自動翻訳はまだ解けていない問題だ．それに対してコンピュータ言語の翻訳は深く理解され，すでに解かれている．それでも翻訳器は長くて複雑なアルゴリズムで，それが詳細をここに書かない理由だ．

“翻訳”という抽象的概念をどう使うかの例として，石を見つける命令がドイツ語から英語にどう翻訳されるかを示す．

翻訳(Finde Kieselstein (石を見つける), ドイツ語, 英語)

Finde Kieselstein という命令は翻訳元のドイツ語の要素で，翻訳の結果は *Find pebble* という命令になり，これは翻訳先の英語の要素だ．

『ハリー・ポッター』では，呪文やまじないの言語を実行するのに魔法使いが必要となる．呪文の中には対応するポーションに変換できるものもあり，ポーションはマグルでも同じように実行できる．たとえばいくつかの変身呪文の効果はポリジュース・ポーションに込めることができて，飲んだ人は見た目を変えられる．ポリジュース・ポーションは熟練した魔法使いであっても作り出すのがとても難しいようだが，他のいくつかの呪文は単純な翻訳ができる．たとえば死の呪い，アバダ・ケダブラは，ふつうの毒薬どれにでも翻訳できる．

“翻訳”という抽象的概念はそれ自身がアルゴリズムなので，言語を使ってすべてのアルゴリズムを抽象化したように，翻訳を表現できる言語を通してすべて

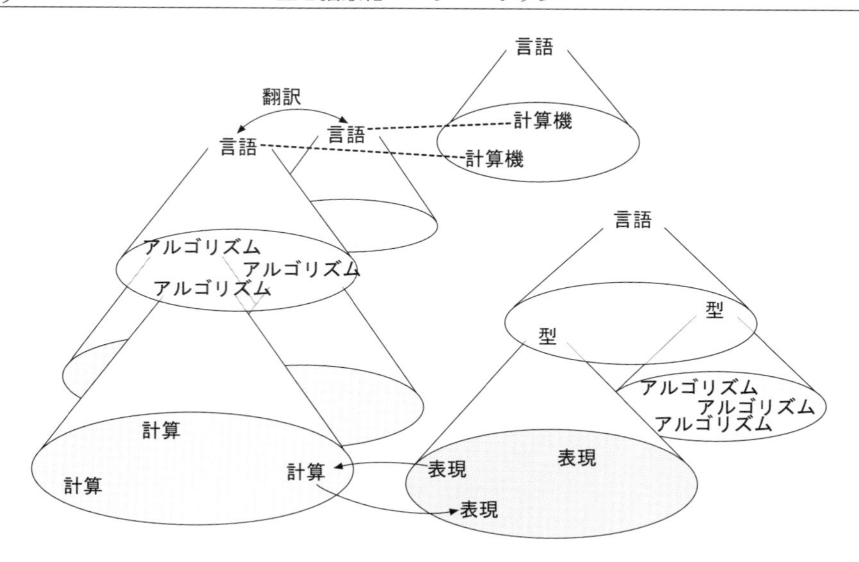

図 15.5 抽象化の塔．アルゴリズムは計算を抽象化したもの（関数抽象）だ．アルゴリズムは表現を変換し，表現を抽象化したもの（データ抽象）は型だ．アルゴリズムが受け入れられる入力や出力も型として表される．それぞれのアルゴリズムは言語で表され，言語はアルゴリズムを抽象化したものだ．翻訳アルゴリズムはある言語のアルゴリズムを別の言語に翻訳し，それによって元の言語を理解する特定の計算機や抽象機械にアルゴリズムが依存しないようにしている．言語は計算機を抽象化したものでもある．翻訳によって計算機間の差異は実質的になくなるからだ．型も言語の一部として表せる．抽象化の階層が示しているのは，計算機科学に出てくるすべての抽象的概念は何らかの言語で表されるということだ．

の翻訳を抽象化することができる．図 15.5 の左上部分はこの場合を説明している．どの言語も，その言語のプログラムを実行できる計算機や抽象機械に対応しているので，これは図 15.5 の右上に示したように，言語が計算機を抽象化できることを意味する．

チューリングマシンがすべての計算機械の究極の抽象化であるように，**ラムダ計算**はすべてのプログラミング言語の究極の抽象化だ．ラムダ計算はチューリングマシンと同時期に，アメリカの数学者アロンゾ・チャーチによって考案された．ラムダ計算はたった 3 つの構成要素，抽象の定義，定義中での変数の参照，パラメータに引数を与えることによる抽象のインスタンスの生成からできており，図 15.1 に示したものと非常によく似ている．どんなアルゴリズム言語のどんなプログラムであっても，ラムダ計算のプログラムに翻訳できる．これで，計算機から 2 つの異なる究極の抽象化が得られたように見える．ラムダ計算とチューリングマシンだ．そんなことがあるだろうか？　この２つの抽象化は等価であることがわかっており，これはチューリングマシンのどんなプログラムもラムダ計算の等価なプログラムに翻訳できるし，逆もまた成り立つことを意味している．さらにアルゴリズム[6]を表すための形式化はどれも，チューリングマシンやラムダ計算を超える表現力はないことが示されている．これは，計算機科学の２人の先駆者の名にちなんで，**チャーチ＝チューリングのテーゼ**として知られている．チャーチ＝チューリングのテーゼは，アルゴリズムの表現力と範囲について述べている．アルゴリズムは効率的な命令という考えをもとに定義されており，これは人間の活動と結びついた直感的な概念なので，アルゴリズムを数学的に形式化することはできない．チャーチ＝チューリングのテーゼは証明可能な定理というよりは，アルゴリズムという直感的な概念についての観察結果だ．チャーチ＝チューリングのテーゼが重要なのは，アルゴリズムについて知りうることはすべて，チューリングマシンやラムダ計算を研究すればわかることになるからだ．チャーチ＝チューリングのテーゼは大半の計算機科学者に受け入れられている．

❇ ❇ ❇

計算は，問題をシステマティックに解決するために使われる．コンピュータは，計算がこれまでにないほど伸びて広がるのを助けてきたが，あくまでも計算の１つの道具に過ぎない．計算の概念はもっと汎用的で広く適用できるものだ．これまで見てきたとおりヘンゼルとグレーテルは，アルゴリズムをどうやって実行するか，石を通して経路を表現するのに抽象的概念をどう使えばいいかすでに知っていた．シャーロック・ホームズは記号と表現の名人で，データ構造を操作して事件を解決した．インディ・ジョーンズは心躍る探索をするときに，コンピュータをまったく使わなかった．音楽の言語はどんな問題も直接は解決しないかもしれないが，想像しうる限りの構文と意味論とを余さず含んでいる．フィル・コナーズは計算機科学の理論については何も知らなかったかもしれないが，計算の根本的な限界を示す同じ問題，停止性問題の非可解性に直面した．マーティ・マクフライとドク・ブラウンは再帰的に生き，ハリー・ポッターは型と抽象化の魔法の力を明らかにしてくれた．

---

6) この文脈における**アルゴリズム**という単語は，狭義の，数学的な関数を計算するための方法を指し，たとえばレシピは含まない．

これらの物語のヒーローたちは計算のヒーローではないかもしれないが，彼らの物語は計算が何かということについて多くを語ってくれた．この本の終わりにあたって，もう1つの物語——**計算機科学の物語**を遺したい．これは計算の概念を獲得するための抽象化の物語だ．主な主人公は**アルゴリズム**で，**表現**の変換を通してシステマティックに**問題**を解決する．その手段は，基本的な道具である**制御構造**と**再帰**を巧みに適用することだ．問題は様々なやり方で解けるが，アルゴリズムは特定の解法で妥協せず，秘密兵器の**パラメータ**を使って可能な限り汎用的であろうとする．だが具体的な任務では，いつも戦いが絶えない．アルゴリズムは常に，最大の敵である**複雑性**から強い反撃を受けているからだ．

計算 = 物語(アルゴリズム, 問題を解決する)

新しくて大きな問題がアルゴリズムを限界まで追いやるにつれて，物語は展開する．けれども戦いの中でも，アルゴリズムは**抽象化**の一族の肉親と親しくし，助けを受ける．姉の**効率性**は貴重なリソースを節約するよう忠告し，兄の**型**はプログラムのエラーや不正な入力から守り続け，思慮深い祖母の**言語**はアルゴリズムに表現力を分け与え，信頼できる仲間の**計算機**がアルゴリズムを必ず理解できるようにする．そしてどんな計画を実行するときにも，アルゴリズムはみなを頼る．

計算機科学 = 物語(抽象化, 計算を捉える)

アルゴリズムは全能ではないし，すべての問題を解けるわけでもない．特に非効率性とエラーに対して脆弱だ．けれどもその事実に気づいているのはいいことだ．そして自身の限界に関するこの知識が，アルゴリズムを強くし，前途に横たわる冒険への自信を持たせてくれる．

さらなる探求

ハリー・ポッターに出てくる魔法は，型の概念や型付け規則やそれらが，未来を予測するうえでどう役立つかを描いている．厳密な魔法のシステムはＬ・Ｅ・モデシット・ジュニアのファンタジー小説シリーズ『レクルース・サーガ』にあり，そこでの魔法は人の能力で，すべての物質に受け継がれている混沌と秩序を制御する．ジム・ブッチャーの本である『ドレスデン・ファイル』シリーズの主人公は私立探偵兼魔法使いで，超自然的な現象を含む事件を調査する．物語には様々な種類の魔法，魔法の法則，魔法の道具が出てくる．

特定の能力を持つ生き物の多くの例，つまり型として表せるものは，Ｊ・Ｒ・Ｒ・トールキンが小説『指輪物語』や『ホビットの冒険』で作り出した世界に出てくる．コミックや映画の『X-メン』に出てくるスーパーヒーローたちは特別な能力を持っているが，その能力は明確に定義されていて，正確に定義されたとおりに自然界と相互作用する．要素がちょうど１つだけ，つまり自分自身，となる型を定義するスーパーヒーローもいれば，メンバーが複数いる型もある．

装置を間違って使うと，型エラーが起こって誤動作につながることが多い．これはふつう劇的な効果を出すために用いられる．映画『ザ・フライ』では，テレポーテーション装置の不適切な使い方が原因で，人間と蠅の DNA の混合が起きた．人が役割を変えたり切り替えたりして，その役割の典型例を演じるときにも，型エラーは起こる．たとえば映画『フリーキー・フライデー』ではティーンエイジャーの女の子と母親の体が入れ替わり，２人はティーンエイジャーや大人という役割への期待に反した振る舞いをすることになる．マーク・トウェインの『王子と乞食』では，王子が貧乏な少年と役割を入れ替える．

抽象化は様々な形で現れる．ジオラマは，歴史上の重要な出来事を表現するのに使われることが多い抽象化だ．映画『奇人たちの晩餐会 USA』にもいくつかの例が出てくる．ブードゥー人形は人の抽象化で，離れたところから人に痛みを与えるために使われる．『インディ・ジョーンズ/魔宮の伝説』や『パイレーツ・

オブ・カリビアン/生命の泉』に例が出てくる．ジム・ブッチャーの『ドレスデン・ファイル』では，ブードゥー人形が何度も使われる．同じようにアバターは，離れた環境から演じられる自分自身の表現であり，これは映画『アバター』の主要なテーマだ．映画『インサイド・ヘッド』では心を，基本的な感情を擬人化した５人が住んでいる場所として表現している．

お金は価値の抽象化で，経済活動でものを交換するには不可欠の道具だ．お金が社会的に構築された抽象的概念であり，すべての参加者が価値を合意して初めて機能するということは，非伝統的な通貨を使う物語で描かれており，たとえば『マッドマックス２』ではガソリンが主要な通貨だし，映画『TIME/タイム』では人生の長さが通貨として使われる．フランク・ハーバートの『デューン』では水と香辛料が通貨で，ダグラス・アダムズの『銀河ヒッチハイク・ガイド』には変わった通貨の例がいくつも出てくる．

行動規則の抽象化は，アイザック・アシモフの短編小説集『われはロボット』にロボット工学三原則という形で出てくるが，これはロボットが人間に奉仕して，間違いなく傷つけないことを意図したものだ．この三原則は道徳の抽象化を表現している．物語は三原則の適用と限界を描いており，三原則は修正・拡張されることになる．そしてマックス・バリーの『レキシコン』では秘密結社が，意思疎通のためではなく他人の行動を制御するために新しい言語を開発する．ふつう自然言語は世界を記述する抽象的概念を提供するのに対して，『レキシコン』に出てくる特別な言語は，人間の行動を導く神経化学反応の抽象化をもとにしており，魔法の呪文が直接行動に影響することがあるのに似ている．

用語集

この用語集は本書に出てくる重要な用語を要約している．各項目は，物語と主要な概念とで節ごとにグループ分けしている．複数の節に登場する項目もある．

定義で使われる重要な用語には，節を表す文字をつけて，もともと定義されている節を示している．たとえば**アルゴリズム**[A]とあるのは，**アルゴリズム**という用語が節Aで定義されていることを指している．

A. 計算とアルゴリズム

アルゴリズム　問題[A]を解決する方法．アルゴリズムは様々な問題の例に適用できる．また，計算機[A]が理解できる言語[D]によって，有限の範囲で記述しなくてはならない．すべてのステップに効果がなくてはならない．特定の問題例についてアルゴリズムを実行[A]すると，計算[A]が生み出される．実行するどんな問題に対しても，アルゴリズムは終了[E]して正しい[A]結果を返さなくてはならないが，これは必ずしも成り立たず，またそういう性質を保証するのも難しい．機械が理解できるアルゴリズムはプログラム[A]と呼ばれる．

計算　問題[A]の表現[A]をシステマティックに変換しながら，何ステップもかけて問題を解決する過程．計算は，計算機[A]がアルゴリズム[A]を実行[A]する際に起こる．

計算機　アルゴリズム[A]を実行[A]できる人や機械やその他のもの．計算機はアルゴリズムを与える言語[D]を理解しなくてはならない．

最悪の場合　アルゴリズム[A]が生み出す計算[A]の最も長い実行時間[A]．最悪の場合は，アルゴリズム[A]が問題[A]の解を生み出せるくらい効率的かを判断する評価基準として働く．

実行　特定の問題[A]の例に対して，アルゴリズム[A]のステップをたどる過程．実行するのは計算機[A]で，実行によって計算[A]が生み出される．

実行時間　アルゴリズム[A]が実行[A]するのにかかると想定されるステップ数の測定単位．入力[A]の大きさと実行時間がどう関係しているかという規則として表される．よくある実行時間としては，線形[C]，2次[C]，対数[C]，指数[C]，がある．

正確性　アルゴリズム[A]が与えられた正しい入力[A]に対して，必ず求められる結果を返す性質．アルゴリズムがある入力に対して行き詰まったり終了[E]しなかったりする場合，そのアルゴリズムは問題[A]の正しい解ではない．

入力　問題[A]の変化する部分で，異なる問題例を区別する．入力は問題の表現[A]の一部で，いくつかの部分からできていることもある．アルゴリズム[A]を特定の入力に適用すると，その入力に対応する問題についての計算[A]が起こる．アルゴリズムでは，入力はパラメータ[A]によって表現される．

パラメータ　アルゴリズム[A]が入力[A]を参照するのに使う名前．

表現　現実世界の何かを表す存在．表現は計算[A]のステップによって変更しうる．表現[B]を参照．

プログラム　機械が理解し実行[A]するアルゴリズム[A]．

問題　解決策が必要だと考えられる状況の表現[A]で，計算[A]を通して解決策を手助けする．計算[A]により変換される個々の問題の例と，アルゴリズム[A]への入力[A]となりうるそういった種類の問題すべてとの両方を指す．

概念	『ヘンゼルとグレーテル』にどう出てくるか
アルゴリズム	石をたどる方法
計算	帰り道を見つける
計算機	ヘンゼルとグレーテル
最悪の場合	ヘンゼルとグレーテルがそれぞれの石を最大で1回たどる必要がある
実行	ヘンゼルとグレーテルが石をたどるアルゴリズムを行うとき
実行時間	石をたどって帰るのに必要なステップ数
正確性	石をたどると行き止まりやループにならず家に帰ることができる
入力	すべての石の配置
パラメータ	「まだたどっていない光る石」という表現
表現	場所と石
プログラム	石をたどるアルゴリズムを機械が読める形式で記述したもの
問題	生き残ること．帰り道を見つけること

B. 表現とデータ構造

アイコン　シニフィエ[B]との類似性に基づいて表現する記号[B].

インデックス　シニフィエ[B]との規則的な関係に基づいて表現する記号[B]. 配列[B]の要素を見つける方法でもある.

キー　ディクショナリ[B]から情報を見つけるために使われる値. **探索のキー**[C]も参照.

記号　シニフィアン[B]（目に見える部分）とシニフィエ[B]（シニフィアンが表すもの）から成る, 特定の形式の表現[B].

キュー　要素の集まりのためのデータ型[B]で, 挿入された順に要素が削除される. 要素にアクセスするうえで, FIFO（最初に入ったものが最初に出ていく）という原則を実現している.

シニフィアン　記号[B]の一部で, 知覚でき, シニフィエ[B]を表すもの. 1つのシニフィアンが様々な概念を表現できる.

シニフィエ　記号[B]の一部で, シニフィアン[B]によって表現されるもの. 世界にある具体的なものではなく, ものについて人々が心に持っている概念.

シンボル　任意の規定に基づいてシニフィエ[B]を表す記号[B].

スタック　要素の集まりのためのデータ型[B]で, 挿入されたのと逆順に要素が削除される. 要素にアクセスするうえで, LIFO（最後に入ったものが最初に出ていく）という原則を実現している.

セット　要素の集まりを表現するためのデータ型[B]で, 挿入, 削除, 要素の検索といった操作を提供する. 要素がキー[B]になるディクショナリ[B]として表現できる. セットというデータ型は, 特性の表現に役立つので重要だ.

ツリー　要素の集まりを階層構造として表現するためのデータ構造[B]. 要素はノード[B]と呼ばれる. 階層構造上にあるどのノードも, 下にある0以上のノード, 上にある最大で1つのノードとつながっている.

ディクショナリ　情報をキー[B]と関連づけるデータ型[B]. 特定のキーによる情報の挿入, 削除, 更新といった操作や, 与えられたキーで情報を検索する操作を提供する. セット[B]はディクショナリの特別な形式で, 要素がキーになり, キーに紐づく情報をまったく保持しない.

データ型　表現[B]を記述したもので, 表現[B]に作用する操作一式を通して振る舞いを与える. データ構造[B]を用いて実装しなくてはならない. 1つのデータ型は様々なデータ構造で実装できることもよくあるが, 実装される操作の実行時間[A]は異なることが多い. よく使われるデータ型はセット[B], ディクショナリ[B], スタック[B], キュー[B]だ.

データ構造 アルゴリズム[A]が使う表現[B]で，明示的にアクセスや操作ができるようにする．よく使われるデータ構造は，配列[B]，リスト[B]，ツリー[B]だ．

ノード データ構造[B]の中の要素で，他の要素とつながっているもの．例としては，ツリー[B]やリスト[B]の要素がある．ツリー[B]で，あるノードから直接アクセスできる要素は子と呼ばれ，アクセス元のノードは親と呼ばれる．各ノードは最大で1つの親を持ち，ツリーの最も上にあるノードは親を持たない．子を持たないノードはリーフと呼ばれる．

配列 ものの集まりを表現するデータ構造[B]．2行の表と同じで，配列の保持する要素に対応する名前や数字（インデックス）が1つの行に入っている．インデックス[B]は，配列の中から要素を見つけるのに使う．配列では要素を定数時間で見つけられるので，セット[B]を実装するのによい選択肢だ．けれども配列は，ありうる要素すべてについて空間を確保する必要があるので，保持するかもしれない要素の数が少ないときだけ使える．バケットソート[C]でバケットを表現するのにも使われる．

表現 現実世界の何かを表す記号[B]．**表現**[A]も参照．

優先度付きキュー 要素の集まりのためのデータ型[B]で，与えられた優先度の順に要素が削除される．要素にアクセスするうえで，HIFO（最も高い優先度のものが最初に出ていく）という原則を実現している．

リスト 要素の集まりを特定の順序で表現するためのデータ構造[B]．要素には，リストの先頭の要素から始めて，一つひとつ順にアクセスできる．各ノード[B]が（最後を除いて）ちょうど1つの子を持つツリー[B]と見ることもできる．スタック[B]，キュー[B]，セット[B]といったデータ型[B]を実装するのに使える．

概念	『バスカヴィル家の犬』にどう出てくるか
アイコン	ヒューゴ・バスカヴィル卿の肖像画，ダートムーアの地図
インデックス	事件現場にある犬の足跡や煙草の灰
キー	容疑者の名前
記号	モーティマー博士の杖の刻印
キュー	バスカヴィルの館でのワトソンのやることリスト
シニフィエ	チャリング・クロス病院（シニフィアンCCHによる）
シニフィアン	略語CCH（チャリング・クロス病院を表す）
シンボル	タクシーのナンバー(2704)
スタック	兄弟より先に子の子孫を繰り返し計算する
セット	容疑者のセット
ツリー	バスカヴィルの家系図
ディクショナリ	容疑者が載っているシャーロック・ホームズのノート
データ型	容疑者のセット

データ構造	容疑者のリスト，家系図
ノード	家系図における家族の一員の名前
配列	チェックマークのついた容疑者のセットの表現
表現	容疑者のリストや配列，ダートムーアの地図
優先付きキュー	バスカヴィル家の相続人の相続順位
リスト	容疑者のリスト モーティマー → ジャック → ベリル → セルデン → ......

C. 問題解決とその限界

下限　問題[A]の複雑性．問題を解くのにどんなアルゴリズム[A]でもかかる最小のステップ数の増加率を与える．最悪の場合[A]の実行時間[A]が下限と一致するアルゴリズムは，どれも最適なアルゴリズム[C]だ．

近似アルゴリズム　完全に正確[A]ではないが，ほとんどの場合に十分な解を計算[A]するアルゴリズム[A]．

クイックソート　最初にソートしたいリスト[B]を2つの部分リストに分割し，それぞれが選択したピボット要素より小さい，もしくは大きい要素をすべて含むようにする分割統治[C]ソートアルゴリズム[A]．それからこの2つのリストをソートし，ピボット要素を中心にして結果を連結して，ソート済みの結果のリストにする．クイックソートは最悪の場合[A]で2次実行時間[C]となるが，実用上はとてもよい性能で，平均で線形対数実行時間[C]になる．

最適なアルゴリズム　最悪の場合[A]の実行時間[A]が解いている問題[A]の下限[C]に一致するアルゴリズム[A]．

指数実行時間　入力[A]の大きさを1増やしたときに実行時間が倍になる（もしくは1より大きい係数で増える）なら，アルゴリズム[A]は指数実行時間となる．これは，入力の大きさが10増えたらアルゴリズムは1,000倍長い時間かかることを意味する．指数実行時間のアルゴリズムは小さな入力でしか動かないので，現実的な解決策ではない．

生成検査　2つの主要な段階から成るアルゴリズム[A]の形式．第1段階で解の候補を生成し，第2段階でそれをシステマティックにチェックする．生成検査自体はアルゴリズムでないが，アルゴリズムの構造である．ダイヤル錠のすべての組み合わせを試すことや，ナップサック問題[C]を解くのにすべての組み合わせを試すことが，生成検査の例だ．

線形実行時間　実行時間[A]が入力[A]の大きさに比例するとき，アルゴリズム[A]は線形実行時間になる．線形実行時間は線形対数実行時間[C]よりはよいが，対数実行時間[C]ほどよくはない．リストの最小の要素を見つけるのは，最悪の場合[A]で線形実行時間になる．

線形対数実行時間　実行時間[A]が入力[A]の大きさと入力の大きさの対数との積に比例するとき，アルゴリズム[A]は線形対数実行時間になる．線形対数実行時間は線形実行時間[C]ほどよくはないが，2次実行時間[C]よりはだいぶいい．マージソート[C]は最悪の場合[A]で線形対数実行時間になる．

選択ソート　未ソートのリスト[B]から最小値を繰り返し見つけて，ソート済みリストの最後に追加するソートアルゴリズム[A]．選択ソートは最悪の場合[A]で2次実行時間[A]となる．

挿入ソート　未ソートのリスト[B]から次の要素を繰り返し取り出して，ソート済みのリストの正しい場所に挿入していくソートアルゴリズム[A]．挿入ソートは最悪の場合[A]で2次実行時間[C]となる．

対数実行時間　入力[A]の大きさが倍になったときに実行時間[A]が1増えるなら，アルゴリズム[A]は対数実行時間になる．対数実行時間は線形実行時間[C]よりもだいぶ速い．たとえば平衡[C]二分探索木[C]での二分探索[C]は，対数実行時間だ．

探索のキー　見つけたいものを特定する情報．導出される場合もあれば（その場合キーはインデックス[B]），別々の無関係の値になる場合もある（その場合キーはシンボル[B]）．現在の探索に関係する要素と関係しない要素とを分ける境界を特定する．**キー**[B]も参照．

手に負えない問題　指数実行時間[C]のアルゴリズム[A]しか知られていない問題[A]．例はナップサック問題[C]や巡回セールスマン問題だ．

トライ木　キー[B]を一連のノード[B]として表現するようなセット[B]やディクショナリ[B]を実装するための，ツリー[B]のデータ構造[B]．保持しているキーが共通部分を共有しているとき，トライ木は特に効率がいい．

ナップサック問題　手に負えない問題[C]の例．限られた容量のナップサックにできるだけ多くの品物を詰めて，ナップサックの中の品物の価値が最大になるようにする問題．

2次実行時間　実行時間[A]が入力[A]の大きさの2乗に比例するとき，アルゴリズム[A]は2次実行時間になる．2次実行時間は線形対数実行時間[C]ほどよくないが，指数実行時間[C]よりはずっといい．挿入ソート[C]や選択ソート[C]は最悪の場合[A]で2次実行時間となる．

二分木　各ノード[B]が最大で2つの子を持つツリー[B]．

二分探索　要素の集まりの中からある要素を見つけるアルゴリズム[A]．見つけたい要素を集まりの中の1つの要素と比較し，その要素で集まりを2つの領域に分割する．比較の結果によって，2つの領域の一方だけ探索を続ける．平衡二分探索木[C]のように，分割のための要素がうまく選ばれて探索空間がいつもだいたい同じ大きさの2つの領域に分割されれば，二分探索は最悪の場合[A]でも対数実行時間[C]になる．

二分探索木　ツリー[B]の各ノード[B]について，左の部分木にあるノードはすべて小さく，右の部分木にあるノードはすべて大きいという性質を持つ二分木[C]．

バケットソート　ソートしたいリスト[B]を走査し，各要素を，あらかじめ明示的に確保された多数の空領域（バケット）の1つに置くソートアルゴリズム[A]．リストのすべての要素がバケットに置かれたら，バケットを順に見て，空でないバケットにあるすべての要素を結果のリストに入れる．バケットソートではバケットを表現するのに配列[B]を使うことが多い．このときリストに出てくる可能性のある要素の集まりが大きすぎず，各バケットに割り当てられる要素が数個あるいは1個だけになることが求められる．その場合，バケットソートは線形実行時間[C]になる．

貪欲アルゴリズム　その時点で最良の選択肢を常に選ぶとき，アルゴリズム[A]は貪欲と呼ばれる．ナップサック問題[C]を解くのにソート済みのリストから要素を選ぶのが，貪欲アルゴリズムの例だ．

分割統治　入力を別々の部分に分割して，その部分に対する問題を互いに独立に解き，その部分の解を統合して，元の問題[A]に対する解とするアルゴリズム[A]の形式．分割統治自体はアルゴリズムでないが，アルゴリズムの構造である．マージソート[C]やクイックソート[C]が分割統治の例だ．

平衡木　すべてのリーフがルートからほぼ同じ距離にある（距離が最大でも1しか変わらない）ようなツリー[B]．同じ数のノード[B]を持つすべてのツリーの中で，平衡木は高さが最も小さくなり，幅ができる限り広くなる．この形によって，二分探索木[C]が平衡なら，要素を見つけるのは最悪の場合[A]でも対数実行時間[C]になることが保証される．

マージソート　最初にソートしたいリスト[B]を同じ長さの2つの部分リストに分割し，部分リストをソートして，最後にソート済みの部分リストを統合して結果のソート済みリストにする分割統治[C]ソートアルゴリズム[A]．マージソートは最悪の場合[A]で線形対数実行時間[C]となる．ソートの下限[C]も線形対数なので，マージソートは最適なソートアルゴリズム[C]だ．

概念	『インディ・ジョーンズ』にどう出てくるか
下限	作業のリストをソートするのにかかる時間の最小値
近似アルゴリズム	パラシュートとして救命ボートを使う
クイックソート	「魂の泉」を見つける作業
最適なアルゴリズム	ソートするのにマージソートを使う
指数実行時間	像の正確な重さを特定する

生成検査	重さの組み合わせをシステマティックにすべて試す
線形実行時間	リストの作業を実行する
線形対数実行時間	像の重さを試して見つける
選択ソート	「魂の泉」を見つける作業をソートする
挿入ソート	「魂の泉」を見つける作業をソートする
対数実行時間	二分木で文字の出現回数を見つける
探索のキー	ヴェニス，Iehova
手に負えない問題	天秤で像の正確な重さを見つける
トライ木	タイル張りの床
ナップサック問題	クリスタル・スカルの寺院の財宝を集める
2次実行時間	ソートするのに選択ソートを使う
二分（探索）木	単語 Iehova などに対する文字の出現回数を表現する
二分探索	タイル張りの床でタイルを探す
バケットソート	配列を使って文字の出現回数を計算する
貪欲アルゴリズム	重さの降順ですべての重さを試す
分割統治	ヘンリー・ジョーンズの探索をヴェニスへの旅に縮小させる
平衡木	文字の出現回数を表す探索木のいくつか
マージソート	「魂の泉」を見つける作業をソートする

D. 言語と意味

曖昧性　文法 D の性質．文 D が 2 つ以上の構文木 D を持つこと．

意味領域　特定の適用分野に関連する値の集合．言語 D の意味論定義 D で使われる．

意味論定義　言語 D の構文木 D から意味領域 D の要素への対応づけ．

開始シンボル　文法 D の指定された非終端記号 D．文法が定義する言語 D のどの文 D も，開始シンボルからの導出 D を通じて得られなくてはならない．

解析　文 D の構造を特定し，構文木 D として表現する処理．

具象構文　一連の終端記号 D（もしくは視覚的シンボルの配置）としての文 D の外観．

言語　文 D の集合で，それぞれの文が一連の単語や視覚的シンボルの配置といった外観（具象構文 D）や，内部構造（抽象構文 D または構文木 D）を持つ．言語の定義は文法 D によって与えられる．言語は文法の開始シンボル D から導出 D できるすべての文の集合である．いくつかの，すべてではない言語は，意味論定義 D も持つ．

構文　文[D]が言語[D]に属するための定義．文法[D]によって定義されることが多く，文[D]を形成あるいは識別するための規則から成る．この規則は，言語の具象構文[D]と抽象構文[D]をともに定義する．

構文木　上下逆のツリー図形式による文[D]の構造の階層表現．ツリー[B]のリーフは終端記号[D]で，他のすべてのノードは非終端記号[D]である．

合成的　言語[D]の意味論定義[D]の性質．文[D]の意味がその部分の意味から得られるなら，意味論定義は合成的である．合成的であれば，文の構造によって，部分の意味をシステマティックに組み合わせるやり方が決まることになる．

終端記号　文法規則[D]の右辺にのみ現れるシンボルで，置換できない．言語[D]の文[D]は，一連の終端記号のみでできている．

抽象構文　構文木[D]として表現される，文[D]の階層構造．文法[D]が定義している言語[D]の抽象構文は，その文法を使って組み立てられるすべての構文木の集合である．

導出　文法規則[D]に従って前の文形式の非終端記号[D]を置換することで得られる一連の文形式[D]．導出の最初の要素は非終端記号でなくてはならず，最後の要素は文[D]でなくてはならない．

非終端記号　文法規則[D]の左辺に現れるシンボルで，文形式[D]により置換される．文法[D]の開始シンボル[D]は非終端記号である．

文　一連の終端記号[D]で与えられる言語[D]の要素．

文形式　一連の終端記号[D]と非終端記号[D]．文法規則[D]の右辺に現れる．

文法　非終端記号[D]を文形式[D]に対応づける文法規則[D]一式．言語[D]を定義する．1つの言語は複数の文法で定義できる．文法が定義する言語は，開始シンボル[D]からの導出[D]が存在する文[D]すべてでできている．

文法規則　文法規則は，*nt* を非終端記号，RHS を文形式として，*nt* → RHSの形式をとる．導出[D]の一環で，文形式[D]にある非終端記号[D]を置換するのに使われる．

概念	『虹の彼方に』にどう出てくるか
曖昧性	縦線シンボルのない序奏
アルゴリズム[A]	五線譜やタブ譜などの楽譜
意味領域	音
意味論定義	構文木から音への対応づけ
開始シンボル	メロディー
解析	ヴァース，コーラス，小節などで与えられる構造を特定すること
具象構文	五線譜，タブ譜

計算機[A]	歌手あるいは音楽家としてのジュディ・ガーランド
言語	すべての有効な五線譜
構文	五線譜を記述する規則
構文木	小節と音符のツリー
合成的	小節の音を連結すると曲の音になる
終端記号	
実行[A]	歌うことあるいは弾くこと
抽象構文	小節と音符のツリー
導出	文法規則を使って メロディー を楽譜に展開すること
非終端記号	小節
文	五線譜で与えられる曲
文形式	音符 メロディー
文法	メロディーに対する文法
文法規則	音符 →

E. 制御構造とループ

for ループ　本体[E]が，固定の回数実行されるループ[E].

repeat ループ　終了条件[E]のチェックが，必ずループ[E]本体[E]の操作が実行された後になるループ.

while ループ　終了条件[E]のチェックが，必ずループ[E]本体の操作が実行される前になるループ.

決定不能性　問題[A]の性質．アルゴリズム[A]で解けないとき，問題は決定不能である．有名な決定不能問題は停止性問題[E]だ.

終了　計算[A]が終わるときに成り立つ，アルゴリズム[A]または計算の性質．アルゴリズム[A]が終了するかどうかを別のアルゴリズムで自動的に決定することはできない．これは決定不能[E]問題[A]である.

終了条件　ループ[E]が終わるか走り続けるかを決める条件.

条件分岐　操作のグループ2つのうちどちらを実行[A]するか決める制御構造[E].

制御構造　アルゴリズム[A]の一部で，操作の順序，適用，繰り返しを体系化する．3つの主要な制御構造はループ[E]，条件分岐[E]，再帰[F]である.

停止性問題　アルゴリズム[A]はどんな入力[A]が与えられても必ず終了[E]するだろうか？

（ループの）本体　ループ[E]によって繰り返したい操作のグループ．ループが終了[E]するようにプログラムの状態を変更しなくてはならない．

ループ　ループの本体[E]を繰り返すための制御構造[E]．繰り返す回数は終了条件[E]によって決まる．終了条件は，ループの本体を実行[A]するたびにチェックされ，ループ本体の操作によって変わるプログラムの状態に依存している．ループが何回繰り返すか，そしてループが終了するかどうかは，一般的に明らかでない．主な2種類のループはrepeat ループ[E]とwhile ループ[E]である．これらのループでは，終了条件によって本体がどれだけ繰り返されるか決まり，一般的にループを実行する前にはわからない．これに対して，for ループ[E]の繰り返し回数はループ開始時に決まっていて，for ループ[E]の終了[E]は保証されている．

概念	『恋はデジャ・ブ』にどう出てくるか
for ループ	映画の中での繰り返し回数は脚本で決まっている
repeat ループ	グラウンドホッグデイのループ
while ループ	グラウンドホッグデイのループ
決定不能性	グラウンドホッグデイが終わるかどうか予め判定できない
終了	ハッピーエンド
終了条件	フィル・コナーズは善人か？
条件分岐	フィル・コナーズがする決断すべて
制御構造	グラウンドホッグデイのループ
停止性問題	グラウンドホッグデイのループは終わることがあるのか？
（ループの）本体	グラウンドホッグデイに起こる出来事
ループ	繰り返すグラウンドホッグデイ

F. 再　帰

インタプリタ　アルゴリズム[A]を実行[A]する計算機[A]で，再帰的[F]な呼び出し（と非再帰的な呼び出し）や，再帰的な呼び出し[F]の結果として起こる引数のコピーを追うためにデータ型[B]のスタック[B]を使う．

間接的な再帰　名前やものの定義が，自分自身への参照を含まないが，自分自身への参照を含む別の名前を含むこと．

記述された再帰　概念の定義に，ふつうは名前やシンボルを使って，自分自身への参照が含まれること．自己参照と呼ばれることもある．

基底　再帰的定義[F]の再帰的でない部分．再帰的アルゴリズム[A]が基底に到達すると，その時点で再帰[F]は止まる．再帰が終了[E]するために規定は必要だが，十分ではない．

再帰　記述された再帰 F，展開された再帰 F，再帰的な定義 F の実行 A のどれかを指す．

再帰的な定義　名前やものの定義が，自分自身への参照を含むこと．アルゴリズム A の再帰的な定義において，参照は再帰的な呼び出し F とも呼ばれる．

再帰的な呼び出し　アルゴリズム A を，そのアルゴリズム自身の定義から呼び出すこと（直接的な再帰 F），または呼び出す別のアルゴリズムの定義から呼び出すこと（間接的な再帰 F）．

置換　パラメータ A を具体的な値で置き換える処理．パラメータを引数で置換しながら，アルゴリズム A の呼び出しをその定義で置き換えること．

直接的な再帰　名前やものの定義が，自分自身への参照を含むこと．

展開された再帰　文章や絵などの人工物に（ときに縮小された）自身のコピーが含まれること．自己相似性とも呼ばれる．フラクタルやシェルピンスキの三角形のような幾何学的なパターンは，絵における展開された再帰の例であり，終わらない歌や詩は，文章における展開された再帰の例である．マトリョーシカは再帰的な物体の例だ．

トレース　計算 A が進んでいく一連の異なる状態を捉えたもの．再帰的な定義 F で与えられたアルゴリズム A の実行 A を説明するのに役立つ．

パラドックス　論理的な矛盾で，実行しても有限の F 展開された再帰 F を返せないような記述された再帰 F によって起こる．再帰的な式は，不動点 F を持たないときにパラドックスとなる．

不動点　再帰的な式の解．

無限の再帰　終了 E しない再帰 F．再帰的な定義 F に基底 F がないか，再帰的な呼び出し F で基底に到達しないときに起こる．例としては終わらない歌，数の無限リスト B，いくつかの終了しない計算 A などがある．

有限の再帰　終了 E する再帰 F．

概念	『バック・トゥ・ザ・フューチャー』にどう出てくるか
インタプリタ	タイムトラベルの行動を実行する宇宙
間接的な再帰	*Goal* を 2 つの関数，たとえば *Easy* と *Hard* に分けた場合
記述された再帰	*ToDo* や *Goal* におけるタイムトラベルの記述
基底	1885 年にマーティがドクを救う
再帰	マーティが過去に行く
再帰的な定義	*ToDo* や *Goal* の定義
再帰的な呼び出し	*ToDo*(1955) の定義の中で *ToDo*(1885) を呼び出す
置換	*ToDo* や *Goal* の呼び出しで得られる一連の行動
直接的な再帰	マーティは 1955 年に行った後，1885 年に行く

展開された再帰	タイムトラベルの結果の一連の行動
トレース	『バック・トゥ・ザ・フューチャー』の行動を一列に並べたもの
パラドックス	ジェニファーが年をとった/若い自分に会う
不動点	マーティと他の人々の行動は整合性がとれている
無限の再帰	マーティが過去に戻ることを止めなかったら
有限の再帰	タイムトラベルが決まった回数だけ起こる

G. 型と抽象化

インスタンス　抽象的概念[G]のインスタンスは，その抽象的概念の定義にあるパラメータ[A]を引数で置換[F]して得られる.

インターフェース　抽象的概念[G]を使うために割り当てられた名前とパラメータ[A].

型　表現[A]のグループに対して統一の記述を提供するデータ抽象[G].

型チェッカー　アルゴリズム[A]が型付け規則[G]に違反していないか，チェックするアルゴリズム.

型付け規則　アルゴリズム[A]が受け入れ可能な入力[A]や出力を制限する規則で，アルゴリズムの誤りを検出できる．型チェッカー[G]によって自動的にチェックできる.

関数抽象　抽象化[G]を計算[A]に適用したもの．いくつもの異なる計算に対して共通の見方を提供する．アルゴリズム[A]の概念に具現化されており，似た種類の計算を記述する.

結論　型付け規則[G]の一部．型付け規則[G]の結論が成り立つのは，前提[G]がすべて成り立つときのみである.

公理　常に成り立つ規則．型付け規則[G]は，前提[G]がなければ公理となる.

静的型チェック　アルゴリズム[A]を実行[A]する前に型[G]をチェックする.

前提　型付け規則[G]の一部で，型付け規則の結論[G]が成り立つためには成り立つ必要がある.

チャーチ＝チューリングのテーゼ　どんなアルゴリズム[A]も，チューリングマシン[G]またはラムダ計算[G]のプログラム[A]として表せるという主張．大半の計算機科学者が正しいと信じている.

抽象化／抽象的概念　記述の細部を無視して要約する過程．またその結果．抽象的概念の利用を助けるため，インターフェース[G]が与えられる.

抽象機械　機械の高レベルな記述．数学的モデルとして与えられることが多く，実際の機械の細部を無視することで，異なるが似ている多数の機械に統一の見方を提供している．チューリングマシン [G] が例だ．

チューリングマシン　計算機 [A] の抽象機械 [G]．計算 [A] の数学的モデルとして働く．この点でラムダ計算 [G] と等価である．チャーチ＝チューリングのテーゼ [G] が正しければ，どんなアルゴリズム [A] もチューリングマシンのプログラム [A] に翻訳できる．

データ抽象　抽象化 [G] を表現 [A,B] に適用したもの．いくつもの異なるデータに対して共通の見方を提供する．型 [G] はデータ抽象の主要な形態だ．

動的型チェック　アルゴリズム [A] の実行 [A] 時に型 [G] をチェックする．

ラムダ計算　アルゴリズム [A] の言語 [D] の抽象化 [G]．チャーチ＝チューリングのテーゼ [G] が正しければ，どんなアルゴリズムもラムダ計算のプログラム [A] として表せる．アルゴリズムや計算 [A] を記述する表現力の点で，ラムダ計算はチューリングマシン [G] と等価である．

概念	『ハリー・ポッター』にどう出てくるか
インスタンス	羽根にウィンガーディアム・レヴィオーサの呪文を使う
インターフェース	呪文には名前があって杖と詠唱が必要だ
型	呪文，魔法使い，マグル
型チェッカー	魔法の世界
型付け規則	もし誰かが魔法使いなら，その人は呪文を唱えられる
関数抽象	呪文
結論	......，その人は呪文を唱えられる
公理	マグルは魔法を使えない
静的型チェック	マグルが魔法を使えないことを予測する
前提	もし誰かが魔法使いなら，......
チャーチ＝チューリングのテーゼ	——
抽象化	ポーション，忍びの地図
抽象機械	——
チューリングマシン	——
データ抽象	魔法使いやマグルという型
動的型チェック	要件をチェックせずに呪文を試す
ラムダ計算	——

訳者あとがき

本書で扱う題材は，*How Stroies Explain Computing*（物語で読み解く計算）という副題のとおり，インディ・ジョーンズやハリー・ポッターなどの有名な映画をはじめとした様々な物語である．そういった身近な題材を使うことで，コンピュータ／計算機に馴染みがない読者でも，計算機科学が何をしているのかイメージが湧くように工夫されている．だからといって，本書が計算機科学についてのエッセイかというとそうではなく，むしろ教科書と呼ぶのが相応しい内容となっている．様々なアルゴリズムやデータ構造は，実例を交えて詳しく説明され，計算量の違いなども，実際に動作を追いながら把握できるようになっている．またそれだけでなく，不動点やチャーチ＝チューリングのテーゼといった少し発展的な内容にも，躊躇なく踏み込んで書かれている．コンピュータに明るくない読者はもちろん，たとえばコンピュータ関係の仕事をしているが体系立てて学んだことはない読者などでも，得るものは多いのではないかと思う．

著者のウェブページ（http://web.engr.oregonstate.edu/~erwig/）には，関連する書評や講演など，様々な情報へのリンクが掲載されている．Haskell というプログラミング言語で書かれた，練習問題のソースコードもその１つだ．計算機科学のよいところは，プログラムによって簡単に実験・実証できることである．プログラミングの素養のある方であれば，Haskell を学びながら動かしてみるのも，あるいは好きな言語で実装してみるのもよいかもしれない．

もちろん，プログラムを組まなくとも，それぞれの物語を思い出しながら軽く読み流すだけで，十分に計算機科学の雰囲気をつかむことができ，楽しめることと思う．特に「さらなる探求」というコラムには，各章のテーマに関連する物語が数多く紹介されている．小説や映画が好きな方は，お気に入りとなる新たな物語に出会えるかもしれない．

本書の翻訳にあたり，著者の Martin Erwig 教授は，内容や意図に関する訳者の初歩的な質問に快く回答してくださった．川辺治之氏には，この仕事を紹介していただいただけでなく，翻訳の進め方について一から助言をいただいた．廣田圭佑氏には，まっさらな視点からの率直な意見をいただいた．共立出版の山内千尋氏は，初めての翻訳に手間どる訳者に忍耐強く対応してくださった．その他ご協力いただいた方々に，この場を借りてお礼を申し上げる．

本書が，計算機科学に興味を持つ方々に少しでも役立てば幸いである．

2018 年夏　　訳　者

索　引

太字のページ番号は図表を指す.

た行

ま行

や行

ら行

Memorandum

Memorandum

訳者紹介

高島亮祐（たかしま りょうすけ）

2001年　東京大学大学院工学系研究科修士課程修了
現　在　システムインテグレーターにてシステム開発業務に従事

ワンス・アポン・アン・アルゴリズム
― 物語で読み解く計算 ―

Once Upon an Algorithm
: How Stories Explain Computing

2018 年 12 月 20 日　初版 1 刷発行
2019 年 3 月 10 日　初版 2 刷発行

検印廃止
NDC 007.64
ISBN 978-4-320-12441-7

訳　者　高島亮祐　© 2018
原著者　Martin Erwig（マーティン・アーウィグ）
発行者　南條光章
発行所　**共立出版株式会社**
東京都文京区小日向 4-6-19
電話　03-3947-2511（代表）
〒 112-0006／振替口座 00110-2-57035
www.kyoritsu-pub.co.jp

印　刷　啓文堂
製　本　ブロケード

一般社団法人
自然科学書協会
会員

Printed in Japan